微视频
学编程

从零开始学

明日科技 编著

OpenCV

U0231047

全国百佳图书出版单位
化学工业出版社
·北京·

内容简介

本书从零基础读者的角度出发，通过通俗易懂的语言、丰富多彩的实例，循序渐进地让读者在实践中学习Python OpenCV编程知识，并提升自己的实际开发能力。

全书共分为4篇16章，内容包括搭建开发环境、图像处理基础、NumPy模块、绘制图形和文字、阈值、图像运算、腐蚀与膨胀、图像的几何变换、滤波器、模板匹配、图像轮廓、图形检测、视频处理、人脸跟踪与识别、MR机读答题卡、MR智能视频打卡系统等。书中知识点讲解细致，侧重介绍每个知识点的使用场景，涉及的代码给出了详细的注释，可以使读者轻松领会OpenCV程序开发的精髓，快速提高开发技能。同时，本书配套了大量教学视频，扫码即可观看，还提供所有程序源文件，方便读者实践。

本书适合Python OpenCV、人工智能、机器视觉初学者自学使用，也可用作高等院校相关专业的教材及参考书。

图书在版编目（CIP）数据

从零开始学 OpenCV / 明日科技编著 . —北京：化学工业出版社，2022.4
ISBN 978-7-122-40589-0

Ⅰ.①从… Ⅱ.①明… Ⅲ.①图像处理软件－程序设计 Ⅳ.① TP391.413

中国版本图书馆 CIP 数据核字（2022）第 027753 号

责任编辑：耍利娜　张　赛　　　　　　　　文字编辑：林　丹　师明远
责任校对：刘曦阳　　　　　　　　　　　　装帧设计：尹琳琳

出版发行：化学工业出版社（北京市东城区青年湖南街13号　邮政编码100011）
印　　刷：三河市航远印刷有限公司
装　　订：三河市宇新装订厂
787mm×1092mm　1/16　印张20½　字数491千字　2022年6月北京第1版第1次印刷

购书咨询：010-64518888　　　　　　　　　售后服务：010-64518899
网　　址：http://www.cip.com.cn
凡购买本书，如有缺损质量问题，本社销售中心负责调换。

定　　价：89.00元

前　言

　　OpenCV 是一个由 C++ 语言编写并进行深度优化的、开源的、跨平台的计算机视觉库。OpenCV 提供了
500 多个容易使用的方法，帮助开发人员在实际开发中快速、精巧地建立视觉应用。OpenCV 自测试版本发布
以来，被广泛地用于各个领域和科研工作中。面临着 Python 语句的迅速崛起，Python OpenCV 成为了一个
很好的学习方向。本书虽然讲解的只是 Python OpenCV 的冰山一角，但是能够帮助零基础用户快速入门。

本书内容

　　本书包含了学习 Python OpenCV 的各类知识，分为 4 篇、共 16 章的内容。本书结构如下图所示。

　　第 1 篇：基础知识篇。本篇主要对 Python OpenCV 的基础知识进行详解，包括搭建开发环境、图像
处理基础、NumPy 模块、绘制图形和文字等内容。

　　第 2 篇：处理图像篇。本篇主要讲解如何使用 Python OpenCV 提供的方法对图像进行处理，包括阈
值、图像运算、腐蚀与膨胀、图像的几何变换、滤波器等内容。

　　第 3 篇：识别图像和处理视频篇。本篇主要包括两个方面：识别图像和处理视频。它们包括模板匹配、
图像轮廓、图形检测、视频处理、人脸跟踪与识别等内容。

　　第 4 篇：项目开发篇。学习编程的最终目的是进行开发，解决实际问题，本篇通过 MR 机读答题卡和
MR 智能视频打卡系统，讲解如何使用所学的 Python OpenCV 知识开发项目。

本书特点

☑ **知识讲解详尽细致**。本书以零基础入门学员为对象，力求将知识点讲解得更加详细，在降低学习难度的同时，让读者掌握得更加全面。

☑ **学练结合案例实用**。本书通过实用的案例对所讲解的知识点进行解析，让读者不只学会知识，还能够知道把学会的知识用在哪里。

☑ **思维导图总结知识**。每章最后都会使用思维导图总结本章介绍的知识，从而能够帮助读者"温故知新"。

☑ **配套高清视频讲解**。本书资源包中提供了同步高清教学视频，读者可以观看这些视频更快速地学习，达到事半功倍的学习效果。

读者对象

☑ 初学编程的自学者 ☑ 编程爱好者

☑ 大中专院校的老师和学生 ☑ 相关培训机构的老师和学员

☑ 毕业设计的学生 ☑ 初、中、高级程序开发人员

☑ 程序测试及维护人员 ☑ 参加实习的"菜鸟"程序员

读者服务

为了方便解决本书疑难问题，我们提供了多种服务方式，并由作者团队提供在线技术指导和社区服务，服务方式如下：

√ 企业 QQ：4006751066

√ QQ 群：337212027

√ 服务电话：400-67501966、0431-84978981

本书约定

开发环境及工具如下：

√ 操作系统：Windows7、Windows 10 等。

√ 开发工具：Python 3.9（兼容 Python 3.x）、OpenCV 4.2.0 及其以上版本、NumPy 1.18.2 及其以上版本、PyCharm。

致读者

本书由明日科技 Python 程序开发团队组织编写，主要人员有赵宁、王小科、申小琦、李菁菁、何平、张鑫、周佳星、王国辉、李磊、赛奎春、杨丽、高春艳、张宝华、庞凤、宋万勇、葛忠月等。在编写过程中，我们以科学、严谨的态度，力求精益求精，但疏漏之处在所难免，敬请广大读者批评指正。

感谢您阅读本书，零基础编程，一切皆有可能，希望本书能成为您编程路上的敲门砖。

祝读书快乐！

编著者

目 录

 第 1 篇　基础知识篇

第 1 章　搭建开发环境 / 2

▶视频讲解：6 节，26 分钟

第 2 章　图像处理基础 / 20

▶视频讲解：13 节，38 分钟

第 3 章　NumPy 模块 / 45

▶视频讲解：5 节，35 分钟

第4章 绘制图形和文字 / 67

▶视频讲解：9 节，23 分钟

 第 2 篇 处理图像篇

第5章 阈值 / 88

▶视频讲解：10 节，18 分钟

第6章 图像运算 / 108

▶视频讲解：9 节，65 分钟

第7章 腐蚀与膨胀 / 131

▶视频讲解：7 节，39 分钟

第 8 章　图像的几何变换 / 144

▶视频讲解：8 节，41 分钟

第 9 章　滤波器 / 163

▶视频讲解：6 节，35 分钟

第 3 篇　识别图像和处理视频篇

第 13 章　视频处理 / 219

▶视频讲解：16 节，38 分钟

第 14 章　人脸跟踪与识别 / 240

▶视频讲解：10 节，21 分钟

第 4 篇　项目开发篇

第 15 章　MR 机读答题卡 / 260

▶视频讲解：1 节，13 分钟

第 16 章　MR 智能视频打卡系统 / 274

▶视频讲解：17 节，84 分钟

OpenCV

从零开始学　OpenCV

第1篇
基础知识篇

第 1 章
搭建开发环境

扫码领取
► 配套视频
► 配套素材
► 学习指导
► 交流社群

 本章学习目标

- 明确 OpenCV 是一个开源的计算机视觉库及应用。
- 熟悉本书使用的 3 个开发工具。
- 掌握 Python 的下载、安装和测试。
- 掌握 OpenCV-Contrib-Python 库的下载、安装和测试。
- 掌握 PyCharm 的下载和安装。
- 重点掌握如何把已经下载的 OpenCV-Contrib-Python 库添加到创建的项目中。

1.1 OpenCV 概述

OpenCV 是一个开源的计算机视觉库，可以在 Windows、Linux、macOS 等操作系统上运行。它起源于英特尔性能实验室的实验研究，由俄罗斯的专家负责实现和优化，为计算机视觉提供通用性接口。

1.1.1 OpenCV 包含的模块

为了快速建立精巧的视觉应用，OpenCV 提供了许多模块和方法。这些模块可以分为很多层，具体如图 1.1 所示。

图 1.1　OpenCV 包含的模块的层级结构

那么 OpenCV 包含的模块都有哪些呢？表 1.1 列举的是 OpenCV 常用的模块。

表 1.1　OpenCV 常用的模块及其说明

模块	说明
Core	包含 OpenCV 库的基础结构以及基本操作
Improc	包含基本的图像转换，包括滤波以及卷积操作
Highgui	包含可以用于显示图像或者进行简单输入的用户交互方法。可以看作是一个非常轻量级的 Windows UI 工具包
Video	包含读取和写视频流的方法
Calib3d	包括校准单个、双目以及多个相机的算法实现
Feature2d	包含用于检测、描述以及匹配特征点的算法
Objdectect	包含检测特定目标的算法
ML	包含大量的机器学习的算法
Flann	包含一些不直接使用的方法，但是这些方法供其他模块调用
GPU	包含在 CUDA GPU 上优化实现的方法
Photo	包含计算摄影学的一些方法
Stitching	是一个精巧的图像拼接流程的实现

👑 说明：

表 1.1 中的模块会随着时间推移而不断地发展，有的可能被取消，有的可能被融合到其他模块中。

在日常开发过程中，不必过多关注这些模块和方法的具体实现细节，只需要关注如何使用它们对图像进行相应的处理。

第 1 篇　基础知识篇

1.1.2　OpenCV 的发展历程

从 2009 年 3 月至今，OpenCV 的发展历程如图 1.2 所示。随着 OpenCV 被越来越多的用户认可并提供越来越多的技术支持，OpenCV 的研发团队也加大了研究人员和研究经费的投入，这使得 OpenCV 的下载量在逐年增长。

OpenCV 的发展历程不是一帆风顺的。OpenCV 在发展历程中，不仅受到了互联网行业泡沫经济的冲击，还受到了管理层和管理方向不断变更的影响，有时甚至没有研究人员和研究经费的投入。但是，随着多核处理器的出现以及计算机视觉的应用越来越广泛，OpenCV 的应用价值开始上升。

图 1.2　自 2009 年 OpenCV 的发展历程

截至目前，OpenCV 已经得到了一些基金会、上市公司和私人机构的支持。OpenCV 的宗旨是促进商业发展（利用 OpenCV 构建商业产品）和研究，因此 OpenCV 是开源并且免费的。这不仅使得 OpenCV 拥有着庞大的用户群体，还使得 OpenCV 在世界各国各地区逐渐流行起来。

1.1.3　OpenCV 的应用

因为 OpenCV 是一个开源的计算机视觉库，因此自 OpenCV 发布以后，OpenCV 被广泛地应用着。这些应用包括在安保以及工业检测系统中的应用，在网络产品以及科研工作中的应用，在医学、卫星和网络地图中的应用（例如医学图像的降噪，街景图像或者航空图像的拼接及扫描校准等），在汽车自动驾驶中的应用，在相机校正中的应用等。此外，OpenCV 还可以被应用在处理声音的频谱图像上，进而实现对声音的识别。

1.1.4　Python 与 OpenCV

Python 相较于 Java、C 语言、C++ 等编程语言，其优势在于集成度高。虽然 Python 的执行效率低，但是可以调用大量免费使用的类库。Java、C 语言、C++ 语言如果要实现一个功能，那么需要先实现其中的基本功能模块，但是 Python 直接调用相应的类库就能将这个功能轻松实现。本书就是 Python 在 OpenCV 方向上发展的成果。Python 借助 OpenCV 库提供的方法能够使用短短的几行代码，轻轻松松地对图像进行相应的处理。

本书 Python OpenCV 的开发工具如图 1.3 所示。

图 1.3　本书 Python OpenCV 的开发工具

1.2 Python 的下载和安装

"工欲善其事，必先利其器"。因为本书使用的是 Python OpenCV 对图像进行处理，所以将依次为读者朋友介绍 Python、OpenCV/NumPy 和 PyCharm 的下载和安装。

本节将率先介绍 Python 的下载和安装。Python 是跨平台的开发工具，可以在 Windows、Linux、MacOS 等操作系统上使用，这使得编写好的 Python 程序也可以在上述系统上运行。

👑 说明：
本书使用的是 64 位的 Windows 10 操作系统。

1.2.1 如何查看计算机操作系统的位数

现在很多软件，尤其是编程工具，为了提高开发效率，分别对 32 位操作系统和 64 位操作系统做了优化，推出了不同的开发工具包。Python 也不例外，所以安装 Python 前，需要了解计算机操作系统的位数。下面以 Windows 10 操作系统为例介绍查看操作系统位数的步骤。

在桌面找到"此电脑"图标，右键单击该图标，在打开的菜单中选择"属性"菜单项，如图 1.4 所示。选择"属性"菜单项后将弹出如图 1.5 所示的"系统"窗体，在"系统类型"标签处标示着本机是 64 位操作系统还是 32 位操作系统，该信息就是操作系统的位数。图 1.5 中所展示的计算机操作系统的位数为 64 位。

图 1.4　菜单中选择属性

图 1.5　查看系统类型

1.2.2 下载 Python 安装包

从 Python 的官方网站中，可以很方便地下载到 Python 的开发环境，具体下载步骤如下。

① 打开浏览器，进入 Python 官方网站，将鼠标移动到"Downloads"菜单上，将显示和下载有关的菜单项，如图 1.6 所示。如果使用的是 64 位的 Windows 操作系统，那么直接单击"Python 3.9.x"按钮下载 64 位的安装包，否则，单击"Windows"菜单项，进入详细的下载列表。在下载列表中，将列出 Python 不同版本的下载链接，读者可以根据需要下载。

图 1.6　Python 官方网站首页

👑 注意：

如果选择"Windows"菜单项时没有显示右侧的下载按钮，应该是页面没有加载完全，加载完成后就会显示了，请耐心等待。

② 单击"Windows"菜单项，进入到 Python 下载列表页面。在该页面中，将列出 Python 提供的各个版本的下载链接，读者可以根据需要下载。当前 Python 3.x 的最新稳定版本是 3.9.5，所以找到如图 1.7 所示的位置。

图 1.7　适合 Windows 系统的 Python 下载列表

👑 说明：

在如图 1.7 所示的列表中，带 (32-bit) 的，表示是在 Windows 32 位系统上使用的；而带 (64-bit) 的，则表示是在 Windows 64 位系统上使用的。另外，标记为"embeddable package"的，表示嵌入式安装；标记为"installer"的，表示通过可执行文件（*.exe）方式离线安装；标记为"embeddable zip file"的，表示嵌入式版本，可以集成到其他应用中。

③ 单击"Windows installer (64-bit)"超链接，下载适用于 Windows 64 位操作系统的离线安装包，如图 1.8 所示。

图 1.8　正在下载 Python

④ 下载完成后，浏览器会自动提示"此类型的文件可能会损害您的计算机。您仍然要保留 python-3.9.5-am….exe 吗？"此时，单击"保留"按钮保留该文件即可。

⑤ 下载完成后，将得到一个名称为"python-3.9.5-amd64.exe"的安装文件，如图 1.9 所示。

图 1.9　下载后的 python-3.9.5-amd64.exe 文件

1.2.3　Windows 64 位系统上安装 Python

在 Windows 64 位系统上安装 Python 3.9.x 的步骤如下。

① 双击下载后得到的安装文件 python-3.9.5-amd64.exe，将显示安装向导对话框，选中"Add Python 3.9 to PATH"复选框，让安装程序自动配置环境变量。如图 1.10 所示。

图 1.10　Python 安装向导

> **注意:**
> 一定要选中"Add Python 3.9 to PATH"复制选框,否则在后面学习中会出现"×××不是内部或外部命令"的错误。

② 单击"Customize installation"按钮,进行自定义安装(自定义安装可以修改安装路径),在弹出的"安装选项"对话框中采用默认设置,如图 1.11 所示。

图 1.11　设置"安装选项"对话框

③ 单击"Next"按钮,打开高级选项对话框,在该对话框中,设置安装路径为"C:\Python\Python39"(读者可自行设置路径),其他采用默认设置,如图 1.12 所示。

图 1.12　"高级选项"对话框

④ 单击"Install"按钮，将显示如图 1.13 所示的"用户账户控制"窗体，在该窗体中确认是否允许此应用对用户的设备进行更改，此处单击"是"按钮即可。

图 1.13　确认是否允许此应用对你的设备进行更改

⑤ 单击"是"按钮后，开始安装 Python，安装完成后将显示如图 1.14 所示的对话框。

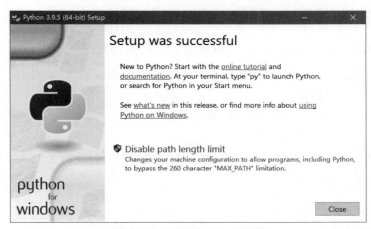

图 1.14　"安装完成"对话框

1.2.4　测试 Python 是否安装成功

Python 安装完后，需要检测 Python 是否成功安装。例如，在 Windows 10 系统中检测 Python 是否成功安装，可以单击 Windows 10 系统的"开始"菜单，在桌面左下角"搜索程序和文件"文本框中输入"cmd"命令，然后按下 <Enter> 键，启动命令行窗口，在当前的命令提示符后面输入"python"，并且按 <Enter> 键，如果出现如图 1.15 所示的信息，则说明 Python 安装成功，同时也进入到交互式 Python 解释器中。

```
命令提示符 - python                                                    —    □    ×
Microsoft Windows [版本 10.0.17763.316]
(c) 2018 Microsoft Corporation. 保留所有权利。

C:\Users\Administrator>python
Python 3.9.5 (tags/v3.9.5:0a7dcbd, May  3 2021, 17:27:52) [MSC v.1928 64
bit (AMD64)] on win32
Type "help", "copyright", "credits" or "license" for more information.
>>>
```

图 1.15　在命令行窗口中运行的 Python 解释器

图 1.15 中的信息是笔者电脑中安装的 Python 的相关信息，其中包括 Python 的版本、该版本发行的时间、安装包的类型等。因为选择的版本不同，这些信息可能会有所差异，只要命令提示符变为 ">>>" 就说明 Python 已经安装成功，正在等待用户输入 Python 命令。

👑 注意：

如果输入 "python" 后，没有出现如图 1.15 所示的信息，而是显示 "'python' 不是内部或外部命令，也不是可运行的程序或批处理文件"，这时，需要在环境变量中配置 Python。

1.3　Python OpenCV 的下载和安装

为了更快速地、更简单地下载和安装 Python OpenCV，本书将从清华大学网站镜像下载和安装 OpenCV-Contrib-Python 库。在这个库中，除包括 OpenCV-Contrib-Python 库外，还包括 NumPy 库。NumPy 库是 Python 语言的一个扩展程序库，支持大量的维度数组与矩阵运算。

1.3.1　下载和安装 OpenCV-Contrib-Python 库

从清华大学网站镜像下载和安装 OpenCV-Contrib-Python 库的步骤如下。

① 打开命令提示符窗口。

② 在命令提示符窗口中的光标处输入 "pip install -i https://pypi.tuna.tsinghua.edu.cn/simple opencv-contrib-python"，如图 1.16 所示。

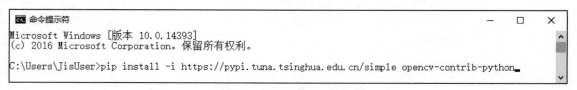

图 1.16　输入 pip 命令

● https://pypi.tuna.tsinghua.edu.cn/simple 是清华大学提供的用于下载和安装 OpenCV-Contrib-Python 库的镜像地址。

● pip 命令是用于查找、下载、安装和卸载 Python 库的管理工具。如果输入图 1.16 中的 pip 命令得不到如图 1.17 所示的界面，那么要将 pip 命令修改为 "pip install opencv-python"。

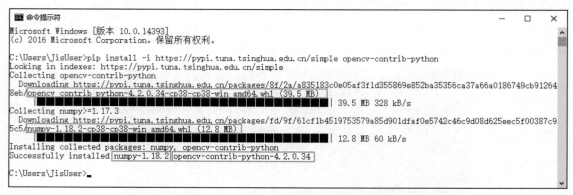

图 1.17　安装 NumPy 库和 OpenCV-Contrib-Python 库

③ 按下 <Enter> 键后，系统将自动从 https://pypi.tuna.tsinghua.edu.cn/simple 先下载 OpenCV-Contrib-Python 库，再下载 NumPy 库。待 OpenCV-Contrib-Python 库和 NumPy 库都下载完成后，系统将自动安装 NumPy 库和 OpenCV-Contrib-Python 库。如图 1.17 所示。

1.3.2　测试 OpenCV-Contrib-Python 库和 NumPy 库是否安装成功

测试 OpenCV-Contrib-Python 库和 NumPy 库是否安装成功的步骤如下。

① 如图 1.18 所示，在光标处输入 "python"，按下 <Enter> 键，进入 Python。

② 当命令提示符窗口出现 ">>>" 时，在光标处输入 "import cv2"，按下 <Enter> 键。如果命令提示符窗口在新的一行出现 >>>，说明 OpenCV-Contrib-Python 库安装成功。

③ 在新的一行的 ">>>" 后的光标处输入 "import numpy as np"，按下 <Enter> 键。如果命令提示符窗口在新的一行出现 ">>>"，说明 NumPy 库安装成功。

④ 在新的一行的 ">>>" 后的光标处输入 "exit()"，按下 <Enter> 键，退出 Python。

⑤ 在命令提示符窗口的光标处输入 "exit"，按下 <Enter> 键，退出命令提示符窗口。

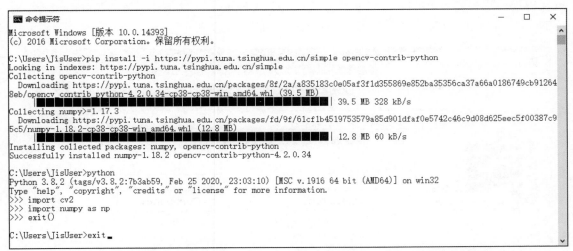

图 1.18　测试 OpenCV-Contrib-Python 库和 NumPy 库是否安装成功

1.4　PyCharm 的下载和安装

PyCharm 是由 JetBrains 公司开发的一款 Python 开发工具，在 Windows、macOS 和 Linux 操作系统中都可以使用，它具有语法高亮显示、Project（项目）管理代码跳转、智能提示、自动完成、调试、单元测试和版本控制等功能。使用 PyCharm 可以大大提高 Python 项目的开发效率。本节将对 PyCharm 的下载和安装进行讲解。

1.4.1　下载 PyCharm

PyCharm 可以直接从 JetBrains 公司官网下载，具体步骤如下。

① 打开 PyCharm 官网 http://www.jetbrains.com，选择 "Developer Tools" 菜单下的 "PyCharm" 项，如图 1.19 所示，进入下载 PyCharm 的界面。

图 1.19　PyCharm 官网页面

　　② 在 PyCharm 下载页面，单击"Download"按钮，进入到 PyCharm 环境选择和版本选择界面。选择安装 PyCharm 的操作系统平台为 Windows，单击社区版（Community）对应的"Download"按钮下载社区版的 PyCharm，如图 1.20 所示。

图 1.20　PyCharm 环境与版本下载选择页面

　　③ 下载完成后，将提示该文件可能会损害用户的计算机，是否保留。这里单击"保存"按钮，然后在任务框上单击鼠标右键，选择"在文件夹中显示"菜单项，即可看到如图 1.21 所示的安装包文件。

| pycharm-community-2021.1.exe | 2021/4/1… | 应用程序 | 372,727 KB |

图 1.21　下载完成的 PyCharm 安装包

1.4.2　安装 PyCharm

　　安装 PyCharm 的步骤如下。

① 双击 PyCharm 安装包，在欢迎界面中，单击"Next"按钮进入软件安装路径设置界面，在该界面中设置合理的安装路径。强烈建议不要把软件安装到操作系统所在的分区，否则当出现操作系统崩溃等特殊情况而必须重做操作系统时，分区中的 PyCharm 程序将被破坏。PyCharm 默认的安装路径为操作系统所在的分区，建议更改，另外安装路径中建议不要使用中文字符。笔者选择的安装路径为"D:\Program Files\JetBrains\PyCharm Community Edition 2021.1"，如图 1.22 所示。单击"Next"按钮，进入创建桌面快捷方式界面。

图 1.22 设置 PyCharm 安装路径

② 在创建桌面快捷方式界面（Create Desktop Shortcut）中设置 PyCharm 程序的快捷方式。如果计算机操作系统是 32 位，选择"32-bit launcher"，否则选择"64-bit launcher"。这里的计算机操作系统是 64 位系统，所以选择"64-bit launcher"；下面的"Create Associations"区域用于设置关联文件，勾选".py"左侧的复选框，表示以后打开 .py（.py 文件是 python 脚本文件，接下来我们编写的很多程序都是 .py 的）文件时，会默认调用 PyCharm 打开，这里不勾选，如图 1.23 所示。

图 1.23 设置快捷方式和关联

③ 单击"Next"按钮，进入选择开始菜单文件夹界面，采用默认即可，单击"Install"按钮安装（安装大概 10min 左右，请耐心等待）。安装完成后，单击"Finish"按钮，结束安装。

④ PyCharm 安装完成后，会在开始菜单中建立一个文件夹，如图 1.24 所示，单击"JetBrains PyCharm Community Edition 2021.1"启动 PyCharm 程序。另外，快捷打开 PyCharm 的方式是单击桌面快捷方式"PyCharm Community Edition 2021.1 x64"，如图 1.25 所示。

图 1.24　PyCharm 菜单　　　　图 1.25　PyCharm 桌面快捷方式

1.4.3　启动并配置 PyCharm

启动并配置 PyCharm 的步骤如下。

① 双击桌面上的 PyCharm 快捷方式即可启动 PyCharm。

② 启动 PyCharm 后，进入如图 1.26 所示的阅读协议界面，先勾选"I confirm that I have read and accept the terms of this User Agreement"复选框，再单击"Continue"按钮。

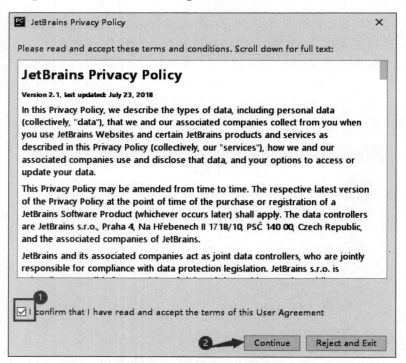

图 1.26　接受 PyCharm 协议

③ 进入如图 1.27 所示的 PyCharm 欢迎界面后，单击"Create New Project"，创建一个名为 PythonDevelop 的 Python 项目。

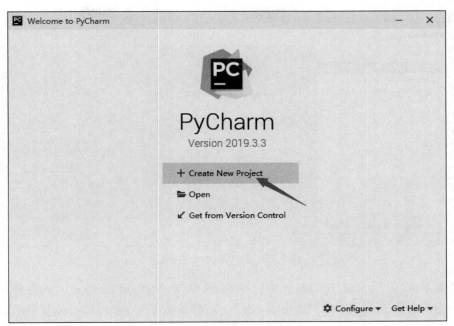

图 1.27　PyCharm 欢迎界面

④ 如图 1.28 所示，当 PyCharm 第一次创建 Python 项目时，需要先设置 Python 项目的存储位置和虚拟环境路径（python.exe 的存储位置）。

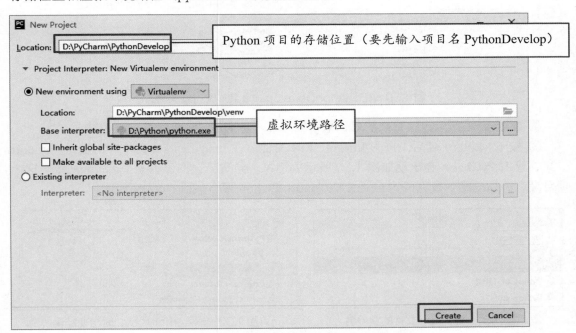

图 1.28　设置项目路存储位置和虚拟环境路径

👑 注意：
　　当设置 Python 项目的存储位置和虚拟环境路径时，建议路径中不要有中文。

⑤单击图 1.28 中的"Create"按钮即可进入如图 1.29 所示的 PyCharm 主窗口。

图 1.29　PyCharm 主窗口

⑥ 如图 1.30 所示，在 PyCharm 中，用右键单击"PythonDevelop"→选择列表中的"New"→选择并单击列表中的"Python File"，这样就能够在 PythonDevelop 中新建一个 .py 文件。

图 1.30　在 PythonDevelop 中新建一个 .py 文件

⑦ 如图 1.31 所示，在弹出的对话框中输入 .py 文件的文件名（即 ImageTest）。

⑧ 按下 <Enter> 键后，进入 ImageTest.py 文件。在 ImageTest.py 文件中，输入"import cv2"，这时 PyCharm 会出现如图 1.32 所示的错误。导致错误的原因是 PythonDevelop 这个项目没有添加已经下载完成的 OpenCV-Contrib-Python 库（包括 NumPy 库）。

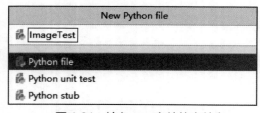

图 1.31　输入 .py 文件的文件名

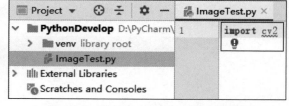

图 1.32　输入 import cv2 时出现错误

⑨ 为了消除图 1.32 中出现的错误，单击 PyCharm 菜单栏中的"File"→选择并单击"Settings"，如图 1.33 所示。

⑩ 打开 Settings 对话框后，找到并单击"Project: PythonDevelop"→选择并单击"Project Interpreter"。单击"Project Interpreter"后的界面效果如图 1.34 所示。

图 1.33　打开 Settings 对话框

图 1.34　单击 Project Interpreter 后的界面效果

⑪ 单击图 1.34 右上角的齿轮按钮，会弹出如图 1.35 所示的对话框，选择并单击对话框中的"Add"。

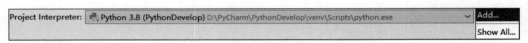

图 1.35　选择并单击"Add"

⑫ 打开如图 1.36 所示的"Add Python Interpreter"对话框后，选择并单击"Virtualenv Environment"→单击"Existing environment"前面的单选按钮→单击省略号按钮，把 python.exe 的存储位置键入 Interpreter 后的文本框中→单击"OK"按钮。

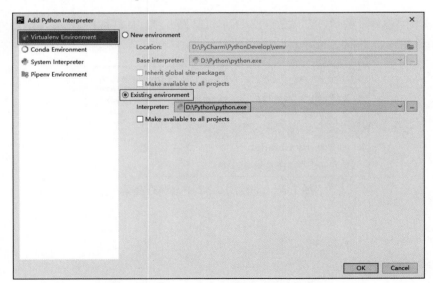

图 1.36　键入 python.exe 的存储位置

👑 说明：

  笔者把 python.exe 存储在 D 盘下的 Python 文件夹中，因此图 1.36 中 Interpreter 后的文本框中的路径是 D:\Python\python.exe。读者朋友需根据具体情况键入 python.exe 的存储位置。

  ⑬ 这时窗口将返回至如图 1.34 所示的界面，但是与图 1.34 不同的是 OpenCV-Contrib-Python 库和 NumPy 库已经添加到 PythonDevelop 这个项目中，如图 1.37 所示。

图 1.37 成功添加 OpenCV-Contrib-Python 库和 NumPy 库

  ⑭ 单击图 1.37 中的"OK"按钮，即可消除图 1.32 中出现的错误，如图 1.38 所示。PyCharm 消除错误会耗时 30s 左右，读者朋友请耐心等待。

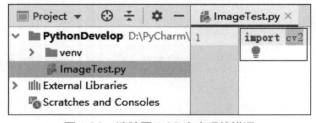

图 1.38 消除图 1.32 中出现的错误

► **本章知识思维导图**

第 2 章
图像处理基础

扫码领取
- 配套视频
- 配套素材
- 学习指导
- 交流社群

 本章学习目标

- 明确图像处理的基本操作都有哪些。
- 掌握读取图像、显示图像的 4 个方法。
- 掌握保存图像的方法。
- 掌握 3 个常用的图像属性。
- 明确什么是像素。
- 掌握如何确定像素的位置、如何获取像素的 BGR 值和如何修改像素的 BGR 值。
- 明确 RGB 色彩空间和 BGR 色彩空间的联系和区别。
- 掌握用于色彩空间转换的 cvtColor() 方法。
- 明确什么是通道。
- 掌握用于拆分通道的 split() 方法和用于合并通道的 merge() 方法。
- 掌握如何调整通道的值。
- 明确 alpha 通道的作用和取值范围。
- 掌握 alpha 通道的使用方法。

2.1 图像处理的基本操作

图像处理包括 4 个基本操作：读取图像、显示图像、保存图像和获取图像属性。本节将依次讲解这 4 个基本操作。

2.1.1 读取图像

OpenCV 提供了用于读取图像的 imread() 方法，其语法格式如下所示：

```
image = cv2.imread(filename, flags)
```

参数说明：

● filename：目标图像的完整路径名。

 注意：

如果要读取的图像是当前项目目录下的 1.jpg，那么 filename 的值就是 "1.jpg"（双引号须是英文格式的）。

● flags：图像的颜色类型的标记，有 0 和 1 两个值，其中 1 为默认值。当目标图像是一幅彩色图像时，读取目标图像后，如果想要得到一幅彩色图像，那么 flags 的值为 1（此时的 flags 的值可以省略）；如果想要得到一幅灰度图像，那么 flags 的值为 0。

返回值说明：

● image：是 imread() 方法的返回值，返回的是读取到的彩色图像或者灰度图像。

说明：

在本章的 2.3.1 节中，将对灰度图像的相关内容进行讲解。

[实例 2.1]
（源码位置：资源包 \Code\02\01）

读取当前项目目录下的图像

如图 2.1 所示，在 PyCharm 中的 Demos 项目下，有一幅名为 1.jpg 的图像。在 Demo_01.py 文件中，先使用 imread() 方法读取 1.jpg，再使用 print() 方法打印 1.jpg。代码如下所示：

```
01    import cv2
02
03    # 读取 1.jpg，等价于 image = cv2.imread("1.jpg", 1)
04    image = cv2.imread("1.jpg")
05    print(image) # 打印 1.jpg
```

上述代码打印的部分结果如图 2.2 所示。

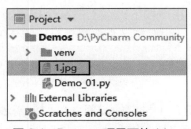

图 2.1　Demos 项目下的 1.jpg

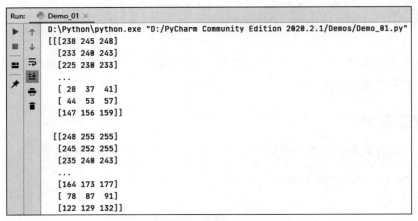

图 2.2　打印 1.jpg

👑 说明：

　　图 2.2 输出的数字是 1.jpg 的部分像素值。有关像素和像素值的内容，将在本书的 2.2 节进行讲解。

　　如果 1.jpg 在 D 盘的根目录下，应该如何使用 imread() 方法进行读取呢？只需将实例 2.1 第 4 行代码

```
image = cv2.imread("1.jpg")
```

修改为如下代码：

```
image = cv2.imread("D:/1.jpg") # 路径中不能出现中文
```

👑 注意：

　　"D:/1.jpg" 等价于 "D:\\1.jpg"。

2.1.2　显示图像

　　相比图 2.2 中密密麻麻的数字，将图像显示出来效果会更加直观。为此，OpenCV 提供了 imshow() 方法、waitKey() 方法和 destroyAllWindows() 方法。

　　① imshow() 方法用于显示图像，其语法格式如下所示：

```
cv2.imshow(winname, mat)
```

参数说明：

● winname：显示图像的窗口名称。

● mat：要显示的图像。

　　② waitKey() 方法用于等待用户按下键盘上的某个按键。当用户按下键盘上的某个按键时，将执行 waitKey() 方法，并且获取与这个按键相对应的 ASCII 码。其语法格式如下所示：

```
retval = cv2.waitKey(delay)
```

参数说明：

● delay：等待用户按下键盘上按键的时间，单位为毫秒（ms）。当 delay 的值为负数、0 或者为空时，表示无限等待用户按下键盘上按键的时间。

返回值说明：

● retval：与被按下的按键相对应的 ASCII 码。例如，<Esc> 键的 ASCII 码是 27，当用户按下 <Esc> 键时，waitKey() 方法的返回值是 27。如果没有按键被按下，waitKey() 方法的返回值是– 1。

③ destroyAllWindows() 方法用于销毁所有正在显示图像的窗口，其语法格式如下所示：

```
cv2.destroyAllWindows()
```

 [实例 2.2]

（源码位置：资源包 \Code\02\02 ）

窗口显示图像

编写一个程序，使用 imread() 方法、imshow() 方法、waitKey() 方法和 destroyAllWindows() 方法读取并在窗口里显示 Demos 项目下的 1.jpg。代码如下所示：

```
01    import cv2
02
03    image = cv2.imread("1.jpg")            # 读取 1.jpg
04    cv2.imshow("train", image)             # 在名为 train 的窗口中显示 1.jpg
05    cv2.waitKey()                          # 按下任何键盘按键后
06    cv2.destroyAllWindows()                # 销毁所有窗口
```

上述代码的运行结果如图 2.3 所示。

图 2.3　窗口显示 1.jpg

♛ 注意：

① 显示图像的窗口名称不能是中文（例如，把实例 2.2 第 5 行代码中的 "train" 修改为 " 火车 "），否则会出现如图 2.4 所示的乱码。

② 为了能够正常显示图像，要在 cv2.imshow() 后紧跟着 cv2.waitKey()。

依据 imread() 方法的语法，如果把实例 2.2 中的第 3 行代码

```
image = cv2.imread("1.jpg")
```

修改为如下代码：

```
image = cv2.imread("1.jpg", 0)
```

即可把 1.jpg 读取为灰度图像，如图 2.5 所示。

图 2.4　窗口名称是中文时会乱码　　　　图 2.5　把 1.jpg 读取为灰度图像

如果想设置窗口显示图像的时间为 5s，又该如何编写代码呢？
只需将实例 2.2 第 5 行代码

```
cv2.waitKey()
```

修改为如下代码：

```
cv2.waitKey(5000) # 1000ms 为 1s, 5000ms 为 5s
```

2.1.3　保存图像

OpenCV 提供了用于按照指定路径保存图像的 imwrite() 方法，其语法格式如下所示：

```
cv2.imwrite(filename, img)
```

参数说明：
- filename：保存图像时所用的完整路径。
- img：要保存的图像。

 [实例 2.3]　　　　　　　　　　　　　　　　　（源码位置：资源包 \Code\02\03）

保存图像

编写一个程序，把 Demos 项目下的 1.jpg 保存为 E 盘根目录下的、Pictures 文件夹中的 1.jpg。代码如下所示：

```
01      import cv2
02
03    image = cv2.imread("1.jpg") # 读取 1.jpg
04    # 把 1.jpg 保存为 E 盘根目录下的、Pictures 文件夹中的 1.jpg
05    cv2.imwrite("E:/Pictures/1.jpg", image)
```

👑 注意：

运行上述代码前，要在 E 盘根目录下新建一个空的 Pictures 文件夹。

运行上述代码后，打开 E 盘根目录下的 Pictures 文件夹，即可看到
1.jpg，如图 2.6 所示。

2.1.4 获取图像属性

处理图像的过程中，经常需要获取图像的大小、类型等图像属性。
为此，OpenCV 提供了 shape、size 和 dtype 这 3 个常用属性。这 3 个
常用属性的具体含义如下：

图 2.6 E 盘根目录
下的、Pictures 文
件夹中的 1.jpg

● shape：如果是彩色图像，那么获取的是一个包含图像的像素行
数、像素列数、通道数的数组，数组的格式为"(像素行数 , 像素列数 ,
通道数)"；如果是灰度图像，那么获取的是一个包含图像的像素列数、像素行数的数组，
数组的格式为"(像素行数 , 像素列数)"。

👑 说明：

像素行数指的是图像在垂直方向上有多少行像素；像素列数指的是图像在水平方向上有多少列像素。

● size：获取的是图像包含的像素总数，其值为"像素行数 × 像素列数 × 通道数"（灰
度图像的通道数为 1）。
● dtype：获取的是图像的数据类型。

 [实例 2.4]

（源码位置：资源包 \Code\02\04）

打印彩色图像和灰度图像的属性

编写一个程序，先获取 Demos 项目下的 1.jpg 的属性，再获取把 1.jpg 读取为灰度图像
后的属性。代码如下所示：

```
01    import cv2
02
03    image_Color = cv2.imread("1.jpg")          # 读取 1.jpg
04    print(" 获取彩色图像的属性:")
05    print("shape =", image_Color.shape)         # 打印彩色图像的（像素行数，像素列数，通道数）
06    print("size =", image_Color.size)           # 打印彩色图像包含的像素总数
07    print("dtype =", image_Color.dtype)         # 打印彩色图像的数据类型
08    image_Gray = cv2.imread("1.jpg", 0)         # 把 1.jpg 读取为灰度图像
09    print(" 获取灰度图像的属性:")
10    print("shape =", image_Gray.shape)          # 打印灰度图像的（像素行数，像素列数）
11    print("size =", image_Gray.size)            # 打印灰度图像包含的像素总数
12    print("dtype =", image_Gray.dtype)          # 打印灰度图像的数据类型
```

上述代码的运行结果如图 2.7 所示。

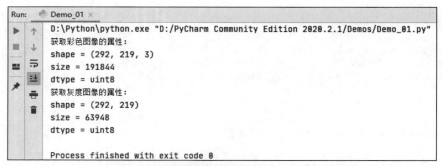

图 2.7　获取并打印彩色图像和灰度图像的属性

👑 说明：

　　(292, 219, 3) 的含义是 1.jpg 的像素行数是 292，像素列数是 219，通道数是 3。(292, 219) 的含义是把 1.jpg 读取为灰度图像后，其像素行数是 292，像素列数是 219，通道数是 1。

2.2　像素

　　像素是构成数字图像的基本单位。现有一幅显示花朵的图像，如图 2.8 所示，提取并放大图 2.7 中被蓝色圆环圈住的区域，将得到一幅如图 2.9 所示的图像。

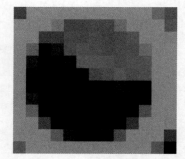

图 2.8　一幅显示花朵的图像　　　　图 2.9　提取并放大图 2.8 中被蓝色圆环圈住的区域

　　不难发现，图 2.9 所示的图像是由许多个小方块组成的，通常把一个小方块称作一个像素。因此，一个像素是具有一定面积的一个块，而不是一个点。需要注意的是，像素的形状是不固定的，大多数情况下，像素被认为是方形的，但有时也可能是圆形的或者是其他形状的。

2.2.1　确定像素的位置

　　以图 2.8 为例，在访问图 2.8 中的某个像素之前，要确定这个像素在图 2.8 中的位置。那么，这个位置应该如何确定呢？

首先，确定图 2.8 的水平方向和垂直方向。图 2.8 的"水平方向"和"垂直方向"如图 2.10 所示。

图 2.10　图 2.8 的"水平方向"和"垂直方向"

在 Windows 10 系统的"画图"工具中打开图 2.8，将得到如图 2.11 所示的界面。在这个界面中，会得到图 2.8 在垂直方向上的像素行数是 292 个，在水平方向上的像素列数是 219。

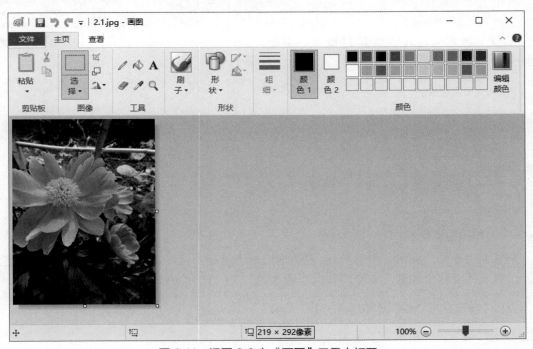

图 2.11　把图 2.8 在"画图"工具中打开

然后，根据从图 2.11 中得到的像素行数和像素列数绘制如图 2.12 所示的坐标系。

👑 说明：

图 2.8 的像素行数是 292 个，与其对应的是 y 轴的取值范围，即 0 ～ 291；同理，图 2.8 的像素列数是 219，与其对应的是 x 轴的取值范围，即 0 ～ 218。

这样，就能够通过坐标来确定某个像素在图 2.8 中的位置。在 OpenCV 中，正确表示图 2.8 中某个像素坐标的格式是"(y, x)"。例如，在如图 2.12 所示的坐标系中，图 2.8 右下角的像素坐标是"$(291, 218)$"。

图 2.12　根据像素行数和像素列数绘制坐标系

[实例 2.5]　　　　　　　　　　　　　　　　　　　　　　（源码位置：资源包 \Code\02\05）

表示图 2.8 中的指定像素

编写一段代码，先读取 D 盘根目录下的 2.jpg，再表示坐标"(291, 218)"上的像素。代码如下所示：

```
01    import cv2
02
03    image = cv2.imread("D:/2.jpg")        # 读取 D 盘根目录下的 2.jpg
04    px = image[291, 218]                  # 坐标 (291, 218) 上的像素
```

👑 **注意：**

编写上述代码之前，要把 2.jpg 复制、粘贴到 D 盘根目录下。

2.2.2　获取像素的 BGR 值

在实例 2.5 中，凭借一个标签 px 成功地表示了坐标"(291, 218)"上的像素。如果使用 print() 方法打印这个像素，就会得到这个像素的 BGR 值。代码如下所示：

```
print(" 坐标 (291, 218) 上的像素的 BGR 值是 ", px)
```

上述代码的运行结果如下所示：

```
坐标 (291, 218) 上的像素的 BGR 值是 [36 42 49]
```

不难发现，坐标 (291, 218) 上的像素的 BGR 值是由 36、42 和 49 这 3 个数值组成的。在讲解这 3 个数值各自代表的含义之前，先了解下"三基色"。

如图 2.13 所示，人眼能够感知红色、绿色和蓝色这 3 种不同的颜色，因此把这 3 种颜色称作三基色。如果将这 3 种颜色以不同的比例进行混合，人眼就会感知到丰富多彩的颜色。

那么对于计算机而言，是如何对这些颜色进行编码的呢？答案就是利用色彩空间。也

就是说，色彩空间是计算机对颜色进行编码的模型。对于计算机而言，把与"三基色"对应的色彩空间称作"RGB 色彩空间"，它是一种较为常用的色彩空间。

在 RGB 色彩空间中，包含 3 个通道：R 通道、G 通道和 B 通道。其中，R 通道指的是红色（Red）通道；G 通道指的是绿色（Green）通道；B 通道指的是蓝色（Blue）通道；每个色彩通道都在区间 [0, 255] 内进行取值。这样，计算机将通过为这 3 个色彩通道取不同的值来表示不同的颜色。如图 2.14 所示，通过截图工具，能够得到坐标"(291, 218)"上的像素的 RGB 值为 (49, 42, 36)。

图 2.13 三基色

图 2.14 坐标为 (291, 218) 上的像素的 RGB 值

使用 print() 方法打印图 2.8 中坐标"(291, 218)"上的像素的结果是"(36, 42, 49)"。而在图 2.14 中，这个坐标上的像素的 RGB 值是"(49, 42, 36)"。这时会发现这两个结果中的数值是相同的，但顺序是相反的，这是为什么呢？

原因就是 OpenCV 默认的通道顺序是 B → G → R。也就是说，当 OpenCV 获取图像内某个像素的值时，这个值指的是这个像素的 BGR 值。

👑 说明：

因为 OpenCV 默认的通道顺序是 B → G → R，所以 OpenCV 默认使用的色彩空间是 BGR 色彩空间。

因此，将图 2.8 中坐标"(291, 218)"上的像素的 RGB 值 ["(49, 42, 36)"] 对应的通道顺序 R（49）→ G（42）→ B（36）颠倒下，就会得到 B（36）→ G（42）→ R（36），即这个像素的 BGR 值是"(36, 42, 49)"。

在 OpenCV 中，获取坐标 (291, 218) 上的像素 px 的 BGR 值有如下两种方式。

① 同时获取图 2.8 中坐标"(291, 218)"上的像素的 B 通道、G 通道和 R 通道的值。代码如下所示：

```
01   import cv2
02
03   image = cv2.imread("D:/2.jpg")
04   px = image[291, 218] # 坐标 (291, 218) 上的像素
05   print(px)
```

上述代码的运行结果如下所示：

```
[36 42 49]
```

② 分别获取图 2.8 中坐标"(291, 218)"上的像素的 B 通道、G 通道和 R 通道的值。代码如下所示：

```
01   import cv2
02
```

```
03    image = cv2.imread("D:/2.jpg")
04    blue = image[291, 218, 0]          # 坐标 (291, 218) 上的像素的 B 通道的值
05    green = image[291, 218, 1]         # 坐标 (291, 218) 上的像素的 G 通道的值
06    red = image[291, 218, 2]           # 坐标 (291, 218) 上的像素的 R 通道的值
07    print(blue, green, red)
```

上述代码的运行结果如下所示:

```
36 42 49
```

👑 说明:
① image[291, 218, 0] 中的最后一个数值 0 表示 B 通道;
② image[291, 218, 1] 中的最后一个数值 1 表示 G 通道;
③ image[291, 218, 2] 中的最后一个数值 2 表示 R 通道。

2.2.3　修改像素的 BGR 值

在 2.2.2 节中,已经获取到图 2.8 中坐标"(291, 218)"上的像素的 BGR 值,即"(36, 42, 49)"。现要将像素 px 的 BGR 值由原来的"(36, 42, 49)"修改为"(255, 255, 255)",代码如下所示:

```
01    import cv2
02
03    image = cv2.imread("D:/2.jpg")
04    px = image[291, 218]
05    print(" 坐标 (291, 218) 上的像素的初始 BGR 值是 ", px)
06    px = [255, 255, 255]  # 把坐标 (291, 218) 上的像素的值修改为 [255, 255, 255]
07    print(" 坐标 (291, 218) 上的像素修改后的 BGR 值是 ", px)
```

上述代码的运行结果如下所示:

```
坐标 (291, 218) 上的像素的初始 BGR 值是 [36 42 49]
坐标 (291, 218) 上的像素修改后的 BGR 值是 [255, 255, 255]
```

当图像中的每个像素的 B、G、R 这 3 个数值相等时,就可以得到灰度图像。其中,当 B = G = R = 0 时,像素呈现纯黑色;当 B = G = R = 255 时,像素呈现纯白色。

[实例 2.6]　　　　　　　　　　　　　　　　　　（源码位置: 资源包 \Code\02\06 ）
修改图 2.8 中的指定区域内的所有像素

编写一个程序,将图 2.8 中的坐标 (241, 168)、(241, 218)、(291, 168) 和 (291, 218) 这 4 个点所围成的区域内的所有像素都修改为白色。代码如下所示:

```
01    import cv2
02
03    image = cv2.imread("D:/2.jpg")
04    cv2.imshow("img_01", image)           # 显示图 2.8
05    for i in range(241, 292):             # i 表示横坐标,在区间 [241, 291] 内取值
06        for j in range(168, 219):         # j 表示纵坐标,在区间 [168, 218] 内取值
07            image[i, j] = [255, 255, 255] # 把区域内的所有像素都修改为白色
08    cv2.imshow("img_02", image)           # 显示像素被修改后的图像
09    cv2.waitKey()
10    cv2.destroyAllWindows()               # 关闭所有的窗口时,销毁所有窗口
```

上述代码的运行结果如图 2.15 所示（左侧的图片是原图）。

图 2.15　把指定区域内的所有像素都修改为白色

2.3　色彩空间

在 2.2.2 节中，简单介绍了 RGB 色彩空间和 BGR 色彩空间。本节将介绍在 OpenCV 中另外两个比较常见的色彩空间：GRAY 色彩空间和 HSV 色彩空间。

2.3.1　GRAY 色彩空间

（1）什么是 GRAY 色彩空间

GRAY 色彩空间通常指的是灰度图像。灰度图像是一种每个像素都是从黑到白，被处理为 256 个灰度级别的单色图像。这 256 个灰度级别分别用区间 [0, 255] 中的数值表示。其中，"0" 表示黑色，"255" 表示白色，0 ～ 255 之间的数值表示不同亮度（即色彩的深浅程度）的深灰色或者浅灰色。因此，一幅灰度图像也能展示丰富的细节信息，如图 2.16 所示。

（2）从 BGR 色彩空间转换到 GRAY 色彩空间

看过图 2.16 后会发现它和图 2.8 是同一幅图像。只不过图 2.16 是灰度图像，而图 2.8 是彩色图像。也就是说，同一幅图像可以从一个色彩空间转换到另一个色彩空间，OpenCV 把这个转换过程称作色彩空间类型转换。

图 2.16　一幅显示花朵的灰度图像

OpenCV 可以使用 imread() 方法把图 2.8 读取为灰度图像，进而得到图 2.16。那么，除了使用 imread() 方法外，OpenCV 是否提供了其他方法能够将图 2.8 从 BGR 色彩空间转换到 GRAY 色彩空间，进而得到图 2.16 的呢？答案就是 cvtColor() 方法。cvtColor() 方法用于转换图像的色彩空间，其语法格式如下所示：

```
dst = cv2.cvtColor(src, code)
```

31

参数说明：

- src：转换色彩空间前的初始图像；
- code：色彩空间转换码。

返回值说明：

- dst：转换色彩空间后的图像。

当一幅彩色图像从 BGR 色彩空间转换到 GRAY 色彩空间时，需要使用的色彩空间转换码是 cv2.COLOR_BGR2GRAY。

 [实例 2.7] 〔源码位置：资源包 \Code\02\07〕

从 BGR 色彩空间转换到 GRAY 色彩空间

编写一个程序，将图 2.8 从 BGR 色彩空间转换到 GRAY 色彩空间。代码如下所示：

```
01    import cv2
02
03    image = cv2.imread("D:/2.jpg")
04    cv2.imshow("img_01", image)                      # 显示图 2.8
05    # 将图 2.8 从 BGR 色彩空间转换到 GRAY 色彩空间
06    gray_image = cv2.cvtColor(image, cv2.COLOR_BGR2GRAY)
07    cv2.imshow("GRAY", gray_image)                   # 显示灰度图像
08    cv2.waitKey()
09    cv2.destroyAllWindows()
```

上述代码的运行结果如图 2.17 所示。

图 2.17　图 2.8 从 BGR 色彩空间转换到 GRAY 色彩空间

　　虽然色彩空间类型转换是双向的，而且 OpenCV 也提供了 cv2.COLOR_GRAY2BGR（从 GRAY 色彩空间转换到 BGR 色彩空间）这个色彩空间转换码，但是灰度图像是无法转换成彩色图像的。这是因为在彩色图像转换成灰度图像的过程中，已经丢失了颜色比例（即红色、绿色和蓝色之间的混合比例）。这些比例一旦丢失，就再也找不回来了。

2.3.2　HSV 色彩空间

（1）什么是 HSV 色彩空间

　　RGB 色彩空间是基于三基色而言的，即红色、绿色和蓝色。而 HSV 色彩空间则是基于色调、饱和度和亮度而言的。

　　色调（H）是指光的颜色，例如彩虹中的赤、橙、黄、绿、青、蓝、紫分别表示不同的色调，如图 2.18 所示。在 OpenCV 中，色调在区间 [0, 180] 内取值。例如，代表红色、黄色、绿色和蓝色的色调值分别为 0、30、60 和 120。

图 2.18　彩虹中的色调

　　饱和度（S）是指色彩的深浅。在 OpenCV 中，饱和度在区间 [0, 255] 内取值。当饱和度为 0 时，图像将变为灰度图像。例如，图 2.19 是用手机的摄像头拍摄的原图像，图 2.20 是把这幅图像的饱和度调为 0 时的效果。

图 2.19　原图像

图 2.20　饱和度调为 0

　　如图 2.21 所示，亮度（V）是指光的明暗。与饱和度相同，在 OpenCV 中，亮度在区间 [0, 255] 内取值。亮度值越大，图像越亮；当亮度值为 0 时，图像呈纯黑色。

图 2.21　光的明暗

（2）从 BGR 色彩空间转换到 HSV 色彩空间

　　OpenCV 提供的 cvtColor() 方法不仅能将图像从 BGR 色彩空间转换到 GRAY 色彩空间，还能将图像从 BGR 色彩空间转换到 HSV 色彩空间。当一幅彩色图像从 BGR 色彩空间转换到 HSV 色彩空间时，需要使用的色彩空间转换码是 cv2.COLOR_BGR2HSV。

[实例 2.8]　　　　　　　　　　　　　　　　　　（源码位置：资源包 \Code\02\08）

从 BGR 色彩空间转换到 HSV 色彩空间

编写一个程序，将图 2.8 从 BGR 色彩空间转换到 HSV 色彩空间。代码如下所示：

```
01    import cv2
02
03    image = cv2.imread("D:/2.jpg")
04    cv2.imshow("img_01", image)                    # 显示图 2.8
05    # 将图 2.8 从 BGR 色彩空间转换到 HSV 色彩空间
06    hsv_image = cv2.cvtColor(image, cv2.COLOR_BGR2HSV)
07    cv2.imshow("HSV", hsv_image)                   # 用 HSV 色彩空间显示的图像
08    cv2.waitKey()
09    cv2.destroyAllWindows()
```

上述代码的运行结果如图 2.22 所示。

图 2.22　把图 2.8 从 BGR 色彩空间转换到 HSV 色彩空间

2.4　通道

在 2.2.2 节中已经介绍了因为 OpenCV 默认的通道顺序是 B → G → R，所以 OpenCV 默认使用的色彩空间是 BGR 色彩空间。也就是说，在 BGR 色彩空间中，包含 3 个通道：B 通道、G 通道和 R 通道。明确了什么是通道后，本节将对拆分通道和合并通道这两个内容进行讲解，以达到处理图像的目的。

2.4.1　拆分通道

为了拆分一幅图像中的通道，OpenCV 提供了 split() 方法。

（1）拆分一幅 BGR 图像中的通道

当使用 split() 方法拆分一幅色彩空间是 BGR 的图像（以下简称"BGR 图像"）中的通道时，split() 方法的语法格式如下所示：

```
b, g, r = cv2.split(bgr_image)
```

参数说明:

● bgr_image : 一幅 BGR 图像。

返回值说明:

● b : B 通道图像;

● g : G 通道图像;

● r : R 通道图像。

👑 注意:

　　因为 OpenCV 默认的通道顺序是 B → G → R,所以当拆分一幅 BGR 图像中的通道时,"="左边的"b, g, r"这 3 个字母的顺序不能颠倒。

[实例 2.9]

（源码位置: 资源包 \Code\02\09）

拆分一幅 BGR 图像中的通道

编写一个程序,先拆分图 2.8 中的通道,再显示拆分后的通道图像。代码如下所示:

```
01    import cv2
02
03    bgr_image = cv2.imread("D:/2.jpg")
04    cv2.imshow("img_01", bgr_image)        # 显示图 2.8
05    b, g, r = cv2.split(bgr_image)         # 拆分图 2.8 中的通道
06    cv2.imshow("B", b)                     # 显示图 2.8 中的 B 通道图像
07    cv2.imshow("G", g)                     # 显示图 2.8 中的 G 通道图像
08    cv2.imshow("R", r)                     # 显示图 2.8 中的 R 通道图像
09    cv2.waitKey()
10    cv2.destroyAllWindows()
```

运行上述代码后,会得到如图 2.23 ~图 2.26 所示的 4 个窗口。其中,图 2.23 是原图像（图 2.8）,图 2.24 是图 2.8 中的 B 通道图像,图 2.25 是图 2.8 中的 G 通道图像,图 2.26 是图 2.8 中的 R 通道图像。

图 2.23　原图像

图 2.24　B 通道图像

B 通道是蓝色通道，G 通道是绿色通道，R 通道是红色通道。但是，图 2.24、图 2.25 和图 2.26 是 3 幅不同亮度的灰度图像，这是为什么呢?

图 2.25　G 通道图像

图 2.26　R 通道图像

原因是当程序执行到 cv2.imshow("B", b) 时，原图像 B、G、R 这 3 个通道的值都会被修改为 B 通道的值，即 (B, B, B)。同理，当程序执行到 cv2.imshow("G", g) 和 cv2.imshow("R", r) 时，原图像 B、G、R 这 3 个通道的值将依次被修改为 G 通道的值 (G, G, G) 和 R 通道的值 (R, R, R)。对于 BGR 图像，只要 B = G = R（即数值相等），就可以得到灰度图像。

（2）拆分一幅 HSV 图像中的通道

当使用 split() 方法拆分一幅色彩空间是 HSV 的图像（以下简称"HSV 图像"）中的通道时，split() 方法的语法格式如下所示:

```
h, s, v = cv2.split(hsv_image)
```

参数说明:
● hsv_image: 一幅 HSV 图像。
返回值说明:
● h: H 通道图像;
● s: S 通道图像;
● v: V 通道图像。

 [实例 2.10]　　　　　　　　　　　　　　　　　　　　　（源码位置: 资源包 \Code\02\10）

拆分一幅 HSV 图像中的通道

编写一个程序，首先将图 2.8 从 BGR 色彩空间转换到 HSV 色彩空间，然后拆分得到的 HSV 图像中的通道，最后显示拆分后的通道图像。代码如下所示:

```
01    import cv2
02
```

```
03    bgr_image = cv2.imread("D:/2.jpg")
04    cv2.imshow("img_01", bgr_image)                    # 显示图 2.8
05    # 把图 2.8 从 BGR 色彩空间转换到 HSV 色彩空间
06    hsv_image = cv2.cvtColor(bgr_image, cv2.COLOR_BGR2HSV)
07    h, s, v = cv2.split(hsv_image)                     # 拆分 HSV 图像中的通道
08    cv2.imshow("H", h)                                 # 显示 HSV 图像中的 H 通道图像
09    cv2.imshow("S", s)                                 # 显示 HSV 图像中的 S 通道图像
10    cv2.imshow("V", v)                                 # 显示 HSV 图像中的 V 通道图像
11    cv2.waitKey()
12    cv2.destroyAllWindows()
```

运行上述代码后，会得到如图 2.27～图 2.30 所示的 4 个窗口。其中，图 2.27 是原图像（图 2.8），图 2.28 是图 2.8 中的 H 通道图像，图 2.29 是图 2.8 中的 S 通道图像，图 2.30 是图 2.8 中的 V 通道图像。

图 2.27　原图像

图 2.28　H 通道图像

图 2.29　S 通道图像

图 2.30　V 通道图像

2.4.2 合并通道

合并通道是拆分通道的逆过程。在 2.4.1 节中，拆分图 2.8 中的通道后，得到了 3 幅不同亮度的灰度图像。如果将上述拆分后的 3 个通道合并，那么会构成一幅彩色图像吗？答案是肯定的。为此，OpenCV 提供了 merge() 方法。

（1）合并 B 通道图像、G 通道图像和 R 通道图像

当使用 merge() 方法按 B→G→R 的顺序合并通道时，merge() 方法的语法格式如下所示：

```
bgr = cv2.merge([b, g, r])
```

参数说明：
- b：B 通道图像；
- g：G 通道图像；
- r：R 通道图像。

返回值说明：
- bgr：按 B→G→R 的顺序合并通道后得到的图像。

 [实例 2.11]　　　　　　　　　　　　　　　　　　　　　（源码位置：资源包 \Code\02\11）

按 B→G→R 的顺序合并通道

编写一个程序，先拆分图 2.8 中的通道，再按 B→G→R 的顺序合并通道。代码如下所示：

```
01    import cv2
02
03    bgr_image = cv2.imread("D:/2.jpg")
04    cv2.imshow("img_01", bgr_image)              # 显示图 2.8
05    b, g, r = cv2.split(bgr_image)               # 拆分图 2.8 中的通道
06    bgr = cv2.merge([b, g, r])                   # 按 B→G→R 的顺序合并通道
07    cv2.imshow("BGR", bgr)
08    cv2.waitKey()
09    cv2.destroyAllWindows()
```

运行上述代码后，会得到如图 2.31、图 2.32 所示的 2 个窗口。其中，图 2.31 是原图像，图 2.32 是按 B→G→R 的顺序合并通道得到的图像。

图 2.31　原图像　　　　　　　　图 2.32　按 B→G→R 的顺序合并通道得到的图像

（2）合并 H 通道图像、S 通道图像和 V 通道图像

当使用 merge() 方法合并 H 通道图像、S 通道图像和 V 通道图像时，merge() 方法的语法格式如下所示：

```
hsv = cv2.merge([h, s, v])
```

参数说明：

● h：H 通道图像；

● s：S 通道图像；

● v：V 通道图像。

返回值说明：

● hsv：合并 H 通道图像、S 通道图像和 V 通道图像后得到的图像。

（源码位置：资源包 \Code\02\12）

[实例 2.12]

合并 H 通道图像、S 通道图像和 V 通道图像

编写一个程序，首先将图 2.8 从 BGR 色彩空间转换到 HSV 色彩空间，然后拆分得到 HSV 图像中的通道，接着合并拆分后的通道图像，最后显示合并通道的 HSV 图像。代码如下所示：

```
01    import cv2
02
03    bgr_image = cv2.imread("D:/2.jpg")
04    cv2.imshow("img_01", bgr_image)              # 显示图 2.8
05    # 把图 2.8 从 BGR 色彩空间转换到 HSV 色彩空间
06    hsv_image = cv2.cvtColor(bgr_image, cv2.COLOR_BGR2HSV)
07    h, s, v = cv2.split(hsv_image)               # 拆分 HSV 图像中的通道
08    hsv = cv2.merge([h, s, v])                   # 合并拆分后的通道图像
09    cv2.imshow("HSV", hsv)                       # 显示合并通道的 HSV 图像
10    cv2.waitKey()
11    cv2.destroyAllWindows()
```

运行上述代码后，会得到如图 2.33、图 2.34 所示的 2 个窗口。其中，图 2.33 是原图像，图 2.34 是合并 H 通道图像、S 通道图像和 V 通道图像后得到的图像。

图 2.33　原图像

图 2.34　合并 H 通道图像、S 通道图像和 V 通道图像

把图 2.33 和图 2.34 进行对比后，会发现合并 H 通道图像、S 通道图像和 V 通道图像

39

后无法得到原图，而图 2.34 更像是对图 2.33 渲染过度后产生的结果。

2.4.3 综合运用拆分通道和合并通道

在 HSV 色彩空间内，如果保持其中两个通道的值不变，调整第 3 个通道的值，会得到相应的艺术效果。

 [实例 2.13]
（源码位置：资源包 \Code\02\13）

只把 H 通道的值调整为 180

编写一个程序，首先将图 2.8 从 BGR 色彩空间转换到 HSV 色彩空间；然后拆分得到 HSV 图像中的通道；接着让 S 通道和 V 通道的值保持不变，把 H 通道的值调整为 180；再接着合并拆分后的通道图像，把这个图像从 HSV 色彩空间转换到 BGR 色彩空间；最后显示得到的 BGR 图像。代码如下所示：

```
01    import cv2
02
03    bgr_image = cv2.imread("D:/2.jpg")
04    cv2.imshow("img_01", bgr_image)
05    # 把图 2.8 从 BGR 色彩空间转换到 HSV 色彩空间
06    hsv_image = cv2.cvtColor(bgr_image, cv2.COLOR_BGR2HSV)
07    h, s, v = cv2.split(hsv_image)              # 拆分 HSV 图像中的通道
08    h[:, :] = 180                               # 将 H 通道的值调整为 180
09    hsv = cv2.merge([h, s, v])                  # 合并拆分后的通道图像
10    # 合并通道后的图像从 HSV 色彩空间转换到 BGR 色彩空间
11    new_Image = cv2.cvtColor(hsv, cv2.COLOR_HSV2BGR)
12    cv2.imshow("NEW",new_Image)
13    cv2.waitKey()
14    cv2.destroyAllWindows()
```

上述代码的运行结果如图 2.35 和图 2.36 所示。

图 2.35　原图像　　　　图 2.36　只把 H 通道的值调整为 180 后合并通道

如果让 H 通道和 S 通道的值保持不变，把 V 通道的值调整为 255，会得到什么样的效果呢？把实例 13 中的第 8 行代码

```
h[:, :] = 180 # 将 H 通道的值调整为 180
```

修改为如下代码:

```
v[:, :] = 255  # 将 V 通道的值调整为 255
```

上述代码的运行结果如图 2.37 和图 2.38 所示。

图 2.37   原图像

图 2.38   只把 V 通道的值调整为 255 后合并通道

如果让 H 通道和 V 通道的值保持不变, 把 S 通道的值调整为 255, 又会得到什么样的效果呢? 把实例 2.13 中的第 8 行代码

```
h[:, :] = 180  # 将 H 通道的值调整为 180
```

修改为如下代码:

```
s[:, :] = 255  # 将 S 通道的值调整为 255
```

上述代码的运行结果如图 2.39 和图 2.40 所示。

图 2.39   原图像

图 2.40   只把 S 通道的值调整为 255 后合并通道

第 1 篇

基础知识篇

2.4.4 alpha 通道

BGR 色彩空间包含 3 个通道，即 B 通道、G 通道和 R 通道。OpenCV 在这 3 个通道的基础上，又增加了一个 A 通道，即 alpha 通道，用于设置图像的透明度。这样，一个由 B 通道、G 通道、R 通道和 A 通道这 4 个通道构成的色彩空间就诞生了，即 BGRA 色彩空间。在 BGRA 色彩空间中，alpha 通道在区间 [0, 255] 内取值，其中，0 表示透明，255 表示不透明。

 [实例 2.14] （源码位置：资源包 \Code\02\14）

调整 A 通道的值

编写一个程序，首先将图 2.8 从 BGR 色彩空间转换到 BGRA 色彩空间；然后拆分得到的 BGRA 图像中的通道；接着把 BGRA 图像的透明度调整为 172 后，合并拆分后的通道图像；再接着把 BGRA 图像的透明度调整为 0 后，合并拆分后的通道图像；最后分别显示 BGRA 图像、透明度为 172 的 BGRA 图像和透明度为 0 的 BGRA 图像。代码如下所示：

```
01   import cv2
02
03   bgr_image = cv2.imread("D:/2.jpg")
04   # 把图 2.8 从 BGR 色彩空间转换到 BGRA 色彩空间
05   bgra_image = cv2.cvtColor(bgr_image, cv2.COLOR_BGR2BGRA)
06   cv2.imshow("BGRA", bgr_image)                # 显示 BGRA 图像
07   b, g, r, a = cv2.split(bgra_image)           # 拆分 BGRA 图像中的通道
08   a[:, :] = 172                                # 将 BGRA 图像的透明度调整为 172（半透明）
09   bgra_172 = cv2.merge([b, g, r, a])           # 合并拆分后并将透明度调整为 172 的通道图像
10   a[:, :] = 0                                  # 将 BGRA 图像的透明度调整为 0（透明）
11   bgra_0 = cv2.merge([b, g, r, a])             # 合并拆分后并将透明度调整为 0 的通道图像
12   cv2.imshow("A = 172", bgra_172)              # 显示透明度为 172 的 BGRA 图像
13   cv2.imshow("A = 0", bgra_0)                  # 显示透明度为 0 的 BGRA 图像
14   cv2.waitKey()
15   cv2.destroyAllWindows()
```

运行上述代码后，会得到如图 2.41 ～图 2.43 所示的 3 个窗口。其中，图 2.41 是 BGRA 图像（即图 2.8），图 2.42 是把 BGRA 图像的透明度调整为 172 后的图像，图 2.43 是把 BGRA 图像的透明度调整为 0 后的图像。

图 2.41　BGRA 图像　　　图 2.42　透明度调整为 172　　　图 2.43　透明度调整为 0

如图 2.41 ～图 2.43 所示，虽然在代码中已经调整了 BGRA 图像中 A 通道的值，但是在窗口里显示的图像是相同的。为了显示这 3 幅图像的不同效果，需要使用 imwrite() 方法保存这 3 幅图像（笔者将这 3 幅图像保存在 D 盘根目录下）。代码如下所示：

```
01    import cv2
02
03    bgr_image = cv2.imread("D:/2.jpg")
04    # 把图 2.8 从 BGR 色彩空间转换到 BGRA 色彩空间
05    bgra_image = cv2.cvtColor(bgr_image, cv2.COLOR_BGR2BGRA)
06    b, g, r, a = cv2.split(bgra_image)              # 拆分 BGRA 图像中的通道
07    a[:, :] = 172                                   # 将 BGRA 图像的透明度调整为 172（半透明）
08    bgra_172 = cv2.merge([b, g, r, a])             # 合并拆分后并将透明度调整为 172 的通道图像
09    a[:, :] = 0                                     # 将 BGRA 图像的透明度调整为 0（透明）
10    bgra_0 = cv2.merge([b, g, r, a])               # 合并拆分后并将透明度调整为 0 的通道图像
11    cv2.imwrite("D:/bgra_image.png", bgra_image)   # 在 D 盘根目录下，保存 BGRA 图像
12    cv2.imwrite("D:/bgra_172.png", bgra_172)       # 在 D 盘根目录下，保存透明度为 172 的 BGRA 图像
13    cv2.imwrite("D:/bgra_0.png", bgra_0)           # 在 D 盘根目录下，保存透明度为 0 的 BGRA 图像
```

运行上述代码后，在 D 盘根目录下，依次双击打开 bgra_image.png、bgra_172.png 和 bgra_0.png，这 3 幅图像的显示效果如图 2.44 ～图 2.46 所示。

这个位置
是一幅
完全透明
的图像

图 2.44　bgra_image.png　　　图 2.45　bgra_172.png　　　图 2.46　bgra_0.png

👑　说明：

PNG 图像是一种典型的 4 通道（即 R 通道、G 通道、B 通道和 A 通道）图像，因此被保存的 3 幅图像的格式为 .png。

本章知识思维导图

第 3 章

NumPy 模块

 本章学习目标

- 明确 NumPy 模块是 OpenCV 的依赖包。
- 熟悉 NumPy 模块的数据类型。
- 掌握创建 5 种不同的数组的方法。
- 掌握数组的加、减、乘、除、幂运算和比较运算。
- 熟练掌握用于复制数组的 copy() 方法。
- 掌握如何使用数组的索引和切片。
- 掌握如何创建黑白图像、彩色图像和随机图像。
- 掌握水平拼接数组和垂直拼接数组的方法及其应用。

3.1 NumPy 模块与 OpenCV

NumPy（如图 3.1 所示）更像是一个魔方（如图 3.2 所示），它是 Python 数组计算、矩阵运算和科学计算的核心库。NumPy 这个词来源于 Numerical 和 Python 两个单词。NumPy 提供了一个高性能的数组对象，可以轻松创建一维数组、二维数组和多维数组等大量实用方法，帮助开发者轻松地进行数组计算，从而广泛地应用于数据分析、机器学习、图像处理和计算机图形学、数学任务等领域当中。由于 NumPy 是 C 语言实现的，所以其运算速度非常快。具体功能如下所示：

- 有一个强大的 N 维数组对象 ndarray；
- 广播功能方法；
- 线性代数、傅里叶变换、随机数生成、图形操作等功能；
- 整合 C/C++/Fortran 代码的工具。

图 3.1 NumPy

图 3.2 魔方

在 OpenCV 中，图像是由二维数组或者三维数组表示的。数组中的每一个值就是图像的像素值。因此，善于操作数组的 NumPy 模块就成了 OpenCV 的依赖包。OpenCV 中很多操作都要依赖此 NumPy 模块，例如创建纯色图像、创建掩模、创建卷积核等。

3.2 数组的类型

在对数组进行基本操作前，首先了解一下 NumPy 的数据类型。NumPy 的数据类型比 Python 数据类型增加了更多种类的数值类型，如表 3.1 所示，为了区别于 Python 数据类型，像 bool、int、float、complex、str 等数据类型名称末尾都加了短下划线 "_"。

表 3.1 NumPy 数据类型表

数据类型	描述
bool_	存储为一个字节的布尔值（真或假）
int_	默认整数，相当于 C 语言的 long，通常为 int32 或 int64
intc	相当于 C 语言的 int，通常为 int32 或 int64
intp	用于索引的整数，相当于 C 语言的 size_t，通常为 int32 或 int64
int8	字节（−128 ～ 127）
int16	16 位整数（−32768 ～ 32767）
int32	32 位整数（−2147483648 ～ 2147483647）
int64	64 位整数（−9223372036854775808 ～ 9223372036854775807）
uint8	8 位无符号整数（0 ～ 255）

续表

数据类型	描述
uint16	16 位无符号整数（0 ～ 65535）
uint32	32 位无符号整数（0 ～ 4294967295）
uint64	64 位无符号整数（0 ～ 18446744073709551615）
float	_float64 的简写
float16	半精度浮点：1 个符号位，5 位指数，10 位尾数
float32	单精度浮点：1 个符号位，8 位指数，23 位尾数
float64	双精度浮点：1 个符号位，11 位指数，52 位尾数
complex_	complex128 类型的简写
omplex64	复数，由两个 32 位浮点数表示（实部和虚部）
complex128	复数，由两个 64 位浮点数表示（实部和虚部）
datatime64	日期时间类型
timedelta64	两个时间之间的间隔

每一种数据类型都有相应的数据转换方法。代码如下所示：

```
np.int8(3.141)
```

结果为：3。

```
np.float64(8)
```

结果为：8.0。

```
np.float(True)
```

结果为：1.0。

3.3　创建数组

NumPy 提供了很多创建数组的方法，下面分别介绍。

3.3.1　最常规的 array() 方法

NumPy 创建简单的数组主要使用 array() 方法，通过传递列表、元组来创建 NumPy 数组，其中的元素可以是任何对象，语法格式如下所示：

```
numpy.array(object, dtype, copy, order, subok, ndmin)
```

参数说明：
● object：任何具有数组接口方法的对象。
● dtype：数据类型。
● copy：可选参数，布尔型，默认值为 True，则 object 对象被复制；否则，只有当 _array_ 返回副本，object 参数为嵌套序列，或者需要副本满足数据类型和顺序要求时，才会生成副本。
● order：元素在内存中的出现顺序，值为 K、A、C、F。如果 object 参数不是数组，则新创建的数组将按行排列（C），如果值为 F，则按列排列；如果 object 参数是一个数组，则以下成立：C—按行、F—按列、A—原顺序、K—元素在内存中的出现顺序。

 说明：

　　当 order 是 'A'，object 是一个既不是 'C' 也不是 'F' order 的数组，并且由于 dtype 的更改而强制执行了一个副本时，那么结果的顺序不一定是 'C'。这可能是一个 bug。

● subok：布尔型。如果值为 True，将传递子类，否则返回的数组将强制为基类数组（默认值）。

● ndmin：指定生成数组的最小维数。

下面通过一个实例演示如何创建一维数组和二维数组。

[实例 3.1]（源码位置：资源包 \Code\03\01）

创建一维数组和二维数组

分别创建一维数组和二维数组，示意图如图 3.3 所示。

图 3.3　创建一维数组和二维数组

代码如下所示：

```
01    import numpy as np                    # 导入 NumPy 模块
02    n1 = np.array([1,2,3])                # 创建一个简单的一维数组
03    n2 = np.array([0.1,0.2,0.3])          # 创建一个包含小数的一维数组
04    n3 = np.array([[1,2],[3,4]])          # 创建一个简单的二维数组
```

[实例 3.2]（源码位置：资源包 \Code\03\02）

创建浮点类型数组

NumPy 支持比 Python 更多种类的数据类型，通过 dtype 参数可以指定数组的数据类型，代码如下所示：

```
01    import numpy as np                    # 导入 NumPy 模块
02
03    list = [1, 2, 3]                      # 列表
04    # 创建浮点型数组
05    n1 = np.array(list, dtype=np.float_)
06    # 或者
07    n1 = np.array(list, dtype=float)
08    print(n1)
09    print(n1.dtype)
10    print(type(n1[0]))
```

运行结果如下所示：

```
 [1. 2. 3.]
float64
<class 'numpy.float64'>
```

[实例 3.3]

（源码位置: 资源包 \Code\03\03）

创建三维数组

将 ndmin 参数值设为 3 即可得到三维数组，代码如下所示:

```
01    import numpy as np
02    nd1 = [1, 2, 3]
03    nd2 = np.array(nd1, ndmin=3) # 三维数组
04    print(nd2)
```

运行结果如下所示:

```
[[[1 2 3]]]
```

由此结果可以看到一维数组被转换成了三维数组。

3.3.2 创建指定维度和数据类型未初始化的数组

创建指定维度和数据类型未初始化的数组主要使用 empty() 方法，数组元素因为未被初始化会自动取随机值。如果要改变数组类型，可以使用 dtype 参数，如整型，dtype=int。

[实例 3.4]

（源码位置: 资源包 \Code\03\04）

创建 2 行 3 列的未初始化数组

创建 2 行 3 列的未初始化数组，代码如下所示:

```
01    import numpy as np
02    n = np.empty([2, 3])
03    print(n)
```

运行结果如下所示:

```
[[2.22519099e-307 2.33647355e-307 1.23077925e-312]
 [2.33645827e-307 2.67023123e-307 1.69117157e-306]]
```

3.3.3 创建用 0 填充的数组

创建用 0 填充的数组需要使用 zeros() 方法，该方法创建的数组元素均为 0。OpenCV 经常使用该方法创建纯黑图像。

[实例 3.5]

（源码位置: 资源包 \Code\03\05）

创建纯 0 数组

创建 3 行、3 列，数据类型为无符号 8 位整数的纯 0 数组，代码如下所示:

```
01    import numpy as np
02    n = np.zeros((3, 3), np.uint8)
03    print(n)
```

运行结果如下所示:

```
[[0 0 0]
 [0 0 0]
 [0 0 0]]
```

3.3.4　创建用 1 填充的数组

　　创建用 1 填充的数组需要使用 ones() 方法，该方法创建的数组元素均为 1。OpenCV 经常使用该方法创建纯掩模、卷积核等用于计算的二维数据。

 [实例 3.6]　　　　　　　　　　　　　　　　　　（源码位置：资源包 \Code\03\06）

创建纯 1 数组

　　创建 3 行、3 列，数据类型为无符号 8 位整数的纯 1 数组，代码如下所示：

```
01    import numpy as np
02    n = np.ones((3, 3), np.uint8)
03    print(n)
```

　　运行结果如下所示：

```
[[1 1 1]
 [1 1 1]
 [1 1 1]]
```

3.3.5　创建随机数组

　　randint() 方法用于生成一定范围内的随机整数数组，为左闭右开区间 [low,high)，语法格式如下：

```
numpy.random.randint(low,high,size)
```

　　参数说明：

　　● low：随机数最小取值范围。

　　● high：可选参数，随机数最大取值范围。若 high 为空，取值范围为 [0，low)；若 high 不为空，则 high 必须大于 low。

　　● size：可选参数，数组维数。

 [实例 3.7]　　　　　　　　　　　　　　　　　　（源码位置：资源包 \Code\03\07）

创建随机数组

　　生成一定范围内的随机数组，代码如下所示：

```
01    import numpy as np
02    n1 = np.random.randint(1, 3, 10)
03    print(' 随机生成 10 个 1 到 3 之间且不包括 3 的整数: ')
04    print(n1)
05    n2 = np.random.randint(5, 10)
06    print('size 数组大小为空随机返回一个整数: ')
07    print(n2)
08    n3 = np.random.randint(5, size=(2, 5))
```

```
09    print(' 随机生成 5 以内二维数组 ')
10    print(n3)
```

运行结果如下所示:

```
随机生成 10 个 1 到 3 之间且不包括 3 的整数:
[1 1 2 1 1 1 2 2 2 1]
size 数组大小为空随机返回一个整数:
7
随机生成 5 以内二维数组
[[2 4 3 2 2]
 [1 2 2 4 1]]
```

3.4 操作数组

不用编写循环即可对数据执行批量运算, 这就是 NumPy 数组运算的特点, NumPy 称之为矢量化。大小相等的数组之间的任何算术运算, NumPy 都可以实现。本节主要介绍如何复制数组和进行简单的数组运算。

3.4.1 加法运算

加法运算是数组中对应位置的元素相加 (即每行对应相加), 如图 3.4 所示。

图 3.4 数组加法运算示意图

 [实例 3.8] （源码位置: 资源包 \Code\03\08 ）

对数组做加法运算

使用 NumPy 创建两个一维数组, 并让两个数组进行加法运算, 代码如下所示:

```
01    import numpy as np
02    n1 = np.array([1, 2])              # 创建一维数组
03    n2 = np.array([3, 4])
04    print(n1 + n2)                     # 加法运算
```

运行结果如下所示:

```
[4 6]
```

3.4.2 减法和乘除法运算

除了加法运算, 还可以实现数组的减法、乘法和除法, 如图 3.5 所示。

$$n1-n2= \quad \begin{matrix} \text{n1} \\ \boxed{\begin{matrix} 1 \\ 2 \end{matrix}} \end{matrix} \quad - \quad \begin{matrix} \text{n2} \\ \boxed{\begin{matrix} 3 \\ 4 \end{matrix}} \end{matrix} \quad = \quad \boxed{\begin{matrix} -2 \\ -2 \end{matrix}}$$

$$n1*n2= \quad \begin{matrix} \text{n1} \\ \boxed{\begin{matrix} 1 \\ 2 \end{matrix}} \end{matrix} \quad * \quad \begin{matrix} \text{n2} \\ \boxed{\begin{matrix} 3 \\ 4 \end{matrix}} \end{matrix} \quad = \quad \boxed{\begin{matrix} 3 \\ 8 \end{matrix}}$$

$$n1/n2= \quad \begin{matrix} \text{n1} \\ \boxed{\begin{matrix} 1 \\ 2 \end{matrix}} \end{matrix} \quad / \quad \begin{matrix} \text{n2} \\ \boxed{\begin{matrix} 3 \\ 4 \end{matrix}} \end{matrix} \quad = \quad \boxed{\begin{matrix} 0.333 \\ 0.5 \end{matrix}}$$

图 3.5　数组减法和乘除法运算示意图

 [实例 3.9]　　　　　　　　　　　　　　　　　　　　　　　（源码位置：资源包 \Code\03\09）

对数组做减法、乘法和除法运算

使用 NumPy 创建两个一维数组，并让两个数组进行减法、乘法和除法运算，代码如下所示：

```
01    import numpy as np
02    n1 = np.array([1, 2])                    # 创建一维数组
03    n2 = np.array([3, 4])
04    print(n1 - n2)                           # 减法运算
05    print(n1 * n2)                           # 乘法运算
06    print(n1 / n2)                           # 除法运算
```

运行结果如下所示：

```
[-2 -2]
[3 8]
[0.33333333 0.5       ]
```

3.4.3　幂运算

幂是数组中对应位置元素的幂运算，使用 "**" 运算符进行运算，效果如图 3.6 所示。从图中得知：数组 n1 的元素 1 和数组 n2 的元素 3 通过幂运算得到的是 1 的 3 次幂；数组 n1 的元素 2 和数组 n2 的元素 4 通过幂运算得到的是 2 的 4 次幂。

$$n1**n2= \quad \begin{matrix} \text{n1} \\ \boxed{\begin{matrix} 1 \\ 2 \end{matrix}} \end{matrix} \quad ** \quad \begin{matrix} \text{n2} \\ \boxed{\begin{matrix} 3 \\ 4 \end{matrix}} \end{matrix} \quad = \quad \boxed{\begin{matrix} 1 \\ 16 \end{matrix}}$$

图 3.6　数组幂运算示意图

 [实例 3.10]　　　　　　　　　　　　　　　　　　　　　　（源码位置：资源包 \Code\03\10）

两个数组做幂运算

使用 NumPy 创建两个一维数组，并让两个数组做幂运算，代码如下所示：

```
01    import numpy as np
02    n1 = np.array([1, 2])           # 创建一维数组
03    n2 = np.array([3, 4])
04    print(n1 ** n2)                 # 幂运算
```

运行结果如下所示：

```
[ 1 16]
```

3.4.4　比较运算

NumPy 创建的数组可以使用逻辑运算符进行比较运算，运算的结果是布尔值数组，数组中的布尔值为相比较的数组在相同位置元素的比较结果。

 [实例 3.11]　　　　　　　　　　　　　　　　　　　（源码位置：资源包 \Code\03\11）

使用逻辑运算符比较数组

使用 NumPy 创建两个一维数组，分别使用 ">=" "==" "<=" 和 "!=" 运算符比较两个数组，代码如下所示：

```
01    import numpy as np
02    n1 = np.array([1, 2])           # 创建一维数组
03    n2 = np.array([3, 4])
04    print(n1 >= n2)                 # 大于等于
05    print(n1 == n2)                 # 等于
06    print(n1 <= n2)                 # 小于等于
07    print(n1 != n2)                 # 不等于
```

运行结果如下所示：

```
[False False]
[False False]
[ True  True]
[ True  True]
```

3.4.5　复制数组

NumPy 提供的 array() 方法可以使用如下语法复制数据：

```
n2 = np.array(n1, copy=True)
```

但开发过程中更常用的是 copy() 方法，其语法格式如下所示：

```
n2 = n1.copy()
```

这两种方法都可以按照原数组的结构、类型、元素值创建出一个副本，修改副本中的元素不会影响到原数组。

 [实例 3.12]　　　　　　　　　　　　　　　　　　　（源码位置：资源包 \Code\03\12）

复制数据，比较复制的结果与原数组是否相同

使用 copy() 方法复制数组，比较两个数组是否相同。修改副本数组中的元素值后，再

查看两数组是否相同。代码如下所示：

```
01    import numpy as np
02    n1 = np.array([1, 2])              # 创建一维数组
03    n2 = n1.copy()                     # 创建复制第一个数组
04    print(n1 == n2)                    # 比较两个数组是否相同
05    n2[0] = 9                          # 副本数组修改第一个元素
06    print(n1)                          # 输出两个数组的元素值
07    print(n2)
08    print(n1 == n2)                    # 比较两个数组是否相同
```

运行结果如下所示：

```
[ True  True]
[1 2]
[9 2]
[False  True]
```

[实例 3.13] （源码位置：资源包 \Code\03\13）

复制图像

在 OpenCV 中，图像是由二维数组或者三维数组表示的。因此，使用 copy() 方法除了能够复制数组外，还能够复制图像。代码如下所示：

```
01    import cv2
02
03    img = cv2.imread("3.png")             # 读取当前项目文件夹下的图像
04    copyImage = img.copy()                # 复制读取到的图像
05    cv2.imshow("img", img)                # 窗口显示读取到的图像
06    cv2.imshow("copyImage", copyImage)    # 窗口显示复制后的图像
07    cv2.waitKey()                         # 按下键盘上的任意按键后
08    cv2.destroyAllWindows()               # 销毁显示图像的所有窗口
```

运行结果如图 3.7 和图 3.8 所示。

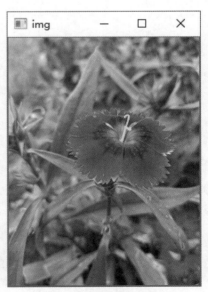

图 3.7　原图　　　　　　　　　　　图 3.8　复制后的图像

3.5 数组的索引和切片

NumPy 数组元素是通过数组的索引和切片来访问和修改的，因此索引和切片是 NumPy 中最重要、最常用的操作。

3.5.1 索引

所谓数组的索引，是用于标记数组当中对应元素的唯一数字，从 0 开始，即数组中的第一个元素的索引是 0，依此类推。NumPy 数组可以使用标准 Python 语法 x[obj] 对数组进行索引，其中 x 是数组，obj 是选择方式。

 [实例 3.14]　　　　　　　　　　　　　　　　　　　　　（源码位置：资源包 \Code\03\14）

查找一维数组索引为 0 的元素

查找数组 n1 索引为 0 的元素，代码如下所示：

```
01   import numpy as np
02   n1=np.array([1,2,3])                    # 创建一维数组
03   print(n1[0])
```

运行结果如下所示：

```
1
```

3.5.2 切片式索引

数组的切片（切片式索引）可以理解为对数组的分割，按照等分或者不等分，将一个数组切割为多个片段，与 Python 中列表的切片操作一样。NumPy 中用冒号分隔切片参数来进行切片操作，语法格式如下所示：

```
[start:stop:step]
```

参数说明：

- start：起始索引，若不写任何值，则表示从 0 开始的全部索引。
- stop：终止索引，若不写任何值，则表示直到末尾的全部索引。
- step：步长。

例如，对数组 n1 进行一系列切片式索引操作的示意图如图 3.9 所示。

图 3.9　切片式索引示意图

[实例 3.15]

（源码位置：资源包 \Code\03\15）

获取数组中某范围内的元素

按照图 3.9 所示的切片式索引操作获取数据中某范围的元素，代码如下所示：

```
01    import numpy as np
02    n1=np.array([1,2,3])                        # 创建一维数组
03    print(n1[0])
04    print(n1[1])
05    print(n1[0:2])
06    print(n1[1:])
07    print(n1[:2])
```

运行结果如下所示：

```
1
2
[1 2]
[2 3]
[1 2]
```

切片式索引操作需要注意以下几点：

① 索引是左闭右开区间，如上述代码中的 n1[0:2]，只能取到索引从 0 到 1 的元素，而取不到索引为 2 的元素。

② 当没有 start 参数时，代表从索引 0 开始取数，如上述代码中的 n1[:2]。

③ start、stop 和 step 3 个参数都可以是负数，代表反向索引。以 step 参数为例，如图 3.10 所示。

step参数为正数时

正向索引	0	1	2	3	4	5	6	7	8	9
	0	1	2	3	4	5	6	7	8	9
反向索引	-10	-9	-8	-7	-6	-5	-4	-3	-2	-1

step参数为负数时

正向索引	-1	-2	-3	-4	-5	-6	-7	-8	-9	-10
	0	1	2	3	4	5	6	7	8	9
反向索引	9	8	7	6	5	4	3	2	1	0

图 3.10　反向索引示意图

[实例 3.16]

（源码位置：资源包 \Code\03\16）

使用不同的切片式索引操作获取数组中的元素

分别演示 start、stop、step 这三种索引的切片场景，代码如下所示：

```
01    import numpy as np
02    n = np.array([0,1,2,3,4,5,6,7,8,9])
03    print(n)
04    print(n[:3])        # 0 1 2
05    print(n[3:6])       # 3 4 5
06    print(n[6:])        # 6 7 8 9
```

```
07    print(n[::])        # 0 1 2 3 4 5 6 7 8 9
08    print(n[:])         # 0 1 2 3 4 5 6 7 8 9
09    print(n[::2])       # 0 2 4 6 8
10    print(n[1::5])      # 1 6
11    print(n[2::6])      # 2 8
12    #start、stop、step 为负数时
13    print(n[::-1])      # 9 8 7 6 5 4 3 2 1 0
14    print(n[:-3:-1])    # 9 8
15    print(n[-3:-5:-1])  # 7 6
16    print(n[-5::-1])    # 5 4 3 2 1 0
```

运行结果如下所示:

```
[0 1 2 3 4 5 6 7 8 9]
[0 1 2]
[3 4 5]
[6 7 8 9]
[0 1 2 3 4 5 6 7 8 9]
[0 1 2 3 4 5 6 7 8 9]
[0 2 4 6 8]
[1 6]
[2 8]
[9 8 7 6 5 4 3 2 1 0]
[9 8]
[7 6]
[5 4 3 2 1 0]
```

3.5.3　二维数组索引

二维数组索引可以使用 array[n,m] 的方式,以逗号分隔,表示第 n 个数组的第 m 个元素。例如,创建一个 3 行 4 列二维数组,实现简单的索引操作,效果如图 3.11 所示。

图 3.11　二维数组索引示意图

 [实例 3.17]　　　　　　　　　　　　　　　　　　　（源码位置:资源包 \Code\03\17）

用三种方式获取二维数组中的元素

分别获取二维数组中索引为 1 的元素、第二行第三列的元素、索引为 –1 的元素,代码如下所示:

```
01    import numpy as np
02    # 创建 3 行 4 列的二维数组
03    n=np.array([[0,1,2,3],[4,5,6,7],[8,9,10,11]])
04    print(n[1])
05    print(n[1,2])
06    print(n[-1])
```

运行结果如下所示:

```
[4 5 6 7]
6
[ 8 9 10 11]
```

上述代码中，n[1] 表示第 2 个数组，n[1,2] 表示第 2 个数组第 3 个元素，它等同于 n[1]
[2]，表示数组 n 中第 2 行第 3 列的值，实际上 n[1][2] 是先索引第一个维度得到一个数组，
然后在此基础上再索引。

3.5.4 二维数组切片式索引

二维数组也支持切片式索引操作，例如图 3.12 所示就是获取二维数组中某一块区域的
索引。

图 3.12 二维数组切片式索引示意图

[实例 3.18]（源码位置：资源包 \Code\03\18）

对二维数组进行切片式索引操作

参照图 3.12 创建二维数组，对该数组进行切片式索引操作，代码如下所示:

```
01   import numpy as np
02   # 创建 3 行 3 列的二维数组
03   n = np.array([[1, 2, 3], [4, 5, 6], [7, 8, 9]])
04   print(n[:2, 1:])
05   print(n[1, :2])
06   print(n[:2, 2])
07   print(n[:, :1])
```

运行结果下:

```
[[2 3]
 [5 6]]
[4 5]
[3 6]
[[1]
 [4]
 [7]]
```

3.6　创建图像

在 OpenCV 中，黑白图像实际上就是一个二维数组，彩色图像是一个三维数组，数组中每个元素就是图像对应位置的像素值。因此，修改图像像素的操作实际上就是修改数组的操作。本节将介绍几个在 OpenCV 中常用的操作。

👑 注意：

数组索引、像素行列、像素坐标的关系如下所示：

> 数组行索引 = 像素所在行数 - 1 = 像素纵坐标
> 数组列索引 = 像素所在列数 - 1 = 像素横坐标

3.6.1　创建黑白图像

在黑白图像中，像素值为 0 表示黑色，像素值为 255 表示白色。

[实例 3.19]

（源码位置：资源包 \Code\03\19）

创建纯黑色图像

创建一个 100 行、200 列（即宽 200、高 100）的数组，数组元素格式为无符号 8 位整数，用 0 填充整个数组，将该数组当作图像显示出来，查看显示的结果。代码如下所示：

```
01    import cv2
02    import numpy as np
03
04    width = 200                              # 图像的宽
05    height = 100                             # 图像的高
06    # 创建指定宽高、单通道、像素值都为0的图像
07    img = np.zeros((height, width), np.uint8)
08    cv2.imshow("img", img)                   # 展示图像
09    cv2.waitKey()                            # 按下任何键盘按键后
10    cv2.destroyAllWindows()                  # 释放所有窗体
```

运行结果如图 3.13 所示。

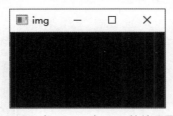

图 3.13　宽 200、高 100 的纯黑图像

创建纯白图像有两种方式：第一种是先创建纯黑图像，然后将图像中所有的像素值改为 255；第二种使用 NumPy 提供的 ones() 方法创建一个像素值均为 1 的数组，然后让数组乘以 255，同样可以得到一个纯白色的图像。

[实例 3.20]

（源码位置：资源包 \Code\03\20）

创建纯白色图像

创建一个 100 行、200 列（即宽 200、高 100）的数组，数组元素格式为无符号 8 位整

数，用 1 填充整个数组，然后让数组乘以 255，最后将该数组当作图像显示出来，查看显示的结果。代码如下所示：

```
01    import cv2
02    import numpy as np
03
04    width = 200                              # 图像的宽
05    height = 100                             # 图像的高
06    # 创建指定宽高、单通道、像素值都为 1 的图像
07    img = np.ones((height, width), np.uint8) * 255
08    cv2.imshow("img", img)                   # 展示图像
09    cv2.waitKey()                            # 按下任何键盘按键后
10    cv2.destroyAllWindows()                  # 释放所有窗体
```

运行结果如图 3.14 所示。

通过切片式索引操作可以修改图像中指定区域内的像素，以达到修改图像内容的效果，例如下面这个例子。

 [实例 3.21]

（源码位置：资源包 \Code\03\21）

在黑色图像内部绘制白色矩形

先绘制纯黑色图像作为背景，然后使用切片式索引操作将图像中横坐标为 50 ～ 100、纵坐标为 25 ～ 75 的矩形区域颜色改为纯白色。代码如下所示：

```
01    import cv2
02    import numpy as np
03
04    width = 200                              # 图像的宽
05    height = 100                             # 图像的高
06    # 创建指定宽高、单通道、像素值都为 0 的图像
07    img = np.zeros((height, width), np.uint8)
08    # 图像纵坐标为 25 ～ 75、横坐标为 50 ～ 100 之间的区域变为白色
09    img[25:75, 50:100] = 255
10    cv2.imshow("img", img)                   # 展示图像
11    cv2.waitKey()                            # 按下任何键盘按键后
12    cv2.destroyAllWindows()                  # 释放所有窗体
```

运行结果如图 3.15 所示。

图 3.14　宽 200、高 100 的纯白图像　　图 3.15　在黑色图像内部绘制白色矩形

若将切片式索引操作引入到循环之内，则可以绘制出带有规律的几何图像，例如下面这个例子。

 [实例 3.22]

（源码位置：资源包 \Code\03\22）

创建黑白相间的图像

先绘制纯黑色图像作为背景，然后在循环中使用切片式索引操作绘制成黑白间隔图像。

代码如下所示:

```
01    import cv2
02    import numpy as np
03
04    width = 200                              # 图像的宽
05    height = 100                             # 图像的高
06    # 创建指定宽高、单通道、像素值都为 0 的图像
07    img = np.zeros((height, width), np.uint8)
08    for i in range(0, width, 40):
09        img[:, i:i + 20] = 255               # 白色区域的宽度为 20 像素
10    cv2.imshow("img", img)                   # 展示图像
11    cv2.waitKey()                            # 按下任何键盘按键后
12    cv2.destroyAllWindows()                  # 释放所有窗体
```

运行结果如图 3.16 所示。

3.6.2 创建彩色图像

前面实例演示的是用二维数组表示的黑白图像，而显示生活中丰富多彩的颜色需要引入光谱三基色的概念，无法用二维数组表示，而是用到三维数组。OpenCV 中彩色图像默认为 BGR 格式，彩色图像的第三个索引表示的就是蓝、绿、红这三个颜色的颜色分量。

图 3.16　黑白相间的图像

 [实例 3.23]

（源码位置：资源包 \Code\03\23）

创建彩色图像

创建彩色图像数组是将数组创建成三维数组，元素类型仍然为无符号 8 位整数。创建好表示纯黑色图像的三维数组后，复制出三个副本，三个副本分别修改最后一个索引代表的元素值。根据 BGR 的顺序，索引 0 表示蓝色分量，索引 1 表示绿色分量，索引 2 表示红色分量，让三个副本分别显示纯蓝色、纯绿色和纯红色。代码如下所示：

```
01    import cv2
02    import numpy as np
03
04    width = 200                              # 图像的宽
05    height = 100                             # 图像的高
06    # 创建指定宽高、3 通道、像素值都为 0 的图像
07    img = np.zeros((height, width, 3), np.uint8)
08    blue = img.copy()                        # 复制图像
09    blue[:, :, 0] = 255                      # 1 通道所有像素都为 255
10    green = img.copy()
11    green[:, :, 1] = 255                     # 2 通道所有像素都为 255
12    red = img.copy()
13    red[:, :, 2] = 255                       # 3 通道所有像素都为 255
14    cv2.imshow("blue", blue)                 # 展示图像
15    cv2.imshow("green", green)
16    cv2.imshow("red", red)
17    cv2.waitKey()                            # 按下任何键盘按键后
18    cv2.destroyAllWindows()                  # 释放所有窗体
```

运行结果如图 3.17 ～图 3.19 所示。

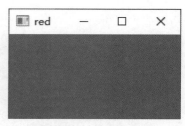

图 3.17　纯蓝色图像　　　　　图 3.18　纯绿色图像　　　　　图 3.19　纯红色图像

3.6.3　创建随机图像

　　随机图像是指图像中每一个像素值都是随机生成的，因为像素之间不会组成有效的视觉信息，所以这样的图像看上去就像杂乱无章的沙子。虽然随机图像没有任何视觉信息，但对于图像处理技术仍然很重要，毫无规律的像素数组称为干扰图像的噪声，或者当作图像加密的密钥。

　　这一节就介绍如何利用 NumPy 创建随机图像。

[实例 3.24]　　　　　　　　　　　　　　　（源码位置：资源包 \Code\03\24）

创建随机像素的雪花点图像

　　使用 NumPy 提供的 random.randint() 方法就可以创建随机数组，将随机值的取值范围定在 0 ～ 256 之间（即像素值范围），元素类型定为无符号 8 位整数，代码如下所示：

```
01   import cv2
02   import numpy as np
03
04   width = 200                              # 图像的宽
05   height = 100                             # 图像的高
06   # 创建指定宽高、单通道、随机像素值的图像，随机值在 0 ～ 256 之间，数字为无符号 8 位整数
07   img = np.random.randint(256, size=(height, width), dtype=np.uint8)
08   cv2.imshow("img", img)                   # 展示图像
09   cv2.waitKey()                            # 按下任何键盘按键后
10   cv2.destroyAllWindows()                  # 释放所有窗体
```

　　运行结果如图 3.20 所示。

　　这个实例演示的是随机的黑白图像，random.randint() 方法在指定数组行列后默认创建的是二维数组。如果想要获得随机彩色图像，创建的是三维数组。创建三维随机数组仅需修改 size 参数中的维度参数，修改后的代码如下所示：

```
img = np.random.randint(256, size=(height, width, 3), dtype=np.uint8)
```

　　再次运行后就会变成如图 3.21 所示的随机彩色图像效果。

图 3.20　随机黑白图像　　　　　　　图 3.21　随机彩色图像

3.7 拼接图像

NumPy 提供了两个拼接数组的方法，分别是 hstack() 方法和 vstack() 方法。这两个拼接方法同样可用于拼接图像，下面分别介绍。

3.7.1 水平拼接数组

hstack() 方法可以对数组进行水平拼接（或叫横向拼接），其语法格式如下所示：

```
array = numpy.hstack(tup)
```

参数说明：

● tup： 要拼接的数组元组。

返回值说明：

● array： 将参数元组中的数组水平拼接后生成的新数组。

hstack() 方法可以拼接多个数组，拼接效果如图 3.22 所示。被拼接的数组必须在每一个维度都具有相同的长度，也就是数组"形状相同"，例如 2 行 2 列的数组只能拼接 2 行 2 列的数组，否则会出现错误。

图 3.22 水平拼接两个数组

例如，创建三个一维数组，将这三个数组进行水平拼接，代码如下所示：

```
01    import numpy as np
02    a = np.array([1, 2, 3])
03    b = np.array([4, 5, 6])
04    c = np.array([7, 8, 9])
05    result = np.hstack((a, b, c))
06    print(result)
```

运行结果如下所示：

```
[1 2 3 4 5 6 7 8 9]
```

从这个结果可以看出，一维数组进行水平拼接后，会生成一个较长的、包含所有元素的新一维数组。

3.7.2 垂直拼接数组

vstack() 方法可以对数组进行垂直拼接（或叫纵向拼接），其语法格式如下所示：

```
array = numpy.hstack(tup)
```

参数说明：

● tup： 要拼接的数组元组

返回值说明：

● array：将参数元组中的数组垂直拼接后生成的新数组。

vstack() 方法可以拼接多个数组，拼接效果如图 3.23 所示。被拼接的数组的格式要求与
hstack() 方法相同。

图 3.23　垂直拼接两个数组

例如，创建三个一维数组，将这三个数组进行垂直拼接，代码如下所示：

```
01   import numpy as np
02   a = np.array([1, 2, 3])
03   b = np.array([4, 5, 6])
04   c = np.array([7, 8, 9])
05   result = np.vstack((a, b, c))
06   print(result)
```

运行结果如下所示：

```
[[1 2 3]
 [4 5 6]
 [7 8 9]]
```

从这个结果可以看出，一维数组进行垂直拼接之后，会生成一个三维数组，每一个被
拼接的一维数组都成为三维数组中的一个行。

3.7.3　在图像处理中的应用

在 OpenCV 中，图像就是一个二维或三维的像素数组，这些数组同样可以被 NumPy 拼
接，下面通过一个实例展示图像拼接的效果。

[实例 3.25]　　　　　　　　　　　　　　　　　　　　（源码位置：资源包 \Code\03\25 ）

按照水平和垂直两种方式拼接两个图像

读取一个图像，让该图像拼接自身图像，分别用水平和垂直两种方式拼接，查看拼接
效果，代码如下所示：

```
01   import cv2
02   import numpy as np
03
04   img = cv2.imread("stone.jpg")              # 读取原始图像
05
06   img_h = np.hstack((img, img))              # 水平拼接两个图像
07   img_v = np.vstack((img, img))              # 垂直拼接两个图像
08
09   cv2.imshow("img_h", img_h)                 # 展示拼接之后的效果
10   cv2.imshow("img_v", img_v)
11   cv2.waitKey()                              # 按下任何键盘按键后
12   cv2.destroyAllWindows()                    # 释放所有窗体
```

运行结果如图 3.24 和图 3.25 所示。

图 3.24　水平拼接的效果

图 3.25　垂直拼接的效果

从零开始学 OpenCV

本章知识思维导图

第 4 章
绘制图形和文字

扫码领取
► 配套视频
► 配套素材
► 学习指导
► 交流社群

 本章学习目标

- 掌握线段的绘制方法。
- 掌握黑色画布和白色画布的创建方法。
- 掌握矩形边框和实心矩形的绘制方法。
- 掌握同心圆和随机实心圆的绘制方法。
- 掌握多边形的绘制方法。
- 明确绘制多边形时须按顺时针或者逆时针给出多边形边框各个顶点的坐标。
- 掌握文字的绘制方法。
- 掌握如何使绘制的文字呈现斜体效果和垂直镜像效果。
- 掌握动态图形的绘制方法。

4.1　线段的绘制

OpenCV 提供了用于绘制线段的 line() 方法，使用这个方法即可绘制长短不一的、粗细各异的、五颜六色的线段。line() 方法的语法格式如下所示：

```
img = cv2.line(img, pt1, pt2, color, thickness)
```

参数说明：

● img：画布。
● pt1：线段的起点坐标。
● pt2：线段的终点坐标。
● color：绘制线段时的线条颜色。
● thickness：绘制线段时的线条宽度。

返回值说明：

● img：画布。

当使用 line() 方法绘制线段时，要指定线条颜色。那么在 OpenCV 中，如何表示线条颜色呢？以"红色"为例，在 RGB 颜色查询对照表中，表示"红色"的 RGB 值是"(255, 0, 0)"。由于 OpenCV 默认的通道顺序是 B → G → R，致使在 OpenCV 中，要用与 RGB 值对应的 BGR 值表示"红色"，即"(0, 0, 255)"。

 [实例 4.1]　　　　　　　　　　　　　　　　　　　（源码位置：资源包 \Code\04\01）

绘制线段并拼成一个"王"字

编写一个程序，使用 line() 方法分别绘制颜色为蓝色、绿色、红色和黄色，线条宽度为 5、10、15 和 20 的 4 条线段，并且这 4 条线段能够拼成一个"王"字。代码如下所示：

```
01    import numpy as np # 导入 Python 中的 NumPy 模块
02    import cv2
03
04    # np.zeros()：创建了一个画布
05    # (300, 300, 3)：一个 300 x 300，具有 3 个颜色空间（即 Red、Green 和 Blue）的画布
06    # np.uint8: OpenCV 中的灰度图像和 RGB 图像都是以 uint8 存储的，因此这里的类型也是 uint8
07    canvas = np.zeros((300, 300, 3), np.uint8)
08    # 在画布上，绘制一条起点坐标为 (50, 50)、终点坐标为 (250, 50)、蓝色的、线条宽度为 5 的线段
09    canvas = cv2.line(canvas, (50, 50), (250, 50), (255, 0, 0), 5)
10    # 在画布上，绘制一条起点坐标为 (50, 150)、终点坐标为 (250, 150)、绿色的、线条宽度为 10 的线段
11    canvas = cv2.line(canvas, (50, 150), (250, 150), (0, 255, 0), 10)
12    # 在画布上，绘制一条起点坐标为 (50, 250)、终点坐标为 (250, 250)、红色的、线条宽度为 15 的线段
13    canvas = cv2.line(canvas, (50, 250), (250, 250), (0, 0, 255), 15)
14    # 在画布上，绘制一条起点坐标为 (150, 50)、终点坐标为 (150, 250)、黄色的、线条宽度为 20 的线段
15    canvas = cv2.line(canvas, (150, 50), (150, 250), (0, 255, 255), 20)
16    cv2.imshow("Lines", canvas) # 显示画布
17    cv2.waitKey()
18    cv2.destroyAllWindows()
```

上述代码的运行结果如图 4.1 所示。

为了明确每条线段的起点坐标和终点坐标，把图 4.1 的主体部分放在一个如图 4.2 所示的坐标系里。

图 4.1　绘制线段并拼成一个"王"字　　　　图 4.2　每条线段的起点坐标和终点坐标

此外，如果想把图 4.1 中的黑色背景替换为白色背景，应该如何操作呢？这时，只需要将实例 4.1 的第 7 行代码替换成如下代码即可：

```
canvas = np.ones((300, 300, 3), np.uint8) * 255
```

运行修改后的代码，得到如图 4.3 所示的结果。

掌握了如何使用 line() 方法绘制线段后，再使用 line() 方法编写一个稍有难度的实例。

（源码位置：资源包 \Code\04\02）

[实例 4.2]

绘制 99 条长度、方向、宽度、颜色随机的线段

图 4.4 所示的是很多条长度不同、方向不同、宽度不同、黑色的线段，使用 line() 方法能够实现效果。为了使图 4.4 更加多彩，将使用 line() 方法绘制 99 条随机长度、随机方向、随机宽度和随机颜色的线段。

图 4.3　把图 4.1 中的黑色背景替换为白色背景　　　图 4.4　长度不同、方向不同、宽度不同、
黑色的线段

要想更好地体现"随机"二字，需要借助 numpy.random 下的 uniform() 方法予以实现。uniform() 方法的作用是从一个均匀分布的数据中随机采样，其语法格式如下所示：

```
numpy.random.uniform(low, high, size)
```

参数说明：

● low：采样下界，float 类型，默认值为 0.0；

● high：采样上界，float 类型，默认值为 1.0；

● size：输出样本数目，int 类型或元组类型（Python 基本数据类型之一），默认值为 None。

需要注意两个问题：一个是样本的取值范围，即包含 low，但不包含 high；另一个是 uniform() 方法返回的是一个 float 类型的值，为了能将这个值应用到本实例，需要将其强制转换为 int 类型的值。

明确了 uniform() 方法的两个注意事项后，再了解一下实现本实例要执行的步骤：

① 创建一个 300 × 300，具有红、绿、蓝 3 个颜色空间的画布；

② 使用 for 循环，设置循环变量依次从 1 取值到 99，模拟将要绘制的 99 条线段；

③ 分别设置线段的起点、终点的横、纵坐标在 1 ～ 299 的范围内随机取值；

④ 分别设置线段颜色的 R 通道、G 通道、B 通道在 0 ～ 255 的范围内随机取值；

⑤ 在画布上，绘制一条起点坐标随机、终点坐标随机、颜色随机、宽度随机的线段；

⑥ 窗口显示绘制的 99 条随机长度、随机颜色、随机宽度的线条；

⑦ 通过按下键盘上的任意按键，销毁显示图像的所有窗口。

代码如下所示：

```
01   import cv2
02   import numpy as np
03
04   # np.zeros()：创建了一个画布
05   # (300, 300, 3)：一个 300 x 300，具有 3 个颜色空间（即 Red、Green 和 Blue）的画布
06   # np.uint8：OpenCV 中的灰度图像和 RGB 图像都是以 uint8 存储的，因此这里的类型也是 uint8
07   canvas = np.zeros((300, 300, 3), np.uint8)
08   for i in range(0, 100):  # i 依次从 1 取值到 99
09       pt1x = int(np.random.uniform(0, 300))      # 线段的起点横坐标在 1 ～ 299 的范围内随机取值
10       pt1y = int(np.random.uniform(0, 300))      # 线段的起点纵坐标在 1 ～ 299 的范围内随机取值
11       pt2x = int(np.random.uniform(0, 300))      # 线段的终点横坐标在 1 ～ 299 的范围内随机取值
12       pt2y = int(np.random.uniform(0, 300))      # 线段的终点纵坐标在 1 ～ 299 的范围内随机取值
13       r = int(np.random.uniform(0, 256))         # R 通道在 0 ～ 255 的范围内随机取值
14       g = int(np.random.uniform(0, 256))         # G 通道在 0 ～ 255 的范围内随机取值
15       b = int(np.random.uniform(0, 256))         # B 通道在 0 ～ 255 的范围内随机取值
16       thickness = int(np.random.uniform(1, 6))   # 线条宽度在 1 ～ 5 的范围内随机取值
17       # 在画布上，绘制一条起点坐标随机、终点坐标随机、颜色随机、宽度随机的线段
18       canvas = cv2.line(canvas, (pt1x, pt1y), (pt2x, pt2y), (r, g, b), thickness)
19   cv2.imshow("lines", canvas)  # 窗口显示绘制的 99 条随机长度、随机颜色、随机宽度的线条
20   cv2.waitKey()                             # 按下键盘上的任意按键后
21   cv2.destroyAllWindows()                   # 销毁显示图像的所有窗口
```

运行结果如图 4.5 所示。

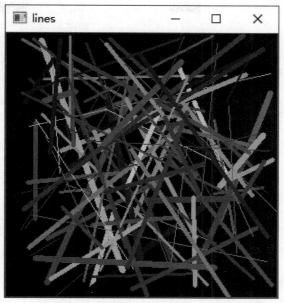

图 4.5　绘制 99 条长度、方向、宽度、颜色随机的线段

4.2　矩形的绘制

OpenCV 提供了用于绘制矩形的 rectangle() 方法，使用这个方法既可以绘制矩形边框，也可以绘制实心矩形。rectangle() 方法的语法格式如下所示：

```
img = cv2.rectangle(img, pt1, pt2, color, thickness)
```

参数说明：

- img：画布。
- pt1：矩形的左上角坐标。
- pt2：矩形的右下角坐标。
- color：绘制矩形时的线条颜色。
- thickness：绘制矩形时的线条宽度。

返回值说明：

- img：画布。

[实例 4.3]

（源码位置：资源包 \Code\04\03）

绘制一个矩形边框

编写一个程序，使用 rectangle() 方法绘制一个青色的、线条宽度为 20 的矩形边框。绘制矩形边框时，矩形的左上角坐标为 (50, 50)，矩形的右下角坐标为 (200, 150)。代码如下所示：

```
01    import numpy as np                          # 导入 Python 中的 NumPy 模块
02    import cv2
03
04    # np.zeros()：创建了一个画布
```

```
05    # (300, 300, 3): 一个 300 × 300, 具有 3 个颜色空间（即 Red、Green 和 Blue）的画布
06    # np.uint8: OpenCV 中的灰度图像和 RGB 图像都是以 uint8 存储的, 因此这里的类型也是 uint8
07    canvas = np.zeros((300, 300, 3), np.uint8)
08    # 在画布上绘制一左上角坐标为 (50,50)、右下角坐标为 (200,150)、青色的、线条宽度为 20 的矩形边框
09    canvas = cv2.rectangle(canvas, (50, 50), (200, 150), (255, 255, 0), 20)
10    cv2.imshow("Rectangle", canvas) # 显示画布
11    cv2.waitKey()
12    cv2.destroyAllWindows()
```

上述代码的运行结果如图 4.6 所示。

如果想要填充图 4.6 中的矩形边框, 使之变成实心矩形, 应该如何修改上述代码呢?

在 rectangle() 方法的语法格式中, thickness 表示绘制矩形时的线条宽度。当 thickness 的值为 −1 时, 即可绘制一个实心矩形。也就是说, 只需要把实例 4.3 的第 9 行代码中的最后一个参数 20 修改为 −1, 就能够绘制一个实心矩形。关键代码如下所示:

```
canvas = cv2.rectangle(canvas, (50, 50), (200, 150), (255, 255, 0), -1) # 绘制一实心矩形
```

运行修改后的代码, 得到如图 4.7 所示的结果。

图 4.6　绘制一个矩形边框

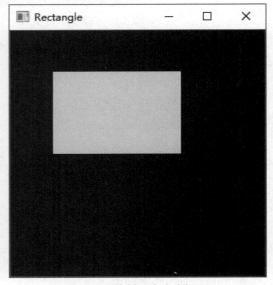

图 4.7　绘制一个实心矩形

正方形是特殊的矩形, 因此使用 rectangle() 方法除了能绘制一般的矩形外, 还能绘制正方形。

（源码位置: 资源包 \Code\04\04）

[实例 4.4]

绘制正方形

编写一个程序, 使用 rectangle() 方法分别绘制 3 个正方形边框和 1 个实心正方形。具体要求如下所示:

● 左上角坐标为 (50, 50)、右下角坐标为 (250, 250)、红色的、线条宽度为 40 的正方形边框;

● 左上角坐标为 (90, 90)、右下角坐标为 (210, 210)、绿色的、线条宽度为 30 的正方

形边框；

● 左上角坐标为 (120, 120)、右下角坐标为 (180, 180)、蓝色的、线条宽度为 20 的正方形边框；

● 左上角坐标为 (140, 140)、右下角坐标为 (160, 160)、黄色的实心正方形。

代码如下所示：

```
01    import numpy as np # 导入 Python 中的 NumPy 模块
02    import cv2
03
04    # np.zeros()：创建了一个画布
05    # (300, 300, 3)：一个 300 x 300，具有 3 个颜色空间（即 Red、Green 和 Blue）的画布
06    # np.uint8: OpenCV 中的灰度图像和 RGB 图像都是以 uint8 存储的，因此这里的类型也是 uint8
07    canvas = np.zeros((300, 300, 3), np.uint8)
08    # 绘制一个左上角坐标为 (50,50)、右下角坐标为 (250,250)、红色的、线条宽度为 40 的正方形边框
09    canvas = cv2.rectangle(canvas, (50, 50), (250, 250), (0, 0, 255), 40)
10    # 绘制一个左上角坐标为 (90,90)、右下角坐标为 (210,210)、绿色的、线条宽度为 30 的正方形边框
11    canvas = cv2.rectangle(canvas, (90, 90), (210, 210), (0, 255, 0), 30)
12    # 绘制一个左上角坐标为 (120,120)、右下角坐标为 (180,180)、蓝色的、线条宽度为 20 的正方形边框
13    canvas = cv2.rectangle(canvas, (120, 120), (180, 180), (255, 0, 0), 20)
14    # 绘制一个左上角坐标为 (140,140)、右下角坐标为 (160,160)、黄色的实心正方形
15    canvas = cv2.rectangle(canvas, (140, 140), (160, 160), (0, 255, 255), -1)
16    cv2.imshow("Square", canvas) # 显示画布
17    cv2.waitKey()
18    cv2.destroyAllWindows()
```

上述代码的运行结果如图 4.8 所示。

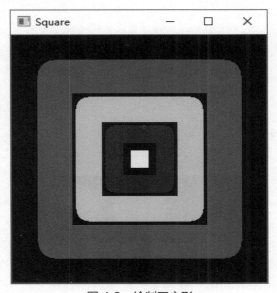

图 4.8　绘制正方形

4.3　圆形的绘制

OpenCV 提供了用于绘制圆形的 circle() 方法，这个方法与 rectangle() 方法的功能类似，既可以绘制圆形边框，也可以绘制实心圆形。circle() 方法的语法格式如下所示：

```
img = cv2.circle(img, center, radius, color, thickness)
```

73

参数说明:

- img: 画布。
- center: 圆形的圆心坐标。
- radius: 圆形的半径。
- color: 绘制圆形时的线条颜色。
- thickness: 绘制圆形时的线条宽度。

返回值说明:

- img: 画布。

 [实例 4.5]

（源码位置: 资源包 \Code\04\05）

绘制"交通灯"

编写一个程序，使用 circle() 方法分别绘制红色的、黄色的和绿色的 3 个实心圆形，用于模拟交通灯。这 3 个实心圆形的半径均为 40，并且在水平方向放置。代码如下所示:

```
01    import numpy as np # 导入 Python 中的 NumPy 模块
02    import cv2
03
04    # np.zeros(): 创建了一个画布
05    # (100, 300, 3): 一个 100 x 300, 具有 3 个颜色空间（即 Red、Green 和 Blue）的画布
06    # np.uint8: OpenCV 中的灰度图像和 RGB 图像都是以 uint8 存储的，因此这里的类型也是 uint8
07    canvas = np.zeros((100, 300, 3), np.uint8)
08    # 在画布上，绘制一个圆心坐标为 (50, 50)、半径为 40、红色的实心圆形
09    canvas = cv2.circle(canvas, (50, 50), 40, (0, 0, 255), -1)
10    # 在画布上，绘制一个圆心坐标为 (150, 50)、半径为 40、黄色的实心圆形
11    canvas = cv2.circle(canvas, (150, 50), 40, (0, 255, 255), -1)
12    # 在画布上，绘制一个圆心坐标为 (250, 50)、半径为 40、绿色的实心圆形
13    canvas = cv2.circle(canvas, (250, 50), 40, (0, 255, 0), -1)
14    cv2.imshow("TrafficLights", canvas) # 显示画布
15    cv2.waitKey()
16    cv2.destroyAllWindows()
```

上述代码的运行结果如图 4.9 所示。

图 4.9　绘制"交通灯"

绘制圆形和绘制线段或者矩形一样容易，但是绘制圆形要比绘制线段或者矩形多一些趣味，例如绘制同心圆、绘制随机圆等。

 [实例 4.6]

（源码位置: 资源包 \Code\04\06）

绘制同心圆

编写一个程序，使用 circle() 方法和 for 循环绘制 5 个同心圆，这些圆形的圆心坐标均为画布的中心，半径的值分别为 0、30、60、90 和 120，线条颜色均为绿色，线条宽度均为 5。代码如下所示:

```
01   import numpy as np # 导入 Python 中的 NumPy 模块
02   import cv2
03
04   # np.zeros(): 创建了一个画布
05   # (300, 300, 3): 一个 300 x 300, 具有 3 个颜色空间 (即 Red、Green 和 Blue) 的画布
06   # np.uint8: OpenCV 中的灰度图像和 RGB 图像都是以 uint8 存储的, 因此这里的类型也是 uint8
07   canvas = np.zeros((300, 300, 3), np.uint8)
08   # shape[1] 表示画布的宽度, center_Y 表示圆心的横坐标
09   # 圆心的横坐标等于画布的宽度的一半
10   center_X = int(canvas.shape[1] / 2)
11   # shape[0] 表示画布的高度, center_Y 表示圆心的纵坐标
12   # 圆心的纵坐标等于画布的高度的一半
13   center_Y = int(canvas.shape[0] / 2)
14   # r 表示半径; 其中, r 的值分别为 0、30、60、90 和 120
15   for r in range(0, 150, 30):
16       # 绘制一个圆心坐标为 (center_X, center_Y)、半径为 r、绿色的、线条宽度为 5 的圆形
17       cv2.circle(canvas, (center_X, center_Y), r, (0, 255, 0), 5)
18   cv2.imshow("Circles", canvas) # 显示画布
19   cv2.waitKey()
20   cv2.destroyAllWindows()
```

上述代码的运行结果如图 4.10 所示。

图 4.10　绘制同心圆

 [实例 4.7]

（源码位置: 资源包 \Code\04\07）

绘制 27 个随机实心圆

编写一个程序, 使用 circle() 方法和 for 循环随机绘制 27 个实心圆。其中, 圆心的横、纵坐标在 [0, 299] 范围内取值, 半径在 [11, 70] 范围内取值, 线条颜色由 3 个在 [0, 255] 范围内的随机数组成的列表表示。代码如下所示:

```
01   import numpy as np # 导入 Python 中的 NumPy 模块
02   import cv2
03
04   # np.zeros(): 创建了一个画布
05   # (300, 300, 3): 一个 300 x 300, 具有 3 个颜色空间 (即 Red、Green 和 Blue) 的画布
06   # np.uint8: OpenCV 中的灰度图像和 RGB 图像都是以 uint8 存储的, 因此这里的类型也是 uint8
```

```
07    canvas = np.zeros((300, 300, 3), np.uint8)
08    # 通过循环绘制 27 个实心圆
09    for numbers in range(0, 28):
10        # 获得随机的圆心横坐标，这个横坐标在 [0, 299] 范围内取值
11        center_X = np.random.randint(0, high = 300)
12        # 获得随机的圆心纵坐标，这个纵坐标在 [0, 299] 范围内取值
13        center_Y = np.random.randint(0, high = 300)
14        # 获得随机的半径，这个半径在 [11, 70] 范围内取值
15        radius = np.random.randint(11, high = 71)
16        # 获得随机的线条颜色，这个颜色由 3 个在 [0, 255] 范围内的随机数组成的列表表示
17        color = np.random.randint(0, high = 256, size = (3,)).tolist()
18        # 绘制一个圆心坐标为 (center_X, center_Y)、半径为 radius、颜色为 color 的实心圆形
19        cv2.circle(canvas, (center_X, center_Y), radius, color, -1)
20    cv2.imshow("Circles", canvas) # 显示画布
21    cv2.waitKey()
22    cv2.destroyAllWindows()
```

上述代码的运行结果如图 4.11 所示。

图 4.11 绘制 27 个随机实心圆

注意：

因为 OpenCV 中的颜色值是一个列表 [例如，(0, 0, 255) 等]，所以 color = np.random.randint(0, high = 256, size = (3,)).tolist() 中的 .tolist() 不能被忽略，否则运行程序时会发生错误。

4.4 多边形的绘制

OpenCV 提供了用于绘制多边形的 polylines() 方法，使用这个方法绘制的多边形既可以是封闭的，也可以是不封闭的。polylines() 方法的语法格式如下所示：

```
img = cv2.polylines(img, pts, isClosed, color, thickness)
```

参数说明：

● img：画布。

● pts：由多边形各个顶点的坐标组成的列表，这个列表是一个 NumPy 的数组类型。

● isClosed：如果值为 True，表示一个闭合的多边形；如果值为 False，表示一个不闭

合的多边形。

- color：绘制多边形时的线条颜色。
- thickness：绘制多边形时的线条宽度。

返回值说明：

- img：画布。

 [实例 4.8]

（源码位置：资源包 \Code\04\08 ）

绘制一个等腰梯形边框

编写一个程序，按顺时针给出等腰梯形 4 个顶点的坐标，即 (100, 50)、(200, 50)、(250, 250) 和 (50, 250)。在画布上根据 4 个顶点的坐标，绘制一个闭合的、红色的、线条宽度为 5 的等腰梯形边框。代码如下所示：

```
01    import numpy as np # 导入 Python 中的 NumPy 模块
02    import cv2
03
04    # np.zeros()：创建了一个画布
05    # (300, 300, 3)：一个 300 x 300，具有 3 个颜色空间（即 Red、Green 和 Blue）的画布
06    # np.uint8: OpenCV 中的灰度图像和 RGB 图像都是以 uint8 存储的，因此这里的类型也是 uint8
07    canvas = np.zeros((300, 300, 3), np.uint8)
08    # 按顺时针给出等腰梯形 4 个顶点的坐标
09    # 这 4 个顶点的坐标构成了一个大小等于 " 顶点个数 * 1 * 2" 的数组
10    # 这个数组的数据类型为 np.int32
11    pts = np.array([[100, 50], [200, 50], [250, 250], [50, 250]], np.int32)
12    # 在画布上根据 4 个顶点的坐标，绘制一个闭合的、红色的、线条宽度为 5 的等腰梯形边框
13    canvas = cv2.polylines(canvas, [pts], True, (0, 0, 255), 5)
14    cv2.imshow("Polylines", canvas) # 显示画布
15    cv2.waitKey()
16    cv2.destroyAllWindows()
```

上述代码的运行结果如图 4.12 所示。

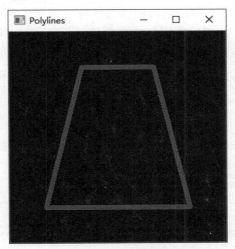

图 4.12　绘制一个等腰梯形边框

注意：

须按顺时针 [即 (100, 50)，(200, 50)，(250, 250) 和 (50, 250)] 或者逆时针 [即 (100, 50)，(50, 250)，(250, 250) 和 (200, 50)] 给出等腰梯形 4 个顶点的坐标，否则无法绘制一个等腰梯形边框。

例如，把实例 4.8 的第 11 行代码做如下修改：

```
pts = np.array([[100, 50], [200, 50], [50, 250], [250, 250]], np.int32)
```

运行修改后的代码，得到如图 4.13 所示的结果。

再例如，把实例 4.8 的第 13 行代码中的 True 修改为 False，那么将绘制出一个不封闭的等腰梯形边框。关键代码如下所示：

```
canvas = cv2.polylines(canvas, [pts], False, (0, 0, 255), 5) # 绘制一不封闭的等腰梯形边框
```

运行修改后的代码，得到如图 4.14 所示的结果。

 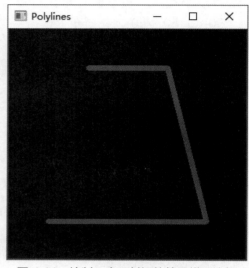

图 4.13　不按顺时针或者逆时针给出等腰梯形 4 个　　　　图 4.14　绘制一个不封闭的等腰梯形边框
　　　　　顶点的坐标的运行结果

实例 4.8 点出了在绘制多边形的过程中需要注意的两个问题：一个是须按顺时针或者逆时针的方向给出多边形各个顶点的坐标；另一个是要设定绘制的多边形是否是闭合的。

为了加深对以上两个注意事项的理解，再使用 polylines() 方法绘制一个闭合的五角星。

[实例 4.9]　　　　　　　　　　　　　　　　　　　　　（源码位置：资源包 \Code\04\09）

绘制五角星

五角星的手绘方法有很多种，如图 4.15 所示的绘制方法就是其中一种。下面将使用 polylines() 方法按照如图 4.15 所示的序号①～⑤依次连接五角星的 5 个顶点，绘制一个闭合的五角星。代码如下所示：

```
01    import numpy as np
02    import cv2
03
04    # np.zeros(): 创建了一个画布
05    # (300, 300, 3): 一个 300 x 300, 具有 3 个颜色空间 (即 Red、Green 和 Blue) 的画布
06    # np.uint8: OpenCV 中的灰度图像和 RGB 图像都是以 uint8 存储的, 因此这里的类型也是 uint8
07    canvas = np.zeros((300, 300, 3), np.uint8)
08    # 给出绘制五角星时所需的 5 个顶点的坐标
09    # 这个数组的数据类型为 np.int32
10    pts = np.array([[50, 130], [260, 130], [90, 250], [155, 55], [220, 250]], np.int32)
```

```
11    # 在画布上依次连接这 5 个顶点的坐标，绘制一个闭合的、红色的、线条宽度为 5 的五角星
12    canvas = cv2.polylines(canvas, [pts], True, (0, 0, 255), 5)
13    cv2.imshow("Star", canvas)                    # 窗口显示绘制的五角星
14    cv2.waitKey()                                 # 按下键盘上的任意按键后
15    cv2.destroyAllWindows()                       # 销毁显示图像的所有窗口
```

运行结果如图 4.16 所示。

图 4.15　五角星的一种绘制方法

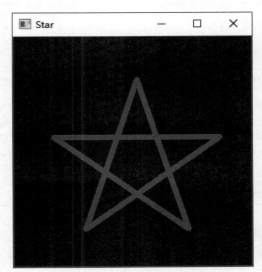

图 4.16　窗口显示绘制的五角星

4.5　文字的绘制

　　OpenCV 提供了用于绘制文字的 putText() 方法，使用这个方法不仅能够设置字体的样式、大小和颜色，而且能够使字体呈现斜体的效果，还能够控制文字的方向，进而使文字呈现垂直镜像的效果。putText() 方法的语法格式如下所示：

```
img = cv2.putText(img, text, org, fontFace, fontScale, color, thickness, lineType,
bottomLeftOrigin)
```

参数说明：
● img：画布。
● text：要绘制的文字内容。
● org：文字在画布中的左下角坐标。
● fontFace：字体样式，可选参数如表 4.1 所示。
● fontScale：字体大小。
● color：绘制文字时的线条颜色。
● thickness：绘制文字时的线条宽度。
● lineType：线型（线型指的是线的产生算法，有 4 和 8 两个值，默认值为 8）。
● bottomLeftOrigin：绘制文字时的方向（有 True 和 False 两个值，默认值为 False）。
返回值说明：
● img：画布。

👑 说明：

使用 putText() 方法时，thickness、lineType 和 bottomLeftOrigin 是可选参数，有无均可。

表 4.1　字体样式及其含义

字体样式	含义
FONT_HERSHEY_SIMPLEX	正常大小的 sans-serif 字体
FONT_HERSHEY_PLAIN	小号的 sans-serif 字体
FONT_HERSHEY_DUPLEX	正常大小的 sans-serif 字体 （比 FONT_HERSHEY_SIMPLEX 字体样式更复杂）
FONT_HERSHEY_COMPLEX	正常大小的 serif 字体
FONT_HERSHEY_TRIPLEX	正常大小的 serif 字体 （比 FONT_HERSHEY_COMPLEX 字体样式更复杂）
FONT_HERSHEY_COMPLEX_SMALL	FONT_HERSHEY_COMPLEX 字体样式的简化版
FONT_HERSHEY_SCRIPT_SIMPLEX	手写风格的字体
FONT_HERSHEY_SCRIPT_COMPLEX	FONT_HERSHEY_SCRIPT_SIMPLEX 字体样式的进阶版
FONT_ITALIC	斜体

[实例 4.10]　　　　　　　　　　　　　　　　　　　　（源码位置：资源包 \Code\04\10）

绘制文字"OpenCV"

编写一个程序，在画布上绘制文字"OpenCV"。其中，文字左下角的坐标为 (20, 70)，字体样式为 FONT_HERSHEY_TRIPLEX，字体大小为 2，线条颜色是绿色，线条宽度为 5。代码如下所示：

```
01    import numpy as np # 导入 Python 中的 NumPy 模块
02    import cv2
03
04    # np.zeros()：创建了一个画布
05    # (100, 300, 3)：一个 100 x 300，具有 3 个颜色空间（即 Red、Green 和 Blue）的画布
06    # np.uint8: OpenCV 中的灰度图像和 RGB 图像都是以 uint8 存储的，因此这里的类型也是 uint8
07    canvas = np.zeros((100, 300, 3), np.uint8)
08    # 在画布上绘制文字 "OpenCV"，文字左下角的坐标为 (20, 70)
09    # 字体样式为 FONT_HERSHEY_TRIPLEX
10    # 字体大小为 2，线条颜色是绿色，线条宽度为 5
11    cv2.putText(canvas, "OpenCV", (20, 70), cv2.FONT_HERSHEY_TRIPLEX, 2, (0, 255, 0), 5)
12    cv2.imshow("Text", canvas) # 显示画布
13    cv2.waitKey()
14    cv2.destroyAllWindows()
```

上述代码的运行结果如图 4.17 所示。

图 4.17　绘制文字"OpenCV"

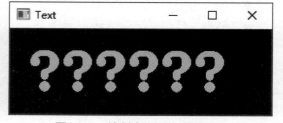

图 4.18　绘制中文时出现乱码

说明：

不借助其他库或者模块，使用putText()方法绘制中文时，如把实例4.10的第11行代码中的"OpenCV"修改为"您好"，会出现如图4.18所示的乱码。关键代码如下所示：

```
cv2.putText(canvas, " 您好 ", (20, 70), cv2.FONT_HERSHEY_TRIPLEX, 2, (0, 255, 0), 5)
```

因此，本书只介绍绘制英文的相关内容。

如果把实例4.10的第11行代码中的字体样式由"cv2.FONT_HERSHEY_TRIPLEX"修改为"cv2.FONT_HERSHEY_DUPLEX"，那么将改变图4.17中的字体样式。关键代码如下所示：

```
cv2.putText(canvas, "OpenCV", (20, 70), cv2.FONT_HERSHEY_DUPLEX, 2, (0, 255, 0), 5)
```

运行修改后的代码，得到如图4.19所示的结果。

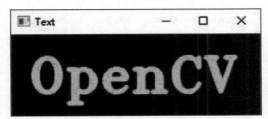

图 4.19　FONT_HERSHEY_DUPLEX 呈现的效果

根据上述修改方法，读者朋友可以把实例4.10的第11行代码中的字体样式依次修改为表4.1中的各种字体样式，这样就能查看每一个字体样式所呈现的效果了。

4.5.1　文字的斜体效果

FONT_ITALIC 可以与其他文字类型一起使用，使字体在呈现指定字体样式效果的同时，也呈现斜体效果。

[实例 4.11]
（源码位置：资源包 \Code\04\11）
绘制指定字体样式的文字并呈现斜体效果

编写一个程序，在图4.17呈现的文字效果的基础上，使字体呈现斜体效果。代码如下所示：

```
01    import numpy as np # 导入 Python 中的 NumPy 模块
02    import cv2
03
04    # np.zeros()：创建了一个画布
05    # (100, 300, 3)：一个 100 x 300，具有 3 个颜色空间（即 Red、Green 和 Blue）的画布
06    # np.uint8: OpenCV 中的灰度图像和 RGB 图像都是以 uint8 存储的，因此这里的类型也是 uint8
07    canvas = np.zeros((100, 300, 3), np.uint8)
08    # 字体样式为 FONT_HERSHEY_TRIPLEX 和 FONT_ITALIC
09    fontStyle = cv2.FONT_HERSHEY_TRIPLEX + cv2.FONT_ITALIC
10    # 在画布上绘制文字 "OpenCV"，文字左下角的坐标为 (20, 70)
11    # 字体样式为 fontStyle，字体大小为 2，线条颜色是绿色，线条宽度为 5
12    cv2.putText(canvas, "OpenCV", (20, 70), fontStyle, 2, (0, 255, 0), 5)
13    cv2.imshow("Text", canvas) # 显示画布
14    cv2.waitKey()
15    cv2.destroyAllWindows()
```

上述代码的运行结果如图 4.20 所示。

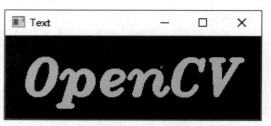

4.5.2 文字的垂直镜像效果

在 putText() 方法的语法格式中, 有一个用于
控制绘制文字方向的参数, 即 bottomLeftOrigin,
其默认值为 False。当 bottomLeftOrigin 为 True 时,
文字将呈现垂直镜像效果。

图 4.20　使图 4.17 呈现斜体效果

[实例 4.12]

（源码位置: 资源包 \Code\04\12）

绘制呈现垂直镜像效果的"OpenCV"

编写一个程序, 首先在画布上绘制文字"OpenCV"。其中, 文字左下角的坐标为 (20,
70), 字体样式为 FONT_HERSHEY_TRIPLEX, 字体大小为 2, 线条颜色是绿色, 线条宽度为
5。然后, 在该画布上绘制相同的字体样式、字体大小、线条颜色和线条宽度, 而且呈现垂
直镜像效果的"OpenCV"。代码如下所示:

```
01    import numpy as np # 导入 Python 中的 NumPy 模块
02    import cv2
03
04    # np.zeros(): 创建了一个画布
05    # (200, 300, 3): 一个 200 x 300, 具有 3 个颜色空间 (即 Red、Green 和 Blue) 的画布
06    # np.uint8: OpenCV 中的灰度图像和 RGB 图像都是以 uint8 存储的, 因此这里的类型也是 uint8
07    canvas = np.zeros((200, 300, 3), np.uint8)
08    # 字体样式为 FONT_HERSHEY_TRIPLEX
09    fontStyle = cv2.FONT_HERSHEY_TRIPLEX
10    # 在画布上绘制文字 "OpenCV", 文字左下角的坐标为 (20, 70)
11    # 字体样式为 fontStyle, 字体大小为 2, 线条颜色是绿色, 线条宽度为 5
12    cv2.putText(canvas, "OpenCV", (20, 70), fontStyle, 2, (0, 255, 0), 5)
13    # 使文字 "OpenCV" 呈现垂直镜像效果, 这时 lineType 和 bottomLeftOrigin 变成了必须参数
14    # 其中, lineType 取默认值 8, bottomLeftOrigin 的值为 True
15    cv2.putText(canvas, "OpenCV", (20, 100), fontStyle, 2, (0, 255, 0), 5, 8, True)
16    cv2.imshow("Text", canvas) # 显示画布
17    cv2.waitKey()
18    cv2.destroyAllWindows()
```

上述代码的运行结果如图 4.21 所示。

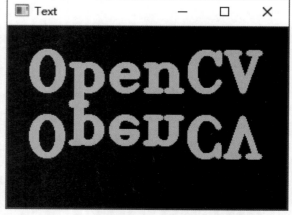

图 4.21　绘制呈现垂直镜像效果的"OpenCV"

4.5.3 在图像上绘制文字

除在 np.zeros() 创建的画布上绘制文字外，还能够在图像上绘制文字。区别是当在图像上绘制文字时，不再需要导入 Python 中的 NumPy 模块。

 [实例 4.13]
（源码位置：资源包 \Code\04\13 ）

在图像上绘制文字

编写一个程序，在 D 盘根目录下的 2.jpg 上绘制文字"Flower"。其中，文字左下角的坐标为 (20, 90)，字体样式为 FONT_HERSHEY_TRIPLEX，字体大小为 1，线条颜色是黄色。代码如下所示：

```
01    import cv2
02
03    image = cv2.imread("D:2.jpg") # 读取 D 盘根目录下的 2.jpg
04    # 字体样式为 FONT_HERSHEY_TRIPLEX
05    fontStyle = cv2.FONT_HERSHEY_TRIPLEX
06    # 在 image 上绘制文字 "OpenCV"，文字左下角的坐标为 (20, 90)，
07    # 字体样式为 fontStyle，字体大小为 1，线条颜色是黄色
08    cv2.putText(image, "Flower", (20, 90), fontStyle, 1, (0, 255, 255))
09    cv2.imshow("Text", image) # 显示画布
10    cv2.waitKey()
11    cv2.destroyAllWindows()
```

上述代码的运行结果如图 4.22 所示。

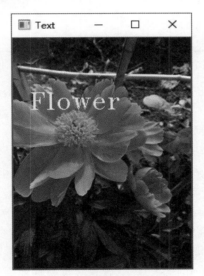

图 4.22　在图像上绘制文字

4.6　动态绘制图形

前文主要讲解的是如何在画布上绘制静态的图形，例如线段、矩形、正方形、圆形、多边形、文字等。那么能不能让这些静态的图形动起来呢？如果能，又该怎么做呢？本节将为读者朋友们指点迷津。

第1篇　基础知识篇

[实例 4.14]

（源码位置：资源包 \Code\04\14）

弹球动画

在一个宽、高都为 200 像素的白色图像中，绘制一个半径为 20 像素的蓝色小球。让小球做匀速直线运动，一旦圆形碰触到图像边界则发生反弹（反弹不损失动能）。想要实现这个功能需要解决两个问题：如何计算运动轨迹和如何实现动画。下面分别介绍这两个问题的解决思路。

（1）通过图像坐标系计算运动轨迹

小球在运动的过程中可以把移动速度划分为上、下、左、右四个方向。左右为横坐标移动速度，上下为纵坐标移动速度。小球向右移动时横坐标不断变大，向左移动时横坐标不断变小，由此可以认为：小球向右的移动速度为正数，向左的移动速度为负数。纵坐标同理，因为图像坐标系的原点为背景左上角顶点，越往下延伸纵坐标越大，所以小球向上的移动速度为负数，向下的移动速度为正数。四个方向的速度如图 4.23 所示。

图 4.23　圆在四个方向的速度值

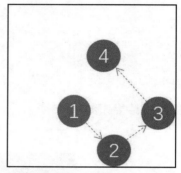

图 4.24　圆的移动轨迹

假设小球移动一段时间之后，移动的轨迹如图 4.24 所示，分别达到了四个位置，2 号位置和 3 号位置发生了反弹，也就是移动速度发生了变化，导致了移动方向发生变化。整个过程中，四个位置的速度分别如下所示：

❶：右下方向移动，横坐标向右，横坐标速度为 $+V_x$，纵坐标向下，纵坐标速度为 $+V_y$。

❷：右上方向移动，横坐标向右，横坐标速度为 $+V_x$，纵坐标向上，纵坐标速度为 $-V_y$。

❸：左上方向移动，横坐标向左，横坐标速度为 $-V_x$，纵坐标向上，纵坐标速度为 $-V_y$。

❹：左上方向移动，没有碰到边界，依然保持着与 3 号位置相同移动速度。

由此可以得出，小球只需要改变速度的正负号就可以改变移动的方向，所以在程序中可以将小球的横坐标速度和纵坐标速度设定成一个不变的值，每次小球碰到左右边界，就更改横坐标速度的正负号，碰到上下边界，就更改纵坐标速度的正负号。

（2）通过 time 模块实现动画效果

Python 自带一个 time 时间模块，该模块提供了一个 sleep() 方法可以让当前线程休眠一段时间，其语法格式如下所示：

```
time.sleep(seconds)
```

参数说明：

● seconds：休眠的秒数，可以是小数，例如 1/10 表示十分之一秒。

例如，让当前线程休眠 1s，代码如下所示：

```
01   import time
02   time.sleep(1)   # 休眠 1s
```

动画实际上是由多个画面在短时间内交替放映实现的视觉效果。每一个画面被称为一帧，所谓的"60 帧"就是指 1s 放映了 60 个画面。使用 time 模块每 1/60s 计算一次小球的移动轨迹，并将移动后的结果绘制到图像上，这样 1s 有 60 个图像交替放映，就可以看到弹球的动画效果了。

弹球动画的具体代码如下所示：

```
01   import cv2
02   import time
03   import numpy as np
04
05   width, height = 200, 200                              # 画面的宽和高
06   r = 20                                                # 圆半径
07   x = r + 20                                            # 圆心和坐标起始坐标
08   y = r + 100                                           # 圆形纵坐标起始坐标
09   x_offer = y_offer = 4                                 # 每一帧的移动速度
10
11   while cv2.waitKey(1) == -1:                           # 按下任何按键之后
12       if x > width - r or x < r:                        # 如果圆的横坐标超出边界
13           x_offer *= -1                                 # 横坐标速度取相反值
14       if y > height - r or y < r:                       # 如果圆的纵坐标超出边界
15           y_offer *= -1                                 # 纵坐标速度取相反值
16       x += x_offer                                      # 圆心按照横坐标速度移动
17       y += y_offer                                      # 圆心按照纵坐标速度移动
18       img = np.ones((width, height, 3), np.uint8) * 255 # 绘制白色背景面板
19       cv2.circle(img, (x, y), r, (255, 0, 0), -1)       # 绘制圆形
20       cv2.imshow("img", img)                            # 显示图像
21       time.sleep(1 / 60)                                # 休眠 1/60s，也就是每秒 60 帧
22
23   cv2.destroyAllWindows()                               # 释放所有窗体
```

运行结果如图 4.25 所示。

图 4.25　小球运动轨迹

本章知识思维导图

线段的绘制
- img = cv2.line(img, pt1, pt2, color, thickness)
- np.zeros()：黑色画布
- np.ones() * 255：白色画布
- 绘制线段并拼成一个"王"字
- 绘制长度、方向、宽度、颜色随机的线段

矩形的绘制
- img = cv2.rectangle(img, pt1, pt2, color, thickness)
- 绘制一个矩形边框
- 绘制一个实心矩形
- 绘制一个正方形边框
- 绘制一个实心正方形

圆形的绘制
- img = cv2.circle(img, center, radius, color, thickness)
- 绘制同心圆
- 绘制多个随机实心圆

绘制图形和文字

多边形的绘制
- img = cv2.polylines(img, pts, isClosed, color, thickness)
- 须按顺时针或者逆时针给出多边形边框各个顶点的坐标
- 绘制一个封闭的多边形边框
- 绘制一个不封闭的多边形边框
- 绘制一个五角星

文字的绘制
- img = cv2.putText(img, text, org, fontFace, fontScale, color, thickness, lineType, bottomLeftOrigin)
- 文字的斜体效果：FONT_ITALIC
- 文字的垂直镜像效果：bottomLeftOrigin为True
- 在图像上绘制文字

动态绘制图形
- time.sleep(seconds)
- cv2.circle(img, (x, y), r, (255, 0, 0), -1)
- 弹球动画

OpenCV

从零开始学　OpenCV

第2篇
处理图像篇

第 5 章

阈值

 本章学习目标

- 明确阈值的作用。
- 熟练掌握阈值处理函数的语法格式和 5 种阈值处理类型。
- 掌握在二值化处理和反二值化处理中阈值与所有像素值的比较过程。
- 掌握在低于阈值零处理和超出阈值零处理中阈值与所有像素值的比较过程。
- 掌握在截断阈值处理中阈值与所有像素值的比较过程。
- 熟练掌握自适应阈值处理方法的语法格式和 2 种自适应阈值处理的计算方法。
- 掌握 Otsu 方法的语法格式和如何设定其中的阈值处理类型。

5.1　阈值概述

在 Photoshop（PS）中，有一个工具可以快速抠出一幅图像中的轮廓，这个工具就是阈值。如图 5.1 所示，一幅彩色的卡通图像经 Photoshop 中的阈值处理后，得到了这幅卡通图像的轮廓。

图 5.1　阈值在 Photoshop 中的作用

OpenCV 也提供了阈值，而且 OpenCV 中的阈值具有与 Photoshop 中的阈值相同的作用。在 OpenCV 中，阈值是一个临界值，类似一个"像素值的标准线"。所有像素值都会与这条"标准线"进行比较，最后得到三种结果：像素值比阈值大、像素值比阈值小和像素值等于阈值。程序会根据这些结果将所有像素进行分组，然后对某一组像素进行"加深"或"变淡"操作，使得一幅图像的轮廓更加鲜明，更容易被计算机和肉眼识别。

5.2　阈值处理函数

在图像处理的过程中，阈值使得图像的像素值更单一，进而使得图像的效果更简单。首先，把一幅彩色图像转换为灰度图像，这样图像的像素值的取值范围即可简化为 0 ～ 255。然后，通过阈值使得转换后的灰度图像呈现出只有黑色和白色的视觉效果。例如，当阈值为 127 时，把小于 127 的所有像素值都转换为 0（即黑色），把大于 127 的所有像素值都转换为 255（即白色）。虽然会丢失一些灰度细节，但是会更明显地保留灰度图像主体的轮廓。

OpenCV 提供了 threshold() 方法用于对图像进行阈值处理，threshold() 方法的语法格式如下所示：

```
retval, dst = cv2.threshold(src, thresh, maxval, type)
```

参数说明：
- src：被处理的图像，可以是多通道图像。
- thresh：阈值，阈值在 125 ～ 150 范围内取值的效果最好。
- maxval：阈值处理采用的最大值。
- type：阈值处理类型。常用类型可以参考表 5.1。

返回值说明：
- retval：处理时所采用的阈值。
- dst：经过阈值处理后的图像。

表 5.1　阈值处理类型

类型	含义
cv2.THRESH_BINARY	二值化阈值处理
cv2.THRESH_BINARY_INV	反二值化阈值处理
cv2.THRESH_TOZERO	低于阈值零处理
cv2.THRESH_TOZERO_INV	超出阈值零处理
cv2.THRESH_TRUNC	截断阈值处理

5.3　二值化处理

二值化处理会将灰度图像的像素值两极分化，使得灰度图像呈现出只有纯黑色和纯白色的视觉效果。经过阈值处理后的图像轮廓分明、对比明显，因此二值化处理常用于图像识别功能。

5.3.1　"非黑即白"的图像

二值化处理也叫二值化阈值处理，该处理会让图像仅保留两种像素值，或者说所有像素都只能从两种值中取值。

进行二值化处理时，每一个像素值都会与阈值进行比较，将大于阈值的像素值变为最大值，将小于或等于阈值的像素值变为 0。计算过程如下面公式所示：

```
if 像素值 <= 阈值：像素值 = 0
if 像素值 > 阈值：像素值 = 最大值
```

通常二值化处理是使用 255 作为最大值，因为灰度图像中 255 表示白色，能够很清晰地与黑色进行区分，所以灰度图像经过二值化处理后会呈现"非黑即白"的效果。

例如，图 5.2 是一个由白到黑的渐变图，最左侧的像素值为 255（表现为纯白色），右侧的像素值逐渐递减，直到最右侧的像素值为 0（表现为纯黑色）。像素值的变化如图 5.3 所示。

图 5.2　由白到黑的渐变图像

255	255	254	254	253	253	252	251	…	5	4	3	2	1	0
255	255	254	254	253	253	252	251	…	5	4	3	2	1	0
…	…	…	…	…	…	…	…	…	…	…	…	…	…	…

图 5.3　渐变图像像素值变化示意图

 [实例 5.1]

（源码位置：资源包 \Code\05\01）

二值化阈值处理白黑渐变图

将图 5.2 进行二值化阈值处理，取 0～255 的中间值 127 作为阈值，将 255 作为最大值，

代码如下所示:

```
01    import cv2
02    img = cv2.imread("black.png", 0)                          # 将图像读成灰度图像
03    t1, dst1 = cv2.threshold(img, 127, 255, cv2.THRESH_BINARY) # 二值化阈值处理
04    cv2.imshow('img', img)                                     # 显示原图
05    cv2.imshow('dst1', dst1)                                   # 二值化阈值处理效果图
06    cv2.waitKey()                                              # 按下任何键盘按键后
07    cv2.destroyAllWindows()                                    # 释放所有窗体
```

上述代码的运行结果如图 5.4 和图 5.5 所示，图像中凡是大于 127 的像素值都变成了 255（白色），小于 127 的像素值都变成了 0（黑色）。原图从白黑渐变图像变成了白黑拼接图像，可以看到非常清晰的黑白交界。

图 5.4　原图

图 5.5　二值化阈值处理效果

[实例 5.2]

（源码位置：资源包 \Code\05\02）

观察不同阈值的处理效果

通过修改阈值大小可以调整黑白交界的位置。例如，分别采用 127 和 210 作为阈值，对比处理结果。代码如下所示：

```
01    import cv2
02    img = cv2.imread("black.png", 0)                          # 将图像读成灰度图像
03    t1, dst1 = cv2.threshold(img, 127, 255, cv2.THRESH_BINARY) # 二值化阈值处理
04    t2, dst2 = cv2.threshold(img, 210, 255, cv2.THRESH_BINARY) # 调高阈值效果
05    cv2.imshow('dst1', dst1)                                   # 展示阈值为 127 时的效果
06    cv2.imshow('dst2', dst2)                                   # 展示阈值为 210 时的效果
07    cv2.waitKey()                                              # 按下任何键盘按键后
08    cv2.destroyAllWindows()                                    # 释放所有窗体
```

上述代码的运行结果如图 5.6 和图 5.7 所示。因为原图中大部分像素值都大于 127，所以阈值为 127 时，大部分像素都变成了 255（白色）；但原图中大于 210 的像素值并不多，所以阈值为 210 时，大部分像素都变成了 0（黑色）。

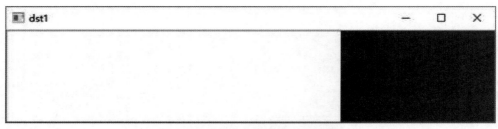

图 5.6　阈值为 127 时的处理效果

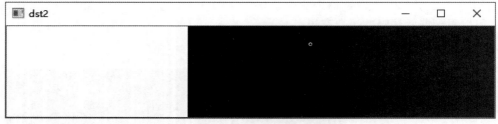

图 5.7　阈值为 210 时的处理效果

[实例 5.3]　　　　　　　　　　　　　　　　　　　　　　（源码位置：资源包 \Code\05\03）

观察不同最大值的处理效果

像素值的最小值默认为 0，但最大值可以由开发者设定。如果最大值不是 255（纯白色），那么"非黑"的像素就不一定是纯白色了。例如，150 这个灰度值表现为"灰色"，查看将 150 作为最大值处理的效果，代码如下所示：

```
01   import cv2
02   img = cv2.imread("black.png", 0)                       # 将图像读成灰度图像
03   t1, dst1 = cv2.threshold(img, 127, 255, cv2.THRESH_BINARY)  # 二值化阈值处理
04   t3, dst3 = cv2.threshold(img, 127, 150, cv2.THRESH_BINARY)  # 调低最大值效果
05   cv2.imshow('dst1', dst1)                               # 展示最大值为 255 时的效果
06   cv2.imshow('dst3', dst3)                               # 展示最大值为 150 时的效果
07   cv2.waitKey()                                          # 按下任何键盘按键后
08   cv2.destroyAllWindows()                                # 释放所有窗体
```

上述代码的运行结果如图 5.8 和图 5.9 所示。当最大值设为 150 时，凡是大于 127 的像素值都被改为 150，呈现灰色。

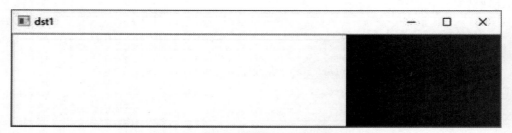

图 5.8　最大值为 255 时的处理效果

彩色图像也可以进行二值化阈值处理，处理之后会将颜色夸张化，对比效果如图 5.10 和图 5.11 所示。

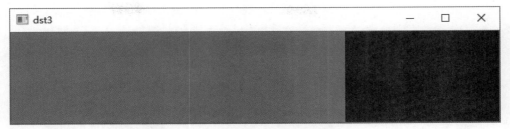

图 5.9　最大值为 150 时的处理效果

图 5.10　彩色图像原图

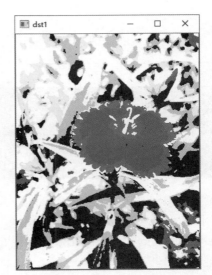

图 5.11　彩色图像进行二值化阈值处理的效果

5.3.2　反二值化处理

反二值化处理也叫反二值化阈值处理，其结果为二值化处理的相反结果。将大于阈值的像素值变为 0，将小于或等于阈值的像素值变为最大值。原图像中白色的部分会变成黑色，黑色的部分会变成白色。计算过程如下面公式所示：

```
if 像素值 <= 阈值：像素值 = 最大值
if 像素值 > 阈值：像素值 = 0
```

[实例 5.4]

（源码位置：资源包 \Code\05\04）

对图像进行反二值化处理

分别将图 5.2 进行二值化处理和反二值化处理，对比处理结果，代码如下所示：

```
01    import cv2
02    img = cv2.imread("black.png", 0)                                    # 将图像读成灰度图像
03    t1, dst1 = cv2.threshold(img, 127, 255, cv2.THRESH_BINARY)          # 二值化阈值处理
04    t4, dst4 = cv2.threshold(img, 127, 255, cv2.THRESH_BINARY_INV)      # 反二值化阈值处理
05    cv2.imshow('dst1', dst1)                                            # 展示二值化效果
06    cv2.imshow('dst4', dst4)                                            # 展示反二值化效果
07    cv2.waitKey()                                                       # 按下任何键盘按键后
08    cv2.destroyAllWindows()                                             # 释放所有窗体
```

第 2 篇　处理图像篇

上述代码的运行结果如图 5.12 和图 5.13 所示，可以明显地看出二值化处理效果和反二值化处理效果是完全相反的。

图 5.12　二值化处理效果

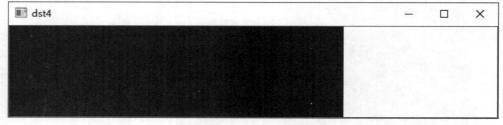

图 5.13　反二值化处理效果

彩色图像经过反二值化阈值处理之后，因为各通道的颜色分量值不同，取相反的极值后会呈现"混乱"的效果，对比效果如图 5.14 和图 5.15 所示。

图 5.14　彩色图像原图

图 5.15　彩色图像进行反二值化阈值处理的效果

5.4　零处理

零处理会将某一个范围内的像素值变为 0，并允许范围之外的像素保留原值。零处理包括低于阈值零处理和超出阈值零处理。

5.4.1　低于阈值零处理

低于阈值零处理也叫低阈值零处理，该处理会将低于或等于阈值的像素值变为 0，大于阈值的像素值保持原值。计算过程如下面公式所示：

```
if 像素值 <= 阈值：像素值 = 0
if 像素值 > 阈值：像素值 = 原值
```

 [实例 5.5]
（源码位置：资源包 \Code\05\05）

对图像进行低于阈值零处理

将图 5.2 进行低于阈值零处理，阈值设为 127，代码如下所示：

```
01    import cv2
02    img = cv2.imread("black.png", 0)                              # 将图像读成灰度图像
03    t5, dst5 = cv2.threshold(img, 127, 255, cv2.THRESH_TOZERO)    # 低于阈值零处理
04    cv2.imshow('img', img)                                        # 显示原图
05    cv2.imshow('dst5', dst5)                                      # 低于阈值零处理效果图
06    cv2.waitKey()                                                 # 按下任何键盘按键后
07    cv2.destroyAllWindows()                                       # 释放所有窗体
```

上述代码的运行结果如图 5.16 和图 5.17 所示，像素值低于 127 的区域彻底变黑，但像素值高于 127 的区域仍然保持渐变效果。

图 5.16　原图

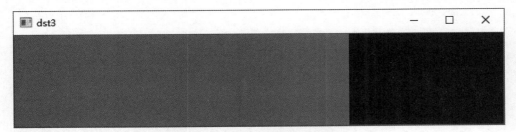

图 5.17　低于阈值零处理效果

图像经过低于阈值零处理后，颜色深的位置会彻底变黑，颜色浅的位置不受影响。彩色图像经过低于阈值零处理后，会让深颜色区域的颜色变得更深，甚至变黑，对比效果如图 5.18 和图 5.19 所示。

图 5.18　彩色图像原图

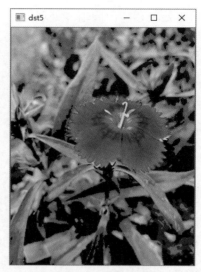

图 5.19　彩色图像经过低于阈值零处理的效果

5.4.2　超出阈值零处理

超出阈值零处理也叫超阈值零处理，该处理会将大于阈值的像素值变为 0，小于或等于阈值的像素值保持原值。计算过程如下面公式所示：

```
if 像素值 <= 阈值：像素值 = 原值
if 像素值 > 阈值：像素值 = 0
```

 [实例 5.6]

（源码位置：资源包 \Code\05\06）

对图像进行超出阈值零处理

将图 5.2 进行超出阈值零处理，阈值设为 127，代码如下：

```
01    import cv2
02    img = cv2.imread("black.png", 0)                              # 将图像读成灰度图像
03    t6, dst6 = cv2.threshold(img, 127, 255, cv2.THRESH_TOZERO_INV)  # 超出阈值零处理
04    cv2.imshow('img', img)                                        # 显示原图
05    cv2.imshow('dst6', dst6)                                      # 超出阈值零处理效果图
06    cv2.waitKey()                                                 # 按下任何键盘按键后
07    cv2.destroyAllWindows()                                       # 释放所有窗体
```

上述代码的运行结果如图 5.20 和图 5.21 所示，像素值高于 127 的区域彻底变黑，但像素值低于 127 的区域仍然保持渐变效果。

图 5.20　原图

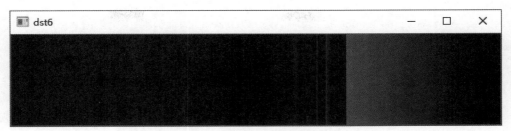

图 5.21　超出阈值零处理效果

图像经过超出阈值零处理后浅颜色区域会彻底变黑，深颜色区域则不受影响。彩色图像经过超出阈值零处理后，浅颜色区域的颜色分量会取相反的极值，也会呈现出一种"混乱"的效果，对比效果如图 5.22 和图 5.23 所示。

图 5.22　彩色图像原图

图 5.23　彩色图像进行超出阈值零处理的效果

5.5　截断处理

截断处理也叫截断阈值处理，该处理会将图像中大于阈值的像素值变为和阈值一样的值，小于或等于阈值的像素保持原值。计算过程如下面公式所示：

```
if 像素 <= 阈值：像素 = 原值
if 像素 > 阈值：像素 = 阈值
```

[实例 5.6]

（源码位置：资源包 \Code\05\07）

对图像进行截断处理

将图 5.2 进行截断处理，取 127 作为阈值，代码如下：

```
01    import cv2
02    img = cv2.imread("black.png", 0)   # 将图像读成灰度图像
```

第 2 篇　处理图像篇

97

```
03    t1, dst1 = cv2.threshold(img, 127, 255, cv2.THRESH_BINARY)  # 二值化阈值处理
04    t7, dst7 = cv2.threshold(img, 127, 255, cv2.THRESH_TRUNC)   # 截断处理
05    cv2.imshow('dst1', dst1)                                     # 展示二值化效果
06    cv2.imshow('dst7', dst7)                                     # 展示截断效果
07    cv2.waitKey()                                                # 按下任何键盘按键后
08    cv2.destroyAllWindows()                                      # 释放所有窗体
```

上述代码的运行结果如图 5.24 和图 5.25 所示。图 5.25 中浅颜色区域都变成了灰色，但深颜色区域仍然是渐变效果。

图 5.24　原图

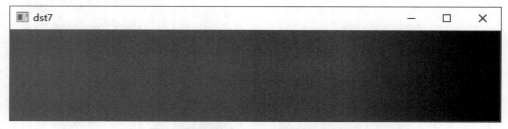

图 5.25　阈值为 127 时截断处理的效果

图像经过截断处理后，整体颜色都会变暗。彩色图像经过截断处理后，在降低亮度的同时还会让浅颜色区域的颜色变得更浅，对比效果如图 5.26 和图 5.27 所示。

图 5.26　彩色图像原图　　　　　图 5.27　彩色图像经过截断处理的效果

5.6　自适应处理

前文已经依次对 cv2.THRESH_BINARY、cv2.THRESH_BINARY_INV、cv2.THRESH_TOZERO、cv2.THRESH_TOZERO_INV 和 cv2.THRESH_TRUNC 这 5 种阈值处理类型进行了详解。因为图 5.2 是一幅色彩均衡的图像，所以直接使用一种阈值处理类型就能对图像进行阈值处理。在很多时候，图像的色彩是不均衡的，如果只使用一种阈值处理类型，是无法得到清晰有效的结果的。

[实例 5.8]　（源码位置：资源包 \Code\05\08 ）

无法得到清晰有效的结果

先将图 5.28 转换为灰度图像，再依次使用 cv2.THRESH_BINARY、cv2.THRESH_BINARY_INV、cv2.THRESH_TOZERO、cv2.THRESH_TOZERO_INV 和 cv2.THRESH_TRUNC 这 5 种阈值处理类型对转换后的灰度图像进行阈值处理。代码如下所示：

```
01  import cv2
02  image = cv2.imread("4.27.png")                              # 读取 4.27.png
03  image_Gray = cv2.cvtColor(image, cv2.COLOR_BGR2GRAY)        # 将 4.27.png 转换为灰度图像
04  t1, dst1 = cv2.threshold(image_Gray, 127, 255, cv2.THRESH_BINARY)    # 二值化阈值处理
05  # 反二值化阈值处理
06  t2, dst2 = cv2.threshold(image_Gray, 127, 255, cv2.THRESH_BINARY_INV)
07  t3, dst3 = cv2.threshold(image_Gray, 127, 255, cv2.THRESH_TOZERO)    # 低于阈值零处理
08  # 超出阈值零处理
09  t4, dst4 = cv2.threshold(image_Gray, 127, 255, cv2.THRESH_TOZERO_INV)
10  t5, dst5 = cv2.threshold(image_Gray, 127, 255, cv2.THRESH_TRUNC)     # 截断处理
11  # 分别显示经过 5 种阈值类型处理后的图像
12  cv2.imshow("BINARY", dst1)
13  cv2.imshow("BINARY_INV", dst2)
14  cv2.imshow("TOZERO", dst3)
15  cv2.imshow("TOZERO_INV", dst4)
16  cv2.imshow("TRUNC", dst5)
17  cv2.waitKey()                                               # 按下任何键盘按键后
18  cv2.destroyAllWindows()                                     # 销毁所有窗口
```

上述代码的运行结果如图 5.29 ～图 5.33 所示。

图 5.28　色彩不均衡的图像

图 5.29　二值化阈值处理

99

图 5.30　反二值化阈值处理

图 5.31　低于阈值零处理

图 5.32　超出阈值零处理

图 5.33　截断阈值处理

　　从视觉上看，对于色彩不均衡的图像，虽然使用截断阈值处理的效果是 5 种阈值处理类型中效果比较好的，但是有些轮廓依然模糊不清（例如图 5.33 中的手部轮廓），使用程序继续对其进行处理仍然很困难。这时，需要进一步简化图像。

　　OpenCV 提供了一种改进的阈值处理技术：图像中的不同区域使用不同的阈值。把这种改进的阈值处理技术称作自适应阈值处理。自适应阈值是根据图像中某一正方形区域内的所有像素值按照指定的算法计算得到的。与前文讲解的 5 种阈值处理类型相比，自适应阈值处理能更好地处理明暗分布不均的图像，获得更简单的图像效果。

　　OpenCV 提供了 adaptiveThreshold() 方法用于对图像进行自适应阈值处理，adaptiveThreshold() 方法的语法格式如下所示：

```
dst = cv2.adaptiveThreshold(src, maxValue, adaptiveMethod, thresholdType, blockSize, C)
```

参数说明：

- src：被处理的图像。需要注意的是，该图像须是灰度图像。
- maxValue：阈值处理采用的最大值。
- adaptiveMethod：自适应阈值的计算方法。自适应阈值的计算方法及其解释参考表 5.2。
- thresholdType：阈值处理类型。需要注意的是，阈值处理类型须是 cv2.THRESH_BINARY 或者 cv2.THRESH_BINARY_INV 中的一个。
- blockSize：一个正方形区域的大小。例如 5 指的是 5×5 的区域。
- C：常量。阈值等于均值或者加权值减去这个常量。

返回值说明：

- dst：经过阈值处理后的图像。

表 5.2　自适应阈值的计算方法及其解释

类型	含义
cv2.ADAPTIVE_THRESH_MEAN_C	对一个正方形区域内的所有像素进行平均加权
cv2.ADAPTIVE_THRESH_GAUSSIAN_C	根据高斯函数按照像素与中心点的距离对一个正方形区域内的所有像素进行加权计算

[实例 5.9]

（源码位置：资源包 \Code\05\09）

显示自适应阈值处理的结果

先将图 5.28 转换为灰度图像，再分别使用 cv2.ADAPTIVE_THRESH_MEAN_C 和 cv2.ADAPTIVE_THRESH_GAUSSIAN_C 这 2 种自适应阈值的计算方法对转换后的灰度图像进行阈值处理。代码如下所示：

```
01    import cv2
02    image = cv2.imread("4.27.png")                          # 读取 4.27.png
03    image_Gray = cv2.cvtColor(image, cv2.COLOR_BGR2GRAY)     # 将 4.27.png 转换为灰度图像
04    # 自适应阈值的计算方法为 cv2.ADAPTIVE_THRESH_MEAN_C
05    athdMEAM = cv2.adaptiveThreshold\
06        (image_Gray, 255, cv2.ADAPTIVE_THRESH_MEAN_C, cv2.THRESH_BINARY, 5, 3)
07    # 自适应阈值的计算方法为 cv2.ADAPTIVE_THRESH_GAUSSIAN_C
08    athdGAUS = cv2.adaptiveThreshold\
09        (image_Gray, 255, cv2.ADAPTIVE_THRESH_GAUSSIAN_C,cv2.THRESH_BINARY, 5, 3)
10    # 显示自适应阈值处理的结果
11    cv2.imshow("MEAN_C", athdMEAM)
12    cv2.imshow("GAUSSIAN_C", athdGAUS)
13    cv2.waitKey()                                            # 按下任何键盘按键后
14    cv2.destroyAllWindows()                                  # 销毁所有窗口
```

上述代码的运行结果如图 5.34 和图 5.35 所示。

与前文讲解的 5 种阈值处理类型的处理结果相比，自适应阈值处理保留了图像中更多的细节信息，更明显地保留了灰度图像主体的轮廓。

👑 注意：

　　使用自定义阈值处理图像时，如果图像是彩色图像，那么需要先将彩色图像转换为灰度图像，否则运行程序时会出现如图 5.36 所示的错误提示。

图 5.34　ADAPTIVE_THRESH_　　　图 5.35　ADAPTIVE_THRESH_
　　　MEAN_C 的处理结果　　　　　　　　GAUSSIAN_C 的处理结果

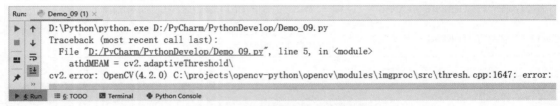

图 5.36　运行程序时会出现的错误

5.7　Otsu 方法

　　前文在讲解 5 种阈值处理类型的过程中，每个实例设置的阈值都是 127，这个 127 是笔者设置的，并不是通过算法计算得到的。对于有些图像，当阈值被设置为 127 时，得到的效果并不好，这时就需要一个个去尝试，直到找到最合适的阈值。

　　逐个寻找最合适的阈值不仅工作量大，而且效率低。为此，OpenCV 提供了 Otsu 方法。Otsu 方法能够遍历所有可能的阈值，从中找到最合适的阈值。

　　Otsu 方法的语法与 threshold() 方法的语法基本一致，只不过在为 type 传递参数时，要多传递一个参数，即 cv2.THRESH_OTSU。cv2.THRESH_OTSU 的作用就是实现 Otsu 方法的阈值处理。Otsu 方法的语法如下：

```
retval, dst = cv2.threshold(src, thresh, maxval, type)
```

参数说明：
- src：被处理的图像。需要注意的是，该图像须是灰度图像。
- thresh：阈值，且要把阈值设置为 0。
- maxval：阈值处理采用的最大值，即 255。
- type：阈值处理类型。除在表 5.1 中选择一种阈值处理类型外，还要多传递一个参数，即 cv2.THRESH_OTSU。例如，cv2.THRESH_BINARY + cv2.THRESH_OTSU。
返回值说明：

- retval：由 Otsu 方法计算得到并使用的最合适的阈值。
- dst：经过阈值处理后的图像。

 [实例 5.10]
（源码位置：资源包 \Code\05\10）

实现 Otsu 方法的阈值处理

图 5.37 是一幅亮度较高的图像，分别对这幅图像进行二值化阈值处理和实现 Otsu 方法的阈值处理，对比处理后图像的差异。代码如下所示：

```
01    import cv2
02    image = cv2.imread("4.36.jpg")                              # 读取 4.36.jpg
03    image_Gray = cv2.cvtColor(image, cv2.COLOR_BGR2GRAY)        # 将 4.36.jpg 转换为灰度图像
04    t1, dst1 = cv2.threshold(image_Gray, 127, 255, cv2.THRESH_BINARY) # 二值化阈值处理
05    # 实现 Otsu 方法的阈值处理
06    t2, dst2 = cv2.threshold(image_Gray, 0, 255, cv2.THRESH_BINARY  + cv2.THRESH_OTSU)
07    cv2.putText(dst2, "best threshold: " + str(t2), (0, 30),
08             cv2.FONT_HERSHEY_SIMPLEX, 1, (0, 0, 0), 2)         # 在图像上绘制最合适的阈值
09    cv2.imshow("BINARY", dst1)                                  # 显示二值化阈值处理的图像
10    cv2.imshow("OTSU", dst2)                                    # 显示实现 Otsu 方法的阈值处理
11    cv2.waitKey()                                               # 按下任何键盘按键后
12    cv2.destroyAllWindows()                                     # 销毁所有窗口
```

图 5.37　一幅亮度较高的图像

上述代码的运行结果如图 5.38 和图 5.39 所示。

图 5.38　二值化阈值处理的结果

图 5.39　实现 Otsu 方法的阈值处理后的结果

对比图 5.38 和图 5.39 后能够发现，由于图 5.37 的亮度较高，使用阈值为 127 进行二值化阈值处理的结果没有很好地保留图像主体的轮廓，并出现了大量的白色区域。但是，通过 Otsu 方法的阈值处理，不仅找到了最合适的阈值（即 184），还将图像主体的轮廓很好地保留了下来，获得了比较好的处理结果。

5.8 阈值处理的应用

阈值处理在计算机视觉技术中占有十分重要的位置，它是很多高级算法的底层处理逻辑之一。因为二值图像会忽略细节，放大特征，而很多高级算法要根据物体的轮廓来分析物体特征，所以二值图像非常适合做复杂的识别运算。在进行识别运算之前，应先将图像转为灰度图像，再进行二值化阈值处理，这样就得到了算法所需要的物体（大致）轮廓图像。

下面通过一个实例来演示通过阈值处理获取物体轮廓的方法。

 [实例 5.11]
（源码位置：资源包 \Code\05\11）

利用阈值处理勾勒楼房和汽车的轮廓

读取一幅图像，先将图像转为灰度图像，再将图像分别进行二值化阈值处理和反二值化阈值处理，观察处理之后的结果。具体代码如下所示：

```
01    import cv2
02    img = cv2.imread("car.jpg")                                       # 原始图像
03    gray = cv2.cvtColor(img, cv2.COLOR_BGR2GRAY)                       # 转为灰度图像
04    t1, dst1 = cv2.threshold(gray, 127, 255, cv2.THRESH_BINARY)        # 二值化阈值处理
05    t2, dst2 = cv2.threshold(gray, 127, 255, cv2.THRESH_BINARY_INV)    # 反二值化阈值处理
06    cv2.imshow("img", img)                                            # 显示图像
07    cv2.imshow("gray", gray)
08    cv2.imshow("dst1", dst1)
09    cv2.imshow("dst2", dst2)
10    cv2.waitKey()                                                     # 按下任何键盘按键后
11    cv2.destroyAllWindows()                                           # 释放所有窗体
```

上述代码的运行结果如图 5.40 ～图 5.43 所示。

图 5.40　原始图像

图 5.41　灰度图像

图 5.42　二值化阈值处理效果

图 5.43　反二值化阈值处理效果

从后面两幅图像可以看到，二值化阈值处理之后，图片只有纯黑和纯白两种颜色，图像中的楼房边缘变得更加鲜明，更容易被识别。地面因为颜色较深，所以被大面积涂黑，这样白色的汽车就与地面形成了鲜明的反差。二值化阈值处理后的汽车轮廓在肉眼看来可能还不够明显，但反二值化阈值处理后的汽车轮廓与地面的反差就非常大了。高级图像识别算法可以根据这种鲜明的像素变化来搜寻特征，最后达到识别物体进行分类的目的。

在实例 5.11 中，图像经二值化阈值处理后没有得到理想的效果，导致这样的结果是否和阈值设定得不恰当有关呢？如果把阈值可能设定的值依次尝试下，会不会得到较为理想的效果呢？这两个问题恰恰体现出实例 5.11 的两个局限性：一个是重新设定阈值后，只有再一次运行程序才能看到阈值处理后的效果；另一个是如果想对这幅图像进行其他类型的阈值处理，就需要先替换相应参数的值，再运行程序。

那么 OpenCV 中有没有一种工具能打破这两个局限呢？有，这个工具被称作"滑动条"。

滑动条是 OpenCV 中的一种非常实用的交互工具，主要用于设置、获取指定范围内的值。在使用滑动条之前，要先创建滑动条。为此，OpenCV 提供了 createTrackbar() 方法，该方法的语法格式如下所示：

```
cv2.createTrackbar(trackbarname, winname, value, count, onChange)
```

参数说明：
● trackbarname：滑动条的名称。
● winname：显示滑动条的窗口名称。
● value：滑动条的初始值（这个值决定滑动条上的滑块的位置）。
● count：滑动条的最大值。
● onChange：一个回调函数（一般情况下，将滑动条要实现的操作写在这个回调函数内）。

滑动条被创建后，拖动滑动条上的滑块，就能够设置滑动条的值。那么，如何获取这个值呢？这时要用到的是 OpenCV 中的 getTrackbarPos() 方法，该方法的语法格式如下所示：

```
retval = cv2.getTrackbarPos(trackbarname, winname)
```

参数说明：

- trackbarname：滑动条的名称；
- winname：显示滑动条的窗口名称。

返回值说明：

- retval：滑块所在位置对应的值。

下面将使用"滑动条"实现一个阈值调试器。

 [实例 5.12]

阈值调试器

（源码位置：资源包 \Code\05\12）

本实例要实现的阈值调试器包含了两种阈值处理类型：二值化阈值处理和反二值化阈值处理。因此，需要创建两个滑动条，它们的取值范围都是 0 ～ 255，初始值都是 127。当滑动表示二值化阈值处理的滑动条上的滑块时，窗口显示的图像效果会随着滑块位置对应的值的变化而不断变化。同理，当滑动表示反二值化阈值处理的滑动条上的滑块时，窗口显示的图像效果会随着滑块位置对应的值的变化而不断变化。代码如下所示：

```
01    import cv2
02
03    img = cv2.imread("car.jpg")                        # 读取当前项目目录下的图像
04
05    def show(trackbarname, type):
06        # 将读取到的图像从 BGR 色彩空间转换为 GRAY 色彩空间
07        gray = cv2.cvtColor(img, cv2.COLOR_BGR2GRAY)
08        # 获取用指定滑动块设定的阈值
09        t = cv2.getTrackbarPos(trackbarname, "TrackBar")
10        # 对 GRAY 色彩空间的图像进行二值化阈值处理或者反二值化阈值处理
11        _, dst = cv2.threshold(gray, t, 255, type)
12        cv2.imshow("TrackBar", dst)                     # 显示处理后的图像
13
14    def change(null):
15        # 根据名字是 "BINARY" 的滑动条设定的阈值，对 GRAY 色彩空间的图像进行二值化阈值处理
16        show("BINARY", cv2.THRESH_BINARY)
17
18    def change2(null):
19        # 根据名字是 "lBINARY_INV" 的滑动条设定的阈值，对 GRAY 色彩空间的图像进行反二值化阈值处理
20        show("lBINARY_INV", cv2.THRESH_BINARY_INV)
21
22    cv2.namedWindow("TrackBar")                         # 命名窗口
23    cv2.resizeWindow("TrackBar", 640, 340)             # 设置窗口高为 640 像素，宽为 340 像素
24    # 创建二值化阈值处理的滑动条
25    cv2.createTrackbar("BINARY", "TrackBar", 127, 255, change)
26    # 创建反二值化阈值处理的滑动条
27    cv2.createTrackbar("lBINARY_INV", "TrackBar", 127, 255, change2)
28    # 根据名字是 "BINARY" 的滑动条设定的阈值，对 GRAY 色彩空间的图像进行二值化阈值处理
29    show("BINARY", cv2.THRESH_BINARY)
30    cv2.waitKey()                                       # 通过按下键盘上的按键
31    cv2.destroyAllWindows()                             # 销毁正在显示的窗口
```

上述代码的运行结果如图 5.44 所示。

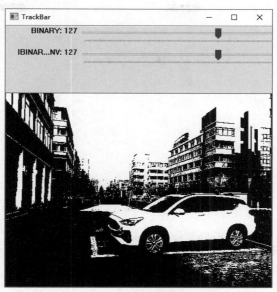

图 5.44　阈值调试器

本章知识思维导图

第 6 章
图像运算

扫码领取
▶ 配套视频
▶ 配套素材
▶ 学习指导
▶ 交流社群

 本章学习目标

- 明确什么是掩模。
- 掌握掩模的使用方法。
- 掌握如何运用图像的加法运算。
- 熟练掌握 4 种图像位运算的语法格式。
- 熟练掌握 4 种图像位运算各自的特点。
- 熟练掌握加权和的语法格式。
- 熟练掌握如何使用加权和实现多次曝光技术和添加水印技术。
- 掌握如何实现图像的覆盖。

6.1 掩模

之前的章节里介绍的方法中出现过"掩模"这个参数，但都是建议大家不使用这个参数。那掩模到底有什么用呢？这一节将介绍掩模的概念。

外科医生在给患者做手术时，会为患者盖上手术洞巾，类似图 6.1，这样医生就只在这个预设好的孔洞部位进行手术。手术洞巾不仅有利于医生定位患处、显露手术视野，还可以对非患处起到隔离、防污的作用。

同样，当计算机处理图像时，图像也如同一名"患者"一样，有些内容需要处理，有些内容不需要处理。通常计算机处理图像时会把所有像素都处理一遍，但如果想让计算机像外科大夫那样仅处理某一小块区域，那就要为图像盖上一块仅暴露一小块区域的"手术洞巾"。像"手术洞巾"那样能够覆盖原始图像、仅暴露原始图像"感兴趣区域"（ROI）的模板图像就叫作掩模。

掩模，也叫作掩码，英文是 mask，在程序中用二值图像来表示：0 值（纯黑）区域表示被遮盖的部分，255 值（纯白）区域表示暴露的部分（某些场景下也会用 0 和 1 当作掩模的值）。

例如，图 6.2 是一幅小猫的原始图像，图 6.3 是原始图像的掩模，掩模覆盖原始图像之后，可以得到如图 6.4 所示的结果。

图 6.1 外科手术会给患者盖上手术洞巾

图 6.2 原始图像

图 6.3 掩模

图 6.4 被掩模覆盖后得到的图像

如果调换了掩模中黑白的区域，如图 6.5 所示，掩模覆盖原始图像之后得到结果就如图 6.6 所示。

图 6.5　掩模

图 6.6　被掩模覆盖后得到的图像

在使用 OpenCV 处理图像时，通常使用 NumPy 库提供的方法来创建掩模图像。下面通过一个实例演示如何创建掩模图像。

 [实例 6.1] （源码位置：资源包 \Code\06\01）

创建 3 通道掩模图像

利用 NumPy 库的 zeros() 方法创建一幅掩模图像，感兴趣区域为在该图像中横坐标为 20、纵坐标为 50、宽为 60、高为 50 的矩形，展示该掩模图像。调换该掩模图像的感兴趣区域和不感兴趣区域之后，再次展示掩模图像。代码如下所示：

```
01    import cv2
02    import numpy as np
03
04    # 创建宽150、高150、3通道、像素类型为无符号8位数字的零值图像
05    mask = np.zeros((150, 150, 3), np.uint8)
06    mask[50:100, 20:80, :] = 255;            # 50～100 行、20～80 列的像素改为纯白像素
07    cv2.imshow("mask1", mask)                # 展示掩模
08    mask[:, :, :] = 255;                     # 全部改为纯白像素
09    mask[50:100, 20:80, :] = 0;              # 50～100 行、20～80 列的像素改为纯黑像素
10    cv2.imshow("mask2", mask)               # 展示掩模
11    cv2.waitKey()                           # 按下任何键盘按键后
12    cv2.destroyAllWindows()                 # 释放所有窗体
```

运行结果如图 6.7 和图 6.8 所示。

图 6.7　掩模图像

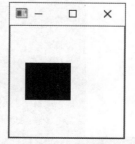

图 6.8　调换之后的掩模图像

掩模在图像运算过程中充当了重要角色，通过掩模才能看到最直观的运算结果。接下来将详细介绍图像运算的相关内容。

6.2 图像的加法运算

图像中每一个像素都有用整数表示的像素值，两幅图像相加就是让相同位置像素值相加，最后将计算结果按照原位置重新组成一幅新图像。原理如图 6.9 所示。

图 6.9 图像相加生成新像素

图 6.9 中两幅图像的左上角像素值相加的结果就是新图像左上角的像素值，计算过程如下所示：

```
152 + 35 = 187
```

在开发程序时通常不会使用"+"运算符对图像做加法运算，而是用 OpenCV 提供的 add() 方法，该方法的语法格式如下所示：

```
dst = cv2.add(src1, src2, mask, dtype)
```

参数说明：
- src1：第一幅图像。
- src2：第二幅图像。
- mask：可选参数，掩模，建议使用默认值。
- dtype：可选参数，图像深度，建议使用默认值。

返回值说明：

dst：相加之后的结果图像。如果相加之后值的结果大于 255，则取 255。

下面通过一个实例演示"+"运算符和 add() 方法处理结果的不同。

 [实例 6.2]

（源码位置：资源包 \Code\06\02 ）

分别使用"+"和 add() 方法计算图像和

读取一幅图像，让该图像自己对自己做加运算，分别使用"+"运算符和 add() 方法，查看两者相加结果的不同。代码如下所示：

```
01   import cv2
02
03   img = cv2.imread("beach.jpg")          # 读取原始图像
04   sum1 = img + img                        # 使用运算符相加
05   sum2 = cv2.add(img, img)                # 使用方法相加
06   cv2.imshow("img", img)                  # 展示原图
07   cv2.imshow("sum1", sum1)                # 展示运算符相加结果
08   cv2.imshow("sum2", sum2)                # 展示方法相加结果
09   cv2.waitKey()                           # 按下任何键盘按键后
10   cv2.destroyAllWindows()                 # 释放所有窗体
```

第 2 篇　处理图像篇

上述代码的运行结果如图 6.10～图 6.12 所示。从这个结果可以看出，"+"运算符的计算结果如果超出了 255，就会取相加和除以 255 的余数，也就是取模运算，像素值相加后反而变得更小了，由浅色变成了深色；而 add() 方法的计算结果如果超过了 255，就取值 255，很多浅颜色像素彻底变成了纯白色。

图 6.10　原图

图 6.11　"+"运算符的相加结果

图 6.12　add() 方法的相加结果

通过实例 6.2 能够直观地看到 "+" 运算符让一幅图像自己对自己做加运算后的结果。那么，当使用与 "+" 运算符相对的 "−" 运算符操作一幅图像时，又会呈现怎样的视觉效果呢？为此，先来了解下相片底片的颜色与图像的原色之间有哪些联系。

相片底片的颜色与图像的原色是正好相反的，即反色。反色又被称作补色，红色的补色是绿色，蓝色的补色是橙色，黄色的补色是紫色，由这三种对比关系能够引出很多对比的反色，例如黑色与白色等。

下面通过一个实例演示如何使用 "−" 运算符得到图像底片的效果。

[实例 6.3]　（源码位置：资源包 \Code\06\03）

显示图像底片的效果

图像的反色与原色叠加后，可以变为纯白色。因此，为了得到一幅图像的底片效果，只需用 255（纯白色）减去这幅图像中的每一个像素的 BGR 值即可。代码如下所示：

```
01    import cv2
02
03    img = cv2.imread("3.png")  # 读取当前项目文件夹下的图像
04    cameraFilm = 255 - img  # 用纯白色减去图像的原色得到图像的反色，从而得到这幅图像的底片效果
05    cv2.imshow("img", img)                    # 显示图像
06    cv2.imshow("cameraFilm", cameraFilm)      # 窗口显示图像底片的效果
07    cv2.waitKey()                             # 按下键盘上的任意按键后
08    cv2.destroyAllWindows()                   # 销毁显示图像的所有窗口
```

运行结果如图 6.13 和图 6.14 所示。

图 6.13　原图

图 6.14　原图底片的效果

下面通过一个实例演示如何使用加运算修改图像颜色。

 [实例 6.4]

（源码位置：资源包 \Code\06\04 ）

模拟三色光叠加得白光

颜料中的三原色为红、黄、蓝，这三种颜色混在一起会变成黑色；而光学中的三原色为红、绿、蓝，这三种颜色混在一起会变成白色。下面分别创建纯蓝、纯绿、纯红这三种图像，取这三幅图像的相加和，查看结果是黑色还是白色。代码如下所示：

```
01    import cv2
02    import numpy as np
03
04    img1 = np.zeros((150, 150, 3), np.uint8)    # 创建 150*150 的 0 值图像
05    img1[:, :, 0] = 255                          # 蓝色通道赋予最大值
06    img2 = np.zeros((150, 150, 3), np.uint8)
07    img2[:, :, 1] = 255                          # 绿色通道赋予最大值
08    img3 = np.zeros((150, 150, 3), np.uint8)
09    img3[:, :, 2] = 255                          # 红色通道赋予最大值
10    cv2.imshow("1", img1)                        # 展示蓝色图像
11    cv2.imshow("2", img2)                        # 展示绿色图像
12    cv2.imshow("3", img3)                        # 展示红色图像
13    img = cv2.add(img1, img2)                    # 蓝色 + 绿色 = 青色
14    cv2.imshow("1+2", img)                       # 展示蓝色加绿色的结果
15    img = cv2.add(img, img3)                     # 红色 + 青色 = 白色
```

第 2 篇　处理图像篇

```
16    cv2.imshow("1+2+3", img)              # 展示三色图像相加的结果
17    cv2.waitKey()                         # 按下任何键盘按键后
18    cv2.destroyAllWindows()               # 释放所有窗体
```

上述代码的运行结果如图 6.15 ～图 6.19 所示。蓝色加上绿色等于青色，青色再加上红色就等于白色，结果符合光学三原色的叠加结果。

图 6.15　纯蓝色　　　　　　　　图 6.16　纯绿色　　　　　　　　图 6.17　纯红色

图 6.18　青色　　　　　　　　　图 6.19　白色

图像的加运算中也可以使用掩模，下面通过一个实例介绍掩模的使用方法。

[实例 6.5]　　　　　　　　　　　　　　　　　　　　　（源码位置：资源包 \Code\06\05）

利用掩模遮盖相加结果

创建纯蓝和纯红这两幅图像，使用 add() 方法对两幅图像进行加运算，并在方法中添加一个掩模，查看计算结果，代码如下所示：

```
01    import cv2
02    import numpy as np
03
04    img1 = np.zeros((150, 150, 3), np.uint8)    # 创建 150*150 的 0 值图像
05    img1[:, :, 0] = 255                         # 蓝色通道赋予最大值
06    img2 = np.zeros((150, 150, 3), np.uint8)
07    img2[:, :, 2] = 255                         # 红色通道赋予最大值
08
09    img = cv2.add(img1, img2)                   # 蓝色 + 红色 = 洋红色
```

```
10    cv2.imshow("no mask", img)                # 展示相加的结果
11
12    m = np.zeros((150, 150, 1), np.uint8)      # 创建掩模
13    m[50:100, 50:100, :] = 255                 # 掩模中央位置为纯白色
14    cv2.imshow("mask", m)                      # 展示掩模
15
16    img = cv2.add(img1, img2, mask=m)          # 相加时使用掩模
17    cv2.imshow("use mask", img)                # 展示相加的结果
18
19    cv2.waitKey()                              # 按下任何键盘按键后
20    cv2.destroyAllWindows()                    # 释放所有窗体
```

上述代码的运行结果如图 6.20 ～图 6.22 所示。从这个结果可以看出，add() 方法中如果使用了掩模参数，相加的结果只会保留掩模中白色覆盖的区域。

图 6.20　蓝色和红色相加的结果

图 6.21　掩模

图 6.22　通过掩模相加的结果

6.3　图像的位运算

位运算是二进制数特有的运算操作。图像由像素组成，每个像素可以用十进制整数表示，十进制整数又可以转化为二进制数，所以图像也可以做位运算，并且位运算在图像数字化技术中是一项重要的运算操作。

OpenCV 提供了几种常用的位运算方法，具体如表 6.1 所示。

表 6.1　OpenCV 提供的位运算方法

方法	含义
cv2.bitwise_and()	按位与
cv2.bitwise_or()	按位或
cv2.bitwise_not()	按位取反
cv2.bitwise_xor()	按位异或

接下来将详细介绍这些方法的含义及使用方式。

6.3.1　按位与运算

与运算就是按照二进制位进行判断，如果同一位的数字都是 1，则运算结果的相同位数

字取 1，否则取 0。

OpenCV 提供 bitwise_and() 方法来对图像做与运算，该方法的语法格式如下所示：

```
dst = cv2.bitwise_and(src1, src2, mask)
```

参数说明：
- src1：第一幅图像。
- src2：第二幅图像。
- mask：可选参数，掩模。

返回值说明：
- dst：与运算之后的结果图像。

图像做与运算时，会把每一个像素值都转为二进制数，然后让两幅图像相同位置的两个像素值做与运算，最后把运算结果保存在新图像的相同位置上，运算过程如图 6.23 所示。

图 6.23　图像做与运算的过程

与运算有两个特点：

① 如果某像素与纯白色像素做与运算，结果仍然是某像素的原值，计算过程如下所示：

```
00101011 & 11111111 = 00101011
```

② 如果某像素与纯黑色像素做与运算，结果为纯黑像素，计算过程如下所示：

```
00101011 & 00000000 = 00000000
```

由此可以得出：如果原图像与掩模进行与运算，原图像仅会保留掩模中白色区域所覆盖的内容，其他区域全部变成黑色。下面通过一个实例来演示掩模在与运算过程的作用。

 [实例 6.6]　　　　　　　　　　　　　　　　　　　（源码位置：资源包 \Code\06\06）

花图像与十字掩模做与运算

创建一个掩模，在掩模中央保留一个十字形的白色区域，让掩模与花图像做与运算，查看运算之后的结果。代码如下所示：

```
01    import cv2
02    import numpy as np
03
04    flower = cv2.imread("3.png")                    # 花原始图像
05    mask = np.zeros(flower.shape, np.uint8)         # 与花图像大小相等的掩模图像
06    mask[135:235, :, :] = 255                       # 横着的白色区域
07    mask[:, 102:203, :] = 255                       # 竖着的白色区域
08    img = cv2.bitwise_and(flower, mask)             # 与运算
09    cv2.imshow("flower", flower)                    # 展示花图像
```

```
10    cv2.imshow("mask", mask)              # 展示掩模图像
11    cv2.imshow("img", img)                # 展示与运算结果
12    cv2.waitKey()                         # 按下任何键盘按键后
13    cv2.destroyAllWindows()               # 释放所有窗体
```

上述代码的运行结果如图 6.24 ~图 6.26 所示，经过与运算之后，花图像仅保留了掩模中白色区域所覆盖的内容，其他区域都变成了黑色。

图 6.24 花图像

图 6.25 掩模图像

图 6.26 花图像与掩模图像与
运算的结果

6.3.2 按位或运算

或运算也是按照二进制位进行判断，如果同一位的数字都是 0，则运算结果的相同位数字取 0，否则取 1。

OpenCV 提供 bitwise_or() 方法来对图像做或运算，该方法的语法格式如下所示：

```
dst = cv2.bitwise_or(src1, src2, mask)
```

参数说明：
● src1：第一幅图像。
● src2：第二幅图像。
● mask：可选参数，掩模。
返回值说明：
● dst：或运算之后的结果图像。
图像做或运算时的运算过程如图 6.27 所示。

图 6.27 图像做或运算的过程

或运算也有两个特点：

① 如果某像素与纯白色像素做或运算，结果为纯白色像素，计算过程如下所示：

```
00101011 | 11111111 = 11111111
```

② 如果某像素与纯黑色像素做或运算，结果仍然是某像素的原值，计算过程如下所示：

```
00101011 | 00000000 = 00101011
```

由此可以得出：如果原图像与掩模进行或运算，原图像仅会保留掩模中黑色区域所覆盖的内容，其他区域全部变成白色。下面通过一个实例来演示掩模在或运算过程的作用。

[实例 6.7]

（源码位置：资源包 \Code\06\07）

花图像与十字掩模做或运算

创建一个掩模，在掩模中央保留一个十字形的白色区域，让掩模与花图像做或运算，查看运算之后的结果。代码如下所示：

```
01    import cv2
02    import numpy as np
03
04    flower = cv2.imread("3.png")                # 花原始图像
05    mask = np.zeros(flower.shape, np.uint8)      # 与花图像大小相等的掩模图像
06    mask[135:235, :, :] = 255                    # 横着的白色区域
07    mask[:, 102:203, :] = 255                    # 竖着的白色区域
08    img = cv2.bitwise_or(flower, mask)           # 或运算
09    cv2.imshow("flower", flower)                 # 展示花图像
10    cv2.imshow("mask", mask)                     # 展示掩模图像
11    cv2.imshow("img", img)                       # 展示或运算结果
12    cv2.waitKey()                                # 按下任何键盘按键后
13    cv2.destroyAllWindows()                      # 释放所有窗体
```

上述代码的运行结果如图 6.28 ～图 6.30 所示，经过或运算之后，花图像仅保留了掩模中黑色区域所覆盖的内容，其他区域都变成了白色。

图 6.28　花图像

图 6.29　掩模图像

图 6.30　花图像与掩模图像或运算结果

6.3.3 按位取反运算

取反运算是一种单目运算，仅需一个数字参与运算就可以得出结果。取反运算也是按照二进制位进行判断，如果运算数某位上数字是 0，则运算结果的相同位的数字就取 1，如果这一位的数字是 1，则运算结果的相同位的数字就取 0。

OpenCV 提供 bitwise_not() 方法来对图像做取反运算，该方法的语法格式如下所示：

```
dst = cv2.bitwise_not(src, mask)
```

参数说明：

● src：参与运算的图像。

● mask：可选参数，掩模。

返回值说明：

● dst：取反运算之后的结果图像。

图像做取反运算的过程如图 6.31 所示。

00101011	...		11010100	...
...	...	取反 →	...	...

$$\sim \quad 00101011$$
$$11010100$$

图 6.31　图像做取反运算的过程

图像经过取反运算后会呈现与原图颜色完全相反的效果，下面通过一个实例演示这种效果。

[实例 6.8]

（源码位置：资源包 \Code\06\08）

对花图像进行取反运算

对花图像进行取反运算，代码如下所示：

```
01    import cv2
02
03    flower = cv2.imread("3.png")            # 花原始图像
04    img = cv2.bitwise_not(flower)           # 取反运算
05    cv2.imshow("flower", flower)            # 展示花图像
06    cv2.imshow("img", img)                 # 展示取反运算结果
07    cv2.waitKey()                          # 按下任何键盘按键后
08    cv2.destroyAllWindows()                # 释放所有窗体
```

上述代码的运行结果如图 6.32 和图 6.33 所示。

6.3.4 按位异或运算

异或运算也是按照二进制位进行判断，如果两个运算数同一位上的数字相同，则运算结果的相同位数字取 0，否则取 1。

OpenCV 提供 bitwise_xor() 方法来对图像做异或运算，该方法的语法格式如下所示：

```
dst = cv2.bitwise_xor(src, mask)
```

119

图 6.32 花图像

图 6.33 花图像取反运算的结果

参数说明：

● src：参与运算的图像。

● mask：可选参数，掩模。

返回值说明：

● dst：异或运算之后的结果图像。

图像做异或运算的过程如图 6.34 所示。

图 6.34 图像做异或运算的过程

异或运算也有两个特点：

① 如果某像素与纯白色像素做异或运算，结果为原像素的取反结果，计算过程如下所示：

```
00101011 ^ 11111111 = 11010100
```

② 如果某像素与纯黑色像素做异或运算，结果仍然是某像素的原值，计算过程如下所示：

```
00101011 ^ 00000000 = 00101011
```

由此可以得出：如果原图像与掩模进行异或运算，掩模白色区域所覆盖的内容呈现取反效果，黑色区域覆盖的内容保持不变。下面通过一个实例来演示掩模在异或运算过程的作用。

（源码位置：资源包 \Code\06\09 ）

花图像与十字掩模做异或运算

创建一个掩模，在掩模中央保留一个十字形的白色区域，让掩模与花图像做异或运算，查看运算之后的结果。代码如下所示：

```
01    import cv2
02    import numpy as np
03
04    flower = cv2.imread("3.png")                    # 花原始图像
05    m = np.zeros(flower.shape, np.uint8)            # 与花图像大小相等的 0 值图像
06    m[135:235, :, :] = 255                          # 横着的白色区域
07    m[:, 102:203, :] = 255                          # 竖着的白色区域
08    img = cv2.bitwise_xor(flower, m)                # 两幅图像做异或运算
09    cv2.imshow("flower", flower)                    # 展示花图像
10    cv2.imshow("mask", m)                           # 展示零值图像
11    cv2.imshow("img", img)                          # 展示异或运算结果
12    cv2.waitKey()                                   # 按下任何键盘按键后
13    cv2.destroyAllWindows()                         # 释放所有窗体
```

运算结果如图 6.35 ～图 6.37 所示，掩模白色区域所覆盖的内容与原图像做取反运算的结果一致，掩模黑色区域所覆盖的内容保持不变。

图 6.35　花图像　　　图 6.36　与花图像做运算的二值图像　图 6.37　两幅图像的异或运算结果

异或运算还有一个特点：执行一次异或运算得到一个结果，再对这个结果执行第二次异或运算，则又会还原成最初的值。利用这个特点可以实现对图像内容的加密和解密。下面通过一个实例，利用异或运算的特点来对图像数据进行加密和解密。

（源码位置：资源包 \Code\06\10 ）

对图像进行加密、解密

利用 random.randint() 方法创建一个随机像素值图像作为密钥图像，让密钥图像与原始图像做异或运算得出加密图像，再使用密钥图像对加密图像进行解密。代码如下所示：

```
01    import cv2
02    import numpy as np
03
04    def encode(img, img_key):                          # 加密、解密方法
05        result = img = cv2.bitwise_xor(img, img_key)   # 两图像做异或运算
06        return result
07
08    flower = cv2.imread("3.png")                       # 花原始图像
09    rows, colmns, channel = flower.shape               # 原图像的行数、列数和通道数
10    # 创建与花图像大小相等的随机像素图像，作为密钥图像
11    img_key = np.random.randint(0, 256, (rows, colmns, 3), np.uint8)
12
13    cv2.imshow("1", flower)                             # 展示花图像
14    cv2.imshow("2", img_key)                            # 展示密钥图像
15
16    result = encode(flower, img_key)                   # 对花图像进行加密
17    cv2.imshow("3", result)                            # 展示加密图像
18    result = encode(result, img_key)                   # 对花图像进行解密
19    cv2.imshow("4", result)                            # 展示解密图像
20    cv2.waitKey()                                      # 按下任何键盘按键后
21    cv2.destroyAllWindows()                            # 释放所有窗体
```

上述代码的运行结果如图 6.38 ～图 6.41 所示。

图 6.38　花图像　　　　　　　　　　图 6.39　密钥图像

图 6.40　加密图像　　　　　　　　　　图 6.41　解密图像

6.3.5　图像的位运算的应用

按位与运算、按位或运算、按位取反运算和按位异或运算虽然看似都是单独的个体，却能够一起用于实现某一种视觉效果。例如，通过按位与运算和按位取反运算能够实现粘贴带透明区域的图像等。

【实例 6.11】　　　　　　　　　　　　　　　　　　（源码位置：资源包 \Code\06\11）

粘贴带透明区域的图像

图 6.42 是一幅带透明区域的图像：五角星是不透明的，而五角星以外的区域是透明的。图 6.43 是一幅不透明的图像。现将图 6.42 看作"前景图像"，将图 6.43 看作"背景图像"，本实例要实现的是将图 6.42 粘贴到图 6.43 中的指定位置。

图 6.42　前景图像　　　　　　　　　图 6.43　背景图像

要明确两个问题的处理方法：一个是实现"粘贴"的效果后，让图 6.42 中透明的元素呈现纯黑色的视觉效果；另一个是如果图 6.42 太大，超出了图 6.43 的宽、高，那么对超出的像素不做处理。

代码如下所示：

```
01  import cv2
02  import numpy as np
03
04  def overlay_img(background_img, prospect_img, img_over_x, img_over_y):
05      back_r, back_c, _ = background_img.shape        # 背景图像行数、列数
06      if img_over_x>back_c or img_over_x<0 or img_over_y>back_r or img_over_y<0:
07          print(" 前景图不在背景图范围内 ")
08          return background_img
09      pro_r, pro_c, _ = prospect_img.shape            # 前景图像行数、列数
10      if img_over_x + pro_c > back_c:                 # 如果水平方向展示不全
11          pro_c = back_c - img_over_x                 # 截取前景图的列数
12          prospect_img = prospect_img[:, 0:pro_c, :]  # 截取前景图
13      if img_over_y + pro_r > back_r:                 # 如果垂直方向展示不全
14          pro_r = back_r - img_over_y                 # 截取前景图的行数
15          prospect_img = prospect_img[0:pro_r, :, :]  # 截取前景图
16
17      # 前景图转为 4 通道图像
18      prospect_img = cv2.cvtColor(prospect_img, cv2.COLOR_BGR2BGRA)
19      # 与背景图像等大的临时前景图层
20      prospect_tmp = np.zeros((back_r, back_c, 4), np.uint8)
21
22      # 前景图像放到前景图层里
```

```
23      prospect_tmp[img_over_y:img_over_y + pro_r,
24      img_over_x: img_over_x + pro_c, :] = prospect_img
25
26      # 前景图阈值处理
27      _, binary = cv2.threshold(prospect_img, 254, 255, cv2.THRESH_BINARY)
28      prospect_mask = np.zeros((pro_r, pro_c, 1), np.uint8)    # 单通道前景图像掩模
29      prospect_mask[:, :, 0] = binary[:, :, 3]                # 不透明像素的值作为掩模的值
30
31      mask = np.zeros((back_r, back_c, 1), np.uint8)          # 单通道前景图层的掩模
32      # 将前景图像掩模按照坐标参数放到前景图层掩模中
33      mask[img_over_y:img_over_y + prospect_mask.shape[0],
34      img_over_x: img_over_x + prospect_mask.shape[1]] = prospect_mask
35
36      mask_not = cv2.bitwise_not(mask)                        # 前景图层掩模取反
37
38      # 前景图层与前景掩模做与运算，抠出前景图有效内容
39      prospect_tmp = cv2.bitwise_and(prospect_tmp, prospect_tmp, mask=mask)
40      # 背景图像与取反掩模做与运算，清除前景图所占区域的像素值
41      background_img = cv2.bitwise_and(background_img, background_img, mask=mask_not)
42      # 前景图层转为三通道图像
43      prospect_tmp = cv2.cvtColor(prospect_tmp, cv2.COLOR_BGRA2BGR)
44      return prospect_tmp + background_img                    # 前景图层与背景图像相加合并
45
46  img = cv2.imread("beach.jpg")                               # 读取当前项目目录下的图像，作为 " 背景图像 "
47  img_over = cv2.imread("star.png")                           # 读取带透明区域的图像，作为 " 覆盖图像 "
48  img_over_x = 55                                             # 覆盖图像在背景图像上的横坐标
49  img_over_y = 3                                              # 覆盖图像在背景图像上的纵坐标
50  # 显示粘贴 " 覆盖图像 " 后的 " 背景图像 "
51  cv2.imshow("result", overlay_img(img, img_over, img_over_x, img_over_y))
52  cv2.waitKey()                                               # 通过按下键盘上的按键
53  cv2.destroyAllWindows()                                     # 销毁正在显示的窗口
```

上述代码的运行结果如图 6.44 所示。

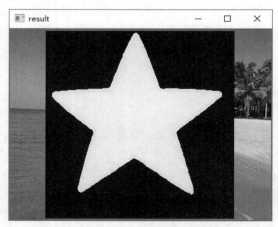

图 6.44　粘贴带透明区域的图像

6.4　合并图像

在处理图像时经常会遇到需要将两幅图像合并成一幅图像的需求。合并图像分两种情况：

① 两幅图像融合在一起；

② 每幅图像提供一部分内容，将这些内容拼接成一幅图像。

OpenCV 分别用加权和与覆盖两种方式来满足上述需求。本节将分别介绍如何利用代码实现加权和与覆盖效果。

6.4.1 加权和

多次曝光技术是在一张胶片上拍摄几个影像，最后冲印出的相片会同时具有多个影像的信息。

OpenCV 通过计算加权和的方式，按照不同的权重取两幅图像的像素之和，最后组成新图像。加权和不会像纯加法运算那样让图像丢失信息，而是在尽量保留原有图像信息的基础上把两幅图像融合到一起。

OpenCV 通过 addWeighted() 方法计算图像的加权和，该方法语法格式如下所示：

```
dst = cv2.addWeighted(src1, alpha, src2, beta, gamma)
```

参数说明：

● src1：第一幅图像。

● alpha：第一幅图像的权重。

● src2：第二幅图像。

● beta：第二幅图像的权重。

● gamma：在和结果上添加的标量。该值越大，结果图像越亮，相反则越暗。可以是负数。

返回值说明：

● dst：叠加之后的图像。

下面通过一个实例来演示 addWeighted() 方法的效果。

[实例 6.12]
（源码位置：资源包 \Code\06\12）

利用计算加权和的方式实现多次曝光效果

读取两幅不同的风景图像，使用 addWeighted() 方法计算两幅图像的加权和，两幅图像的权重都为 0.6，标量为 0，查看处理之后的图像是否为多次曝光效果。代码如下所示：

```
01   import cv2
02
03   sun = cv2.imread("sunset.jpg")                      # 日落原始图像
04   beach = cv2.imread("beach.jpg")                     # 沙滩原始图像
05   rows, colmns, channel = sun.shape                   # 日落图像的行数、列数和通道数
06   beach = cv2.resize(beach, (colmns, rows))           # 沙滩图像缩放成日落图像大小
07   img = cv2.addWeighted(sun, 0.6, beach, 0.6, 0)      # 计算两幅图像加权和
08   cv2.imshow("sun", sun)                              # 展示日落图像
09   cv2.imshow("beach", beach)                          # 展示沙滩图像
10   cv2.imshow("addWeighted", img)                      # 展示加权和图像
11   cv2.waitKey()                                       # 按下任何键盘按键后
12   cv2.destroyAllWindows()                             # 释放所有窗体
```

上述代码的运行结果如图 6.45～图 6.47 所示，可以看出最后得到的图像中同时包含两幅图像的信息。

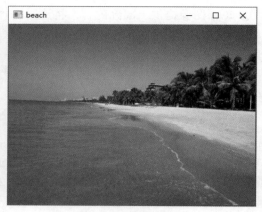

图 6.45 日落图像　　　　　　　　图 6.46 沙滩图像

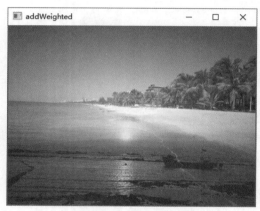

图 6.47 两幅图像加权和的结果

　　当今时代的"水印"，指的是生产商应用计算机算法把一些标识信息直接嵌入到一个数字载体中，在不影响这个数字载体的使用价值的情况下，能够识别、辨认这个数字载体。OpenCV 通过计算图像加权和的方式，能够在尽量保留原有图像信息的基础上把两幅图像混合到一起，这与"水印"的实现方式"不谋而合"。

　　下面通过一个实例来演示如何使用 addWeighted() 方法为图像添加水印效果。

[实例 6.13]　　　　　　　　　　　　　　　　（源码位置：资源包 \Code\06\13）

为图像添加水印效果

　　本实例要把网址图像（如图 6.48 所示）混合到主图图像（如图 6.49 所示）内，达到为主图图像添加水印效果的目的。代码如下所示：

```
01   import cv2
02
03   image = cv2.imread("3.png")              # 读取当前项目文件夹下的主图图像
04   website = cv2.imread("website.png")       # 读取当前项目文件夹下的网址图像
05   # 将网址图像由 BGR 色彩空间转换为 GRAY 色彩空间
06   website_gray = cv2.cvtColor(website, cv2.COLOR_BGR2GRAY)
07   rows, cols = website_gray.shape  # 获取转换为 GRAY 色彩空间的网址图像的行像素和列像素
08   # 网址图像的左上角在主图图像内的位置
09   dx, dy = 272, 71
```

```
10    # 根据网址图像的左上角在主图图像内的位置以及网址图像的行像素和列像素,
11    # 把主图图像内的相应区域定义为感兴趣区域 (roi)
12    roi = image[dx:dx + rows, dy:dy + cols]
13    # 将网址图像与主图图像的感兴趣区域进行图像加权和运算
14    add = cv2.addWeighted(website, 0.2, roi, 1.0, 1)
15    # 把进行图像加权和运算后的结果混合到主图图像内
16    image[dx:dx + rows, dy:dy + cols] = add
17    cv2.imshow("result", image)              # 窗口显示网址图像与主图图像混合后的图像
18    cv2.waitKey()                            # 按下键盘上的任意按键后
19    cv2.destroyAllWindows()                  # 销毁显示图像的所有窗口
```

运行结果如图 6.50 所示。

图 6.48　网址图像　　　图 6.49　主图图像　　　图 6.50　把网址图像混合到
主图图像内

6.4.2　覆盖

覆盖图像就是直接把前景图像显示在背景图像中，前景图像会挡住背景图像。覆盖之后背景图像会丢失信息，不会出现加权和那样的"多次曝光"效果。

OpenCV 没有提供覆盖操作的方法，开发者可以直接用修改图像像素值的方式实现图像的覆盖、拼接效果：从 A 图像中取像素值，直接赋值给 B 图像的像素，这样就能在 B 图像中看到 A 图像的信息了。

下面通过一个实例来演示如何从前景图像中抠图，再将抠出的图像覆盖在背景图像中。

[实例 6.14]　　　　　　　　　　　　　　　　　（源码位置：资源包 \Code\06\14）
将小猫图像贴到沙滩上

读取小猫原始图像，将原始图像中 75 行至 400 行、120 列至 260 列的像素单独保存成一幅小猫图像，并将小猫图像缩放成 70×160 大小。读取沙滩图像，将小猫图像覆盖到沙滩图像 (100, 200) 的坐标位置。覆盖过程中将小猫图像的像素逐个赋值给沙滩图像中对应位置的像素。代码如下所示：

```
01    import cv2
02
```

127

```
03    beach_img = cv2.imread("beach.jpg")        # 沙滩原始图像
04    cat_img = cv2.imread("cat.jpg")            # 小猫原始图像
05    cat = cat_img[75:400, 120:260, :]  # 截取 75 行至 400 行、120 列至 260 列的像素值所组成的图像
06    cat = cv2.resize(cat, (70, 160))   # 将截取出的图像缩放成 70*160 大小
07    cv2.imshow("cat", cat_img)                 # 展示小猫原始图像
08    cv2.imshow("cat2", cat)                    # 展示截取并缩放的小猫图像
09    cv2.imshow("beach", beach_img)             # 展示沙滩原始图像
10    rows, colmns, channel = cat.shape          # 记录截取图像的行数和列数
11    # 将沙滩中一部分像素改成截取之后的图像
12    beach_img[100:100 + rows, 260:260 + colmns, :] = cat
13    cv2.imshow("beach2", beach_img)            # 展示修改之后的图像
14    cv2.waitKey()                              # 按下任何键盘按键后
15    cv2.destroyAllWindows()                    # 释放所有窗体
```

运行结果如图 6.51～图 6.54 所示，沙滩图像中的像素被替换成小猫之后，就实现类似拼接图像的效果了。

图 6.51　小猫图像

图 6.52　截取并缩放的小猫图像

图 6.53　沙滩图像

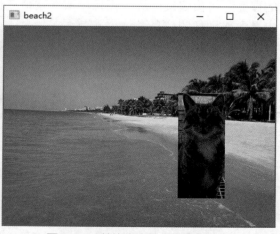

图 6.54　替换像素值之后的图像

　　如果前景图像是 4 通道（含 alpha 通道）图像，就不能使用上面例子中直接替换整个区域的方式覆盖背景图像了。因为前景图像中有透明的像素，透明的像素不应该挡住背景，所以在给背景图像像素赋值时应排除所有透明的前景像素。下面通过一个实例来演示如何在覆盖过程中排除 4 通道图像的透明区域。

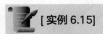 **[实例 6.15]**

（源码位置：资源包 \Code\06\15）

拼接禁止吸烟图像

　　禁止图像由一个红圈和一个斜杠组成的，这个图像是 4 通道图像，格式为 PNG。将禁止图像覆盖到吸烟图像上时要注意：不要把前景图像的透明像素覆盖到背景图像上。覆盖之前要遍历前景图像的中的每一个像素，如果像素的 alpha 通道值为 0，表示该像素是透明像素，就要停止操作该像素。实现的代码如下所示：

```
01  import cv2
02
03  # 拼接图像方法
04  def overlay_img(img, img_over, img_over_x, img_over_y):
05      img_h, img_w, img_p = img.shape                          # 背景图像宽、高、通道数
06      img_over_h, img_over_w, img_over_c = img_over.shape      # 覆盖图像宽、高、通道数
07      if img_over_c <= 3:                                      # 通道数小于等于 3
08          img_over = cv2.cvtColor(img_over, cv2.COLOR_BGR2BGRA)  # 转换成 4 通道图像
09      for w in range(0, img_over_w):                           # 遍历列
10          for h in range(0, img_over_h):                       # 遍历行
11              if img_over[h, w, 3] != 0:                       # 如果不是全透明的像素
12                  for c in range(0, 3):                        # 遍历三个通道
13                      x = img_over_x + w                       # 覆盖像素的横坐标
14                      y = img_over_y + h                       # 覆盖像素的纵坐标
15                      if x >= img_w or y >= img_h:             # 如果坐标超出最大宽高
16                          break
17                      img[y, x, c] = img_over[h, w, c]         # 覆盖像素
18      return img
19
20  smoking = cv2.imread("smoking.png", cv2.IMREAD_UNCHANGED)    # 吸烟图像，保持原格式
21  no_img = cv2.imread("no.png", cv2.IMREAD_UNCHANGED)          # 禁止图像，保持原格式
22  cv2.imshow("smoking", smoking)                       # 展示禁止图像
23  img = overlay_img(smoking, no_img, 95, 90)           # 将禁止图像覆盖到吸烟图像之上
24  cv2.imshow("no smoking", img)                        # 展示覆盖结果
25  cv2.waitKey()                                        # 按下任何键盘按键后
26  cv2.destroyAllWindows()                              # 释放所有窗体
```

上述代码的运行结果如图 6.55 ～图 6.57 所示，禁止图像的透明位置没有挡住吸烟图像。

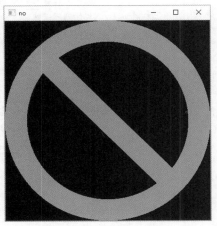

图 6.55　禁止图像

第 2 篇　处理图像篇

图 6.56　吸烟图像

图 6.57　两幅图像拼接之后的禁止吸烟图像

 ## 本章知识思维导图

第 7 章
腐蚀与膨胀

 本章学习目标

- 熟练掌握对图像进行腐蚀操作的 erode() 方法。
- 明确对图像进行腐蚀操作的作用。
- 熟练掌握对图像进行膨胀操作的 dilate() 方法。
- 明确对图像进行膨胀操作的作用。
- 明确对图像进行开运算操作的作用和在执行开运算的过程中执行腐蚀与膨胀的先后顺序。
- 明确对图像进行闭运算操作的作用和在执行闭运算的过程中执行腐蚀与膨胀的先后顺序。
- 熟练掌握形态学方法 [morphologyEx() 方法] 的语法格式和其中的操作类型参数。
- 明确与梯度运算对应的操作类型参数和对图像进行梯度运算的作用。
- 明确与顶帽运算对应的操作类型参数和对图像进行顶帽运算的作用。
- 明确与黑帽运算对应的操作类型参数和对图像进行黑帽运算的作用。

7.1 腐蚀

腐蚀操作可以让图像沿着自己的边界向内收缩。OpenCV 通过"核"来实现收缩计算。"核"的英文名为 kernel，在形态学中可以理解为"由 n 个像素组成的像素块"，像素块包含一个核心（核心通常在中央位置，也可以定义在其他位置）。像素块会在图像的边缘移动，在移动过程中，核会将图像边缘那些与核重合但又没有越过核心的像素点都抹除，效果类似图 7.1 所示的过程，就像削土豆皮一样，将图像一层一层地"削薄"。

图 7.1　核腐蚀掉图像中的像素

OpenCV 将腐蚀操作封装成了 erode() 方法，该方法的语法如下所示：

```
dst = cv2.erode(src, kernel, anchor, iterations, borderType, borderValue)
```

参数说明：
● src：原始图像。
● kernel：腐蚀使用的核。
● anchor：可选参数，核的锚点位置。
● iterations：可选参数，腐蚀操作的迭代次数，默认值为 1。
● borderType：可选参数，边界样式，建议默认。
● borderValue：可选参数，边界值，建议默认。
返回值说明：
● dst：经过腐蚀之后的图像。

图像经过腐蚀操作之后，可以抹除一些外部的细节，例如图 7.2 所示的卡通小蜘蛛，如果用一个 5×5 的像素块作为核对小蜘蛛进行腐蚀操作，可以得到如图 7.3 所示的结果。小蜘蛛的腿被当成外部细节被核抹除了，同时小蜘蛛的小眼睛变大了，因为核从内部也"削"了一圈。

图 7.2　原图

图 7.3　腐蚀之后的图像

在 OpenCV 做腐蚀或其他形态学操作时，通常使用 NumPy 模块来创建核数组，例如：

```
01    import numpy as np
02    k = np.ones((5, 5), np.uint8)
```

这两行代码是通过 NumPy 模块的 ones() 方法创建了一个 5 行 5 列（简称 5×5）、数字类型为无符号 8 位整数、每一个数字的值都是 1 的数组，这个数组就可以当作 erode() 方法的核参数。除了 5×5 的结构，还可以使用 3×3、9×9、11×11 等结构，行列数越大，计算出的效果就越粗糙，行列数越小，计算出的效果就越精细。

 [实例 7.1]　　　　　　　　　　　　　　　　　　　　　　（源码位置：资源包 \Code\07\01）

将仙人球图像中的刺都抹除掉

仙人球的叶子呈针状，茎呈深绿色，如图 7.4 所示。

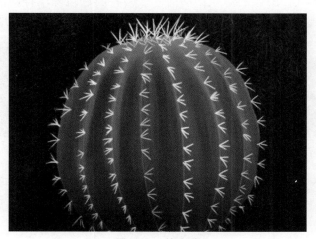

图 7.4　仙人球

使用 3×3 的核对仙人球图像进行腐蚀操作，可以将图像里的刺抹除掉。代码如下所示：

```
01    import cv2
02    import numpy as np
03
04    img = cv2.imread("cactus.jpg")          # 读取原图
05    k = np.ones((3, 3), np.uint8)           # 创建 3*3 的数组作为核
```

```
06    cv2.imshow("img", img)              # 显示原图
07    dst = cv2.erode(img, k)             # 腐蚀操作
08    cv2.imshow("dst", dst)              # 显示腐蚀效果
09    cv2.waitKey()                       # 按下任何键盘按键后
10    cv2.destroyAllWindows()             # 释放所有窗体
```

上述代码的运行结果如图 7.5 和图 7.6 所示。

图 7.5　原图

图 7.6　腐蚀之后许多针叶消失

7.2　膨胀

　　膨胀操作与腐蚀操作正好相反，膨胀操作可以让图像沿着自己的边界向外扩张。同样是通过核来计算，当核在图像的边缘移动时，核会将图像边缘填补新的像素，效果类似图 7.7 所示的过程，就像在一面墙上反反复复地涂水泥，让墙变得越来越厚。

图 7.7　核填补图像中的像素

OpenCV 将膨胀操作封装成了 dilate() 方法，该方法的语法如下所示：

```
dst = cv2.dilate(src, kernel, anchor, iterations, borderType, borderValue)
```

参数说明：

- src：原始图像。
- kernel：膨胀使用的核。
- anchor：可选参数，核的锚点位置。
- iterations：可选参数，腐蚀操作的迭代次数，默认值为 1。
- borderType：可选参数，边界样式，建议默认。
- borderValue：可选参数，边界值，建议默认。

返回值说明:

● dst: 经过膨胀之后的图像

图像经过膨胀操作之后,可以放大一些外部的细节,例如图 7.8 所示的卡通小蜘蛛,如果用一个 5×5 的像素块作为核对小蜘蛛进行膨胀操作,可以得到如图 7.9 所示的结果,小蜘蛛不仅腿变粗了,而且连小眼睛都"胖"没了。

图 7.8　原图

图 7.9　膨胀之后的图像

 [实例 7.2]

（源码位置：资源包 \Code\07\02 ）

将图像加工成"近视眼"效果

近视眼由于聚焦不准,看东西都是放大并且模模糊糊的,利用膨胀操作可以将正常画面处理成近视眼看到的画面。采用 9×9 的数组作为核,对图 7.10 进行膨胀操作。

图 7.10　日落图像

代码如下所示:

```
01    import cv2
02    import numpy as np
03
04    img = cv2.imread("sunset.jpg")          # 读取原图
05    k = np.ones((9, 9), np.uint8)            # 创建 9*9 的数组作为核
06    cv2.imshow("img", img)                   # 显示原图
07    dst = cv2.dilate(img, k)                 # 膨胀操作
08    cv2.imshow("dst", dst)                   # 显示膨胀效果
09    cv2.waitKey()                            # 按下任何键盘按键后
10    cv2.destroyAllWindows()                  # 释放所有窗体
```

135

上述代码的运行结果如图 7.11 和图 7.12 所示

图 7.11　原图

图 7.12　膨胀之后呈现"近视眼"效果

7.3　开运算

开运算就是将图像先进行腐蚀操作，再进行膨胀操作。开运算可以用来抹除图像外部的细节（或者噪声）。

例如图 7.13 是一个简单的二叉树，父子节点之间都有线连接。如果对此图像进行腐蚀操作，可以得出如图 7.14 所示的图像，连接线消失了，节点也比原图节点小一圈。此时再执行膨胀操作，让缩小的节点膨胀回原来的大小，就得出了如图 7.15 所示的效果。

图 7.13　简单的二叉树

图 7.14　二叉树图像腐蚀
之后的效果

图 7.15　对腐蚀的图像
做膨胀操作

这三张图就是开运算的过程，从结果可以明显地看出：经过开运算之后，二叉树中的连接线消失了，只剩下光秃秃的节点。因为连接线被核当成"细节"抹除了，所以利用检测轮廓的方法就可以统计出二叉树节点数量，也就是说在某些情况下，开运算的结果还可以用来做数量统计。

[实例 7.3]

（源码位置：资源包 \Code\07\03）

抹除黑种草图像中的针状叶子

黑种草如图 7.16 所示，花呈蓝色，叶子像针一样又细又长，呈羽毛状。想要抹除黑种草图像中的叶子，可以使用 5×5 的核对图像进行开运算。

图 7.16　黑种草图像

代码如下所示:

```
01    import cv2
02    import numpy as np
03
04    img = cv2.imread("nigella.png")              # 读取原图
05    k = np.ones((5, 5), np.uint8)                # 创建 5*5 的数组作为核
06    cv2.imshow("img", img)                       # 显示原图
07    dst = cv2.erode(img, k)                      # 腐蚀操作
08    dst = cv2.dilate(dst, k)                     # 膨胀操作
09    cv2.imshow("dst", dst)                       # 显示开运算结果
10    cv2.waitKey()                               # 按下任何键盘按键后
11    cv2.destroyAllWindows()                     # 释放所有窗体
```

上述代码的运行结果如图 7.17 和图 7.18 所示,经过开运算之后黑种草图像虽然略有模糊,但叶子都不见了。

图 7.17　原图　　　　　　　　　　　　　　图 7.18　开运算效果

7.4　闭运算

闭运算就是将图像先进行膨胀操作,再进行腐蚀操作。闭运算可以抹除图像内部的细

第
2
篇

处
理
图
像
篇

节（或者噪声）。

例如图 7.19 是一个身上布满斑点的小蜘蛛，这些斑点就是图像的内部细节。先将图像进行膨胀操作，小蜘蛛身上的斑点（包括小眼睛）就被抹除掉，效果如图 7.20 所示。然后再将图像进行腐蚀操作，让膨胀的小蜘蛛缩回原来的大小，效果如图 7.21 所示。

图 7.19　原图（带斑点的小蜘蛛）

图 7.20　小蜘蛛图像膨胀之后的效果

图 7.21　对膨胀的图像进行腐蚀操作

这三幅图就是闭运算的过程，从结果可以明显地看出：经过闭运算后，小蜘蛛身上的花纹都被抹除了，就连小眼睛也被当成"细节"抹除了。

闭运算除了会抹除图像内部的细节，还会让一些离得较近的区域合并成一块区域。

 [实例 7.4]

（源码位置：资源包 \Code\07\04）

对汉字图片进行闭运算

使用 15×15 的核对图 7.22 做闭运算。因为使用的核比较大，很容易导致一些间隔较近的区域合并到一起，观察闭运算对汉字图片造成了哪些影响。

代码如下所示：

```
01    import cv2
02    import numpy as np
03
04    img = cv2.imread("tianye.png")              # 读取原图
05    k = np.ones((15, 15), np.uint8)             # 创建15*15的数组作为核
06    cv2.imshow("img", img)                      # 显示原图
07    dst = cv2.dilate(img, k)                    # 膨胀操作
08    dst = cv2.erode(dst, k)                     # 腐蚀操作
```

```
09    cv2.imshow("dst2", dst)                      # 显示闭运算结果
10    cv2.waitKey()                                # 按下任何键盘按键后
11    cv2.destroyAllWindows()                      # 释放所有窗体
```

上述代码的运行结果如图 7.23 和图 7.24 所示，"田"字经过闭运算之后没有多大变化，但是"野"字经过闭运算之后，许多独立的区域因膨胀操作合并到了一起，导致文字很难辨认。

图 7.22　包含两个汉字的图片　　　　图 7.23　原图　　　　图 7.24　闭运算效果

7.5　形态学方法

腐蚀和膨胀是形态学的基础操作，除了开运算和闭运算以外，形态学中还有几种比较有特点的运算。OpenCV 提供了一个 morphologyEx() 形态学方法，包含了所有常用的运算。其语法如下所示：

```
dst = cv2.morphologyEx(src, op, kernel, anchor, iterations, borderType, borderValue)
```

参数说明：

- src：原始图像。
- op：操作类型，具体值详见表 7.1。

表 7.1　形态学函数的操作类型参数

参数值	含义
cv2.MORPH_ERODE	腐蚀操作
cv2.MORPH_DILATE	膨胀操作
cv2.MORPH_OPEN	开运算，先腐蚀后膨胀
cv2.MORPH_CLOSE	闭运算，先膨胀后腐蚀
cv2.MORPH_GRADIENT	梯度运算，膨胀图减腐蚀图，可以得出简易的轮廓
cv2.MORPH_TOPHAT	顶帽运算，原始图像减开运算图像
cv2.MORPH_BLACKHAT	黑帽运算，闭运算图像减原始图像

- kernel：操作过程中所使用的核。
- anchor：可选参数，核的锚点位置。
- iterations：可选参数，迭代次数，默认值为 1。
- borderType：可选参数，边界样式，建议默认。
- borderValue：可选参数，边界值，建议默认。

返回值说明：

● dst：操作之后得到的图像。

morphologyEx() 方法实现的腐蚀、膨胀、开运算和闭运算效果与前文中介绍的效果完全一致，本节不做赘述，下面将介绍三个特点鲜明的操作：梯度运算、顶帽运算和黑帽运算。

7.5.1 梯度运算

这里的梯度是指图像梯度，可以简单地理解为像素的变化程度。几个连续的像素，其像素值跨度越大，则梯度值就越大。

梯度运算的运算过程如图 7.25 所示，就是让原图的膨胀图像减去原图的腐蚀图像。因为膨胀图比原图大，腐蚀图像比原图小，利用腐蚀图像将膨胀图像掏空，就得到了原图的轮廓图像。

👑 说明：

得到的轮廓图像只是一个大概轮廓，不精准。

图 7.25　梯度运算过程

梯度运算的参数为 cv2.MORPH_GRADIENT，下面通过一段代码实现图 7.25 的效果。

 [实例 7.5]　　　　　　　　　　　　　　　　　　　（源码位置：资源包 \Code\07\05）

通过梯度运算画出小蜘蛛的轮廓

使用 5×5 的核对小蜘蛛图像进行形态学梯度运算，代码如下所示：

```
01   import cv2
02   import numpy as np
03
04   img = cv2.imread("spider.png")                          # 读取原图
05   k = np.ones((5,5), np.uint8)                            # 创建 5*5 的数组作为核
06   cv2.imshow("img", img)                                  # 显示原图
07   dst = cv2.morphologyEx(img, cv2.MORPH_GRADIENT, k)      # 进行梯度运算
08   cv2.imshow("dst", dst)                                  # 显示梯度运算结果
09   cv2.waitKey()                                           # 按下任何键盘按键后
10   cv2.destroyAllWindows()                                 # 释放所有窗体
```

上述代码的运行结果如图 7.26 和图 7.27 所示。

图 7.26　原图

图 7.27　梯度运算的结果

7.5.2　顶帽运算

顶帽运算的运算过程如图 7.28 所示，就是让原图减去原图的开运算图像。因为开运算会抹除图像的外部细节，"有外部细节"的图像减去"无外部细节"的图像，得到的结果就只剩外部细节了，所以经过顶帽运算之后，小蜘蛛就只剩蜘蛛腿了。

图 7.28　顶帽运算过程

顶帽运算的参数为 cv2.MORPH_TOPHAT，下面通过一段代码实现图 7.28 的效果。

[实例 7.6] （源码位置：资源包 \Code\07\06 ）

通过顶帽运算画出小蜘蛛的腿

使用 5×5 的核对小蜘蛛图片进行顶帽运算，代码如下所示：

```
01    import cv2
02    import numpy as np
03
04    img = cv2.imread("spider.png")                          # 读取原图
05    k = np.ones((5, 5), np.uint8)                           # 创建 5*5 的数组作为核
06    cv2.imshow("img", img)                                  # 显示原图
07    dst = cv2.morphologyEx(img, cv2.MORPH_TOPHAT, k)        # 进行顶帽运算
08    cv2.imshow("dst", dst)                                  # 显示顶帽运算结果
09    cv2.waitKey()                                           # 按下任何键盘按键后
10    cv2.destroyAllWindows()                                 # 释放所有窗体
```

上述代码的运算结果如图 7.29 和图 7.30 所示。

图 7.29　原图

图 7.30　顶帽运算的结果

7.5.3　黑帽运算

黑帽运算的运算过程如图 7.31 所示，就是让原图的闭运算图像减去原图。因为闭运算会抹除图像的内部细节，"无内部细节"的图像减去"有内部细节"的图像，得到的结果就只剩内部细节了，所以经过黑帽运算之后，小蜘蛛就只剩下斑点、花纹和小眼睛了。

图 7.31　黑帽运算过程

黑帽运算的参数为 cv2.MORPH_BLACKHAT，下面通过一段代码实现图 7.31 的效果。

[实例 7.7]　　　　　　　　　　　　　　　　　　（源码位置：资源包 \Code\07\07）

通过黑帽运算画出小蜘蛛身上的花纹

使用 5×5 的核对小蜘蛛图片进行黑帽运算，代码如下所示：

```
01    import cv2
02    import numpy as np
03
04    img = cv2.imread("spider2.png")                         # 读取原图
05    k = np.ones((5, 5), np.uint8)                           # 创建 5*5 的数组作为核
06    cv2.imshow("img", img)                                  # 显示原图
07    dst = cv2.morphologyEx(img, cv2.MORPH_BLACKHAT, k)      # 进行黑帽运算
08    cv2.imshow("dst", dst)                                  # 显示黑帽运算结果
09    cv2.waitKey()                                           # 按下任何键盘按键后
10    cv2.destroyAllWindows()                                 # 释放所有窗体
```

上述代码的运行结果如图 7.32 和图 7.33 所示。

图 7.32　原图

图 7.33　黑帽运算的结果

 本章知识思维导图

第2篇　处理图像篇

第 8 章
图像的几何变换

本章学习目标

- 掌握用于缩放图像的 resize() 方法的语法格式。
- 掌握缩放图像的两种方式。
- 掌握用于翻转图像的 flip() 方法的语法格式。
- 掌握翻转图像的三种方式。
- 熟练掌握用于平移、旋转、倾斜图像的 M 矩阵的创建方法。
- 掌握用于图像透视的 warpPerspective() 方法的语法格式。
- 熟练掌握用于图像透视的 M 矩阵的创建方法。
- 熟悉 Python 中的 cmath 模块。

8.1 缩放

"缩"表示缩小，"放"表示放大，通过 OpenCV 提供的 resize() 方法可以随意更改图像的大小比例，其语法格式如下所示：

```
dst = cv2.resize(src, dsize, fx, fy, interpolation)
```

参数说明：

● src：原始图像。

● dsize：输出图像的大小，格式为 (宽，高)，单位为像素。

● fx：可选参数，水平方向的缩放比例。

● fy：可选参数，竖直方向的缩放比例。

● interpolation：可选参数，缩放的插值方式，在图像缩小或放大时需要删减或补充像素，该参数可以指定使用哪种算法对像素进行增减，建议使用默认值。

返回值说明：

● dst：缩放之后的图像

resize() 方法有两种使用方式，一种是通过 dsize 参数实现缩放，另一种是通过 fx 和 fy 参数实现缩放，下面分别介绍。

8.1.1 dsize 参数实现缩放

dsize 参数的格式是一个元组，例如 (100, 200)，表示将图像按照宽 100 像素、高 200 像素的大小进行缩放。如果使用 dsize 参数，就可以不写 fx 和 fy 参数。

[实例 8.1]

（ 源码位置：资源包 \Code\08\01 ）

将图像按照指定宽高进行缩放

将一个图像按照宽 100 像素、高 100 像素的大小进行缩放，再按照宽 400 像素、高 400 像素的大小进行缩放，代码如下所示：

```
01    import cv2
02
03    img = cv2.imread("3.png")              # 读取图像
04    dst1 = cv2.resize(img, (100, 100))     # 按照宽 100 像素、高 100 像素的大小进行缩放
05    dst2 = cv2.resize(img, (400, 400))     # 按照宽 400 像素、高 400 像素的大小进行缩放
06    cv2.imshow("img", img)                 # 显示原图
07    cv2.imshow("dst1", dst1)               # 显示缩放图像
08    cv2.imshow("dst2", dst2)
09    cv2.waitKey()                          # 按下任何键盘按键后
10    cv2.destroyAllWindows()                # 释放所有窗体
```

上述代码的运行结果如图 8.1 ～图 8.3 所示。

8.1.2 fx 参数和 fy 参数实现缩放

使用 fx 参数和 fy 参数控制缩放时，dsize 参数值必须使用 None，否则 fx 和 fy 会失效。

fx 参数和 fy 参数可以使用浮点值，小于 1 的值表示缩小，大于 1 的值表示放大。其计算公式为：

第 2 篇 处理图像篇

> 新图像宽度 = round(fx × 原图像宽度)
> 新图像高度 = round(fy × 原图像高度)

图 8.1　原图

图 8.2　缩放成宽 100 像素、高 100 像素

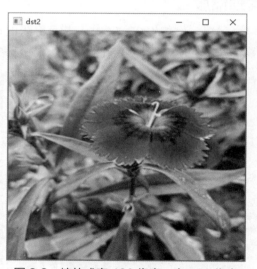

图 8.3　缩放成宽 400 像素、高 400 像素

 [实例 8.2]

（源码位置：资源包 \Code\08\02）

将图像按照指定比例进行缩放

将一个图像宽度缩小到原来的 1/3、高度缩小到原来的 1/2，再将图像宽度扩大到原来的 1.5 倍、高度也扩大到原来的 1.5 倍，代码如下所示：

```
01    import cv2
02
```

```
03    img = cv2.imread("3.png")                          # 读取图像
04                                                        # 将宽缩小到原来的 1/3、高缩小到原来的 1/2
05    dst3 = cv2.resize(img, None, fx=1/3, fy=1/2)
06    dst4 = cv2.resize(img, None, fx=1.5, fy=1.5)        # 将宽高扩大 1.5 倍
07    cv2.imshow("img", img)                              # 显示原图
08    cv2.imshow("dst3", dst3)                            # 显示缩放图像
09    cv2.imshow("dst4", dst4)                            # 显示缩放图像
10    cv2.waitKey()                                       # 按下任何键盘按键后
11    cv2.destroyAllWindows()                             # 释放所有窗体
```

上述代码的运行结果如图 8.4 ～图 8.6 所示。

图 8.4　原图

图 8.5　宽缩小到 1/3、高缩小到 1/2

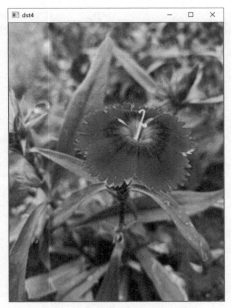

图 8.6　宽和高都放大 1.5 倍

8.2　翻转

水平方向被称为 X 轴，垂直方向被称为 Y 轴。图像沿着 X 轴或 Y 轴翻转之后，可以呈现出镜面倒影的效果，例如图 8.7 和图 8.8 所示。

图 8.7　沿 X 轴翻转的效果　　　　图 8.8　沿 Y 轴翻转的效果

OpenCV 通过 flip() 方法实现翻转效果，其语法格式如下所示：

```
dst = cv2.flip(src, flipCode)
```

参数说明：

● src：原始图像。
● flipCode：翻转类型，类型值如表 8.1 所示。

返回值说明：

● dst：翻转之后的图像。

表 8.1　flipCode 参数值及含义

参数值	含义
0	沿着 X 轴翻转
正数	沿着 Y 轴翻转
负数	同时沿着 X 轴、Y 轴翻转

 [实例 8.3]　　　　　　　　　　　　　　　　　　　　　（源码位置：资源包 \Code\08\03）

同时实现三种翻转效果

分别让图像沿着 X 轴翻转，沿着 Y 轴翻转，同时沿着 X 轴、Y 轴翻转，查看翻转的效果，代码如下所示：

```
01    import cv2
02
03    img = cv2.imread("3.png")              # 读取图像
04    dst1 = cv2.flip(img, 0)                # 沿 X 轴翻转
05    dst2 = cv2.flip(img, 1)                # 沿 Y 轴翻转
06    dst3 = cv2.flip(img, -1)               # 同时沿 X 轴、Y 轴翻转
07    cv2.imshow("img", img)                 # 显示原图
```

```
08    cv2.imshow("dst1", dst1)              # 显示翻转之后的图像
09    cv2.imshow("dst2", dst2)
10    cv2.imshow("dst3", dst3)
11    cv2.waitKey()                         # 按下任何键盘按键后
12    cv2.destroyAllWindows()               # 释放所有窗体
```

上述代码的运行结果如图 8.9 ~图 8.12 所示。

图 8.9　原图　　　　　　　　　　　图 8.10　沿 X 轴翻转

图 8.11　沿 Y 轴翻转　　　　　　　图 8.12　同时沿 X 轴、Y 轴翻转

8.3 仿射变换

仿射变换是一种仅在二维平面中发生的几何变形，变换之后的图像仍然可以保持直线的"平直性"和"平行性"，也就是说原来的直线变换之后还是直线，平行线变换之后还是平行线。常见的仿射变换效果如图 8.13 所示，包含平移、旋转和倾斜。

图 8.13　三种常见的仿射变换效果

OpenCV 通过 warpAffine() 方法实现仿射变换效果，其语法如下：

```
dst = cv2.warpAffine(src, M, dsize, flags, borderMode, borderValue)
```

参数说明：
- src：原始图像。
- M：一个 2 行 3 列的矩阵，根据此矩阵的值变换原图中的像素位置。
- dsize：输出图像的尺寸大小。
- flags：可选参数，插值方式，建议使用默认值。
- borderMode：可选参数，边界类型，建议使用默认值。
- borderValue：可选参数，边界值，默认为 0，建议使用默认值。

返回值说明：
- dst：经过仿射变换后输出图像。

M 也被叫作仿射矩阵，实际上就是一个 2×3 的列表，其格式如下所示：

```
M = [[a, b, c],[d, e, f]]
```

图像做何种仿射变换，完全取决于 M 的值，仿射变换输出的图像会按照以下公式进行计算：

$$新 x = 原 x \times a + 原 y \times b + c$$
$$新 y = 原 x \times d + 原 y \times e + f$$

原 x 和原 y 表示原始图像中像素的横坐标和纵坐标，新 x 与新 y 表示同一个像素经过仿射变换后在新图像中的横坐标和纵坐标。

M 矩阵中的数字采用 32 位浮点格式。可以采用两种方式创建 M。

① 创建一个全是 0 的 M，代码如下所示：

```
01   import numpy as np
02   M = np.zeros((2, 3), np.float32)
```

② 创建 M 的同时赋予具体值，代码如下所示：

```
01   import numpy as np
02   M = np.float32([[1, 2, 3], [4, 5, 6]])
```

通过设定 M 的值就可以实现多种仿射效果，下面分别介绍如何实现图像的平移、旋转和倾斜。

8.3.1 平移

平移就是让图像中的所有像素同时沿着水平或垂直方向移动。实现这种效果只需要将 M 的值按照以下格式进行设置：

```
M = [[1, 0, 水平移动的距离 ],[0, 1, 垂直移动的距离 ]]
```

原始图像的像素就会按照以下公式进行变换：

```
新 x = 原 x × 1 + 原 y × 0 + 水平移动的距离 = 原 x + 水平移动的距离
新 y = 原 x × 0 + 原 y × 1 + 垂直移动的距离 = 原 y + 垂直移动的距离
```

若水平移动的距离为正数，图像会向右移动，若为负数，图像会向左移动；若垂直移动的距离为正数，图像会向下移动，若为负数，图像会向上移动；若水平移动的距离和垂直移动的距离的值为 0，图像不会发生移动。

[实例 8.4]
（源码位置：资源包 \Code\08\04）

让图像向右下方平移

将图像向右移动 50 像素、向下移动 100 像素，代码如下所示：

```
01   import cv2
02   import numpy as np
03
04   img = cv2.imread("3.png")                    # 读取图像
05   rows = len(img)                              # 图像像素行数
06   cols = len(img[0])                           # 图像像素列数
07   M = np.float32([[1, 0, 50],                  # 横坐标向右移动 50 像素
08                   [0, 1, 100]])                # 纵坐标向下移动 100 像素
09   dst = cv2.warpAffine(img, M, (cols, rows))
10   cv2.imshow("img", img)                       # 显示原图
11   cv2.imshow("dst", dst)                       # 显示仿射变换效果
12   cv2.waitKey()                                # 按下任何键盘按键后
13   cv2.destroyAllWindows()                      # 释放所有窗体
```

上述代码的运行结果如图 8.14 和图 8.15 所示。

通过修改 M 的值可以实现其他平移效果。例如，横坐标不变，纵坐标向上移动 50 像素，M 的值如下所示：

```
01   M = np.float32([[1, 0, 0],                   # 横坐标不变
02                   [0, 1, -50]])                # 纵坐标向上移动 50 像素
```

第 2 篇　处理图像篇

图 8.14　原图

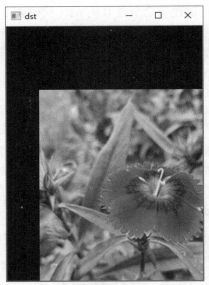

图 8.15　向右移动 50 像素、向下移动
100 像素的效果

移动效果如图 8.16 所示。

纵坐标不变，横坐标向左移动 200 像素，M 的值如下所示：

```
01    M = np.float32([[1, 0, -200],          # 横坐标向左移动 200 像素
02                    [0, 1, 0]])            # 纵坐标不变
```

移动效果如图 8.17 所示。

图 8.16　横坐标不变，纵坐标向上移动
50 像素的效果

图 8.17　纵坐标不变，横坐标向左移动
200 像素的效果

8.3.2 旋转

让图像旋转也是通过 M 矩阵实现的，但得出这个矩阵需要做很复杂的运算，于是 OpenCV

提供了 getRotationMatrix2D() 方法来自动计算出旋转图像的 M 矩阵。getRotationMatrix2D() 方法的语法格式如下所示：

```
M = cv2.getRotationMatrix2D(center, angle, scale)
```

参数说明：

● center：旋转的中心点坐标。

● angle：旋转的角度（不是弧度），正数表示逆时针旋转，负数表示顺时针旋转。

● scale：缩放比例，浮点类型，如果取值 1，表示图像保持原来的比例。

返回值说明：

● M：方法计算出的仿射矩阵。

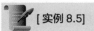 [实例 8.5]

（源码位置：资源包 \Code\08\05 ）

让图像逆时针旋转

让图像逆时针旋转 30° 的同时缩小到原来的 80%，代码如下所示：

```
01    import cv2
02
03    img = cv2.imread("3.png")              # 读取图像
04    rows = len(img)                        # 图像像素行数
05    cols = len(img[0])                     # 图像像素列数
06    center = (rows/2, cols/2)              # 图像的中心点
07    # 以图像为中心，逆时针旋转 30 度，缩放 0.8 倍
08    M = cv2.getRotationMatrix2D(center, 30, 0.8)
09    dst = cv2.warpAffine(img, M, (cols, rows))    # 按照 M 进行仿射
10    cv2.imshow("img", img)                 # 显示原图
11    cv2.imshow("dst", dst)                 # 显示仿射变换效果
12    cv2.waitKey()                          # 按下任何键盘按键后
13    cv2.destroyAllWindows()                # 释放所有窗体
```

上述代码的运行结果如图 8.18 和图 8.19 所示。

图 8.18　原图

图 8.19　逆时针旋转 30° 的效果

第 2 篇　处理图像篇

153

8.3.3 倾斜

OpenCV 需要定位图像的三个点来计算倾斜效果，三个点的位置如图 8.20 所示，这三个点分别是"左上角"点 A、"右上角"点 B 和"左下角"点 C。OpenCV 会根据这三个点的位置变化来计算其他像素的位置变化。因为要保证图像的"平直性"和

图 8.20　通过三个点来定位图像的仿射变换效果

"平行性"，所以不需要"右下角"的点做第四个参数，右下角这个点的位置会根据 A、B、C 三点的变化自动计算得出。

👑 说明：

"平直性"是指图像中的直线在经过仿射变换之后仍然是直线；"平行性"是指图像中的平行线在经过仿射变换之后仍然是平行线。

让图像倾斜也是需要通过 M 矩阵实现的，但得出这个矩阵需要做很复杂的运算，于是 OpenCV 提供了 getAffineTransform() 方法来自动计算出倾斜图像的 M 矩阵。getAffineTransform() 方法的语法格式如下所示：

```
M = cv2.getAffineTransform(src, dst)
```

参数说明：

● src：原图三个点坐标，格式为 3 行 2 列的 32 位浮点数列表，例如: [[0, 1], [1, 0], [1, 1]]。
● dst：倾斜图像的三个点坐标，格式与 src 一样。

返回值说明：

● M：方法计算出的仿射矩阵。

 [实例 8.6] （源码位置：资源包 \Code\08\06）

让图像向右倾斜

实现让图像向右倾斜的效果，代码如下所示：

```
01   import cv2
02   import numpy as np
03
04   img = cv2.imread("3.png")                    # 读取图像
05   rows = len(img)                              # 图像像素行数
06   cols = len(img[0])                           # 图像像素列数
07   p1 = np.zeros((3, 2), np.float32)            # 32 位浮点型空列表，原图三个点
08   p1[0] = [0, 0]                               # 左上角点坐标
09   p1[1] = [cols - 1, 0]                        # 右上角点坐标
10   p1[2] = [0, rows - 1]                        # 左下角点坐标
11   p2 = np.zeros((3, 2), np.float32)            # 32 位浮点型空列表，倾斜图三个点
12   p2[0] = [50, 0]                              # 左上角点坐标，向右挪 50 像素
13   p2[1] = [cols - 1, 0]                        # 右上角点坐标，位置不变
14   p2[2] = [0, rows - 1]                        # 左下角点坐标，位置不变
15   M = cv2.getAffineTransform(p1, p2)           # 根据三个点的变化轨迹计算出 M 矩阵
16   dst = cv2.warpAffine(img, M, (cols, rows))   # 按照 M 进行仿射
17   cv2.imshow("img", img)                       # 显示原图
18   cv2.imshow("dst", dst)                       # 显示仿射变换效果
19   cv2.waitKey()                                # 按下任何键盘按键后
20   cv2.destroyAllWindows()                      # 释放所有窗体
```

上述代码的运行结果如图 8.21 和图 8.22 所示。

图 8.21　原图

图 8.22　向右倾斜效果

想要让图像向左倾斜，不能通过移动 A 点来实现，需要通过移动 B 点和 C 点来实现，三个点的修改方式如下所示：

```
01  p1 = np.zeros((3, 2), np.float32)      # 32 位浮点型空列表，原图三个点
02  p1[0] = [0, 0]                         # 左上角点坐标
03  p1[1] = [cols - 1, 0]                  # 右上角点坐标
04  p1[2] = [0, rows - 1]                  # 左下角点坐标
05  p2 = np.zeros((3, 2), np.float32)      # 32 位浮点型空列表，倾斜图三个点
06  p2[0] = [0, 0]                         # 左上角点坐标，位置不变
07  p2[1] = [cols - 1 - 50, 0]            # 右上角点坐标，向左移动 50 像素
08  p2[2] = [50, rows - 1]                 # 左下角点坐标，向右移动 50 像素
```

使用这两组数据计算出的 M 矩阵可以实现如图 8.23 所示的向左倾斜效果。

图 8.23　向左倾斜效果

8.4 透视

如果说仿射是让图像在二维平面中变形，那么透视就是让图像在三维空间中变形。从不同的角度观察物体，会看到不同的变形画面，例如矩形会变成不规则的四边形、直角会变成锐角或钝角、圆形会变成椭圆等。这种变形之后的画面就是透视图。

如图 8.24 所示从图像的底部去观察图 8.25 的话，图像底部距离眼睛较近，所以宽度不变，但图像顶部距离眼睛较远，宽度就会等比缩小，于是观察者就会看到如图 8.26 所示的透视效果。

图 8.24 从图像的底部观察图像

图 8.25 原图

图 8.26 图像的顶部被缩小，形成透视效果

OpenCV 中需要通过定位图像的四个点来计算透视效果，四个点的位置如图 8.27 所示。OpenCV 会根据这四个点的位置变化计算出其他像素的位置变化。透视效果不能保证图像的"平直性"和"平行性"。

图 8.27 通过四个点来定位图像的透视效果

OpenCV 通过 warpPerspective() 方法来实现透视效果，其语法格式如下所示：

```
dst = cv2.warpPerspective(src, M, dsize, flags, borderMode, borderValue)
```

参数说明：

- src：原始图像。
- M：一个 3 行 3 列的矩阵，根据此矩阵的值变换原图中的像素位置。
- dsize：输出图像的尺寸大小。
- flags：可选参数，插值方式，建议使用默认值。
- borderMode：可选参数，边界类型，建议使用默认值。
- borderValue：可选参数，边界值，默认为 0，建议使用默认值。

返回值说明：

- dst：经过透视变换后输出图像。

warpPerspective() 方法也需要通过 M 矩阵来计算透视效果，但得出这个矩阵需要做很复杂的运算，于是 OpenCV 提供了 getPerspectiveTransform() 方法来自动计算 M 矩阵。getPerspectiveTransform() 方法的语法格式如下所示：

```
M = cv2.getPerspectiveTransform(src, dst)
```

参数说明：

- src：原图四个点坐标，格式为 4 行 2 列的 32 位浮点数列表，例如 [[0, 0], [1, 0], [0, 1],[1, 1]]。
- dst：透视图的四个点坐标，格式与 src 一样。

返回值说明：

- M：方法计算出的仿射矩阵。

[实例 8.7]
（源码位置：资源包 \Code\08\07）
模拟从底部观察图像得到的透视效果

模拟从底部观察图像得到的透视效果，将图像顶部边缘收窄，底部边缘保持不变，代码如下所示：

```
01    import cv2
02    import numpy as np
03
04    img = cv2.imread("demo.png")                        # 读取图像
05    rows = len(img)                                     # 图像像素行数
06    cols = len(img[0])                                  # 图像像素列数
07    p1 = np.zeros((4, 2), np.float32)                   # 32 位浮点型空列表，保存原图四个点
08    p1[0] = [0, 0]                                      # 左上角点坐标
09    p1[1] = [cols - 1, 0]                               # 右上角点坐标
10    p1[2] = [0, rows - 1]                               # 左下角点坐标
11    p1[3] = [cols - 1, rows - 1]                        # 右下角点坐标
12    p2 = np.zeros((4, 2), np.float32)                   # 32 位浮点型空列表，保存透视图四个点
13    p2[0] = [90, 0]                                     # 左上角点坐标，向右移动 90 像素
14    p2[1] = [cols - 90, 0]                              # 右上角点坐标，向左移动 90 像素
15    p2[2] = [0, rows - 1]                               # 左下角点坐标，位置不变
16    p2[3] = [cols - 1, rows - 1]                        # 右下角点坐标，位置不变
17    M = cv2.getPerspectiveTransform(p1, p2)             # 根据四个点的变化轨迹计算出 M 矩阵
18    dst = cv2.warpPerspective(img, M, (cols, rows))     # 按照 M 进行仿射
19    cv2.imshow("img", img)                              # 显示原图
```

```
20    cv2.imshow("dst", dst)                    # 显示仿射变换效果
21    cv2.waitKey()                             # 按下任何键盘按键后
22    cv2.destroyAllWindows()                   # 释放所有窗体
```

上述代码的运行结果如图 8.28 和图 8.29 所示。

图 8.28　原图

图 8.29　透视图效果

　　透视变换是一种非常重要的处理技术，通过透视变换可以将三维空间的景物还原在二维空间的平面上。例如图 8.30 是图书的封面平面图，图 8.31 是图书放在桌子上的照片。很明显，在三维空间中桌子上的图书形成了透视图，原本的矩形封面被扭曲成了一种不规则的变形。

图 8.30　图书封面

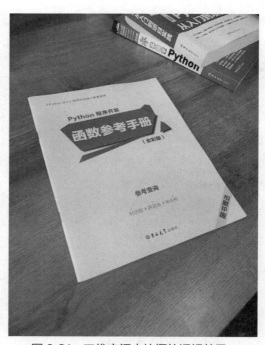

图 8.31　三维空间中拍摄的透视效果

　　下面通过一个实例演示如何使用 OpenCV 中提供的透视方法，将图 8.31 中的图书封面还原成如图 8.30 所示的俯视平面图。

[实例 8.8]

（源码位置：资源包 \Code\08\08）

生成图书封面俯视图

先检测图像中的所有轮廓，并计算每个轮廓的面积，面积大于 10000 的轮廓被认为是图书轮廓。再计算出手册轮廓的端点，得出四个角点（也可以叫端点）坐标。而后根据角点坐标和透视图坐标计算出 M 矩阵。最后，使用 OpenCV 中提供的 warpPerspective() 方法，将图 8.31 中的图书封面还原成如图 8.30 所示的俯视平面图。代码如下所示：

```
01    import cv2
02    import numpy as np
03
04    w, h = 320, 480                                            # 俯视图的宽高
05    img = cv2.imread("book.jpg")                               # 读取原图
06    tmp = cv2.GaussianBlur(img, (5, 5), 0)                     # 高斯滤波
07    tmp = cv2.Canny(tmp, 50, 120)                              # 变为二值边缘图像
08    # 闭运算，保证边缘闭合
09    tmp = cv2.morphologyEx(tmp, cv2.MORPH_CLOSE, (15, 15), iterations=2)
10    # 检测轮廓
11    contours, _ = cv2.findContours(tmp, cv2.RETR_EXTERNAL, cv2.CHAIN_APPROX_SIMPLE)
12    for c in contours:                                         # 遍历所有轮廓
13        area = cv2.contourArea(c)                              # 计算轮廓面积
14        if area > 10000:                                       # 只处理面积大于 10000 的轮廓
15            length = cv2.arcLength(c, True)                    # 获取轮廓周长
16            approx = cv2.approxPolyDP(c, 0.02 * length, True)  # 计算出轮廓的端点
17            pts1 = np.float32(approx)                          # 轮廓四个端点的坐标
18            pts2 = np.float32([[w, 0], [0, 0], [0, h], [w, h]]) # 正面图对应的四个端点坐标
19            M = cv2.getPerspectiveTransform(pts1, pts2)        # 创建透视 M 矩阵
20            tmp = cv2.warpPerspective(img, M, (w, h))          # 根据 M 矩阵做透视变换
21    cv2.imshow("img", img)                                     # 展示原图
22    cv2.imshow("Top view", tmp)                                # 展示俯视图
23    cv2.waitKey()                                              # 按下任何按键后
24    cv2.destroyAllWindows()                                    # 释放所有窗体
```

上述代码的运行结果如图 8.32 和图 8.33 所示。

图 8.32　原图

图 8.33　俯视图

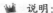

👑 说明：

关于检测图像中的轮廓的内容，将在本书第 11 章详细讲解。本实例重在展示透视变换的其他用途。

8.5　cmath 模块

除了前述 OpenCV 提供的用于对图像进行几何变换的方法外，借助 Python 中的 cmath 模块也能让图像呈现特定的视觉效果。例如让图像呈现波浪效果等。

如果要求读者朋友拿起水彩笔，简单、快速地画一条波浪，那么多数人会画出类似于图 8.34 所示的图案。如果对一幅图像进行某种操作后，这幅图像内的所有像素都呈现出了如图 8.34 所示的效果，那么就可以把这幅图像呈现出的这种效果称作"波浪效果"。

图 8.34　手绘一条波浪线

通过 Python 中的 cmath 模块就能够让图像呈现波浪效果。cmath 模块提供了数学函数在复数域上扩展的运算函数，这些函数允许复数、整数、浮点数等数据类型的数据输入，因此这些函数的返回值也都是复数。要特别注意的是，组成复数的实部和虚部都是浮点数。

这里要用到的是 cmath 模块中用于返回指定弧度的正弦值的 sin() 方法，sin() 方法的语法格式如下所示：

```
cmath.sin(x)
```

参数说明：

● x：与指定角度对应的弧度。

在 cmath 模块中的 sin() 方法中，还可以设置与正弦函数对应的正弦图像的振幅和波长。例如把一幅图像的列像素 col 作为弧度，设置与正弦函数对应的正弦图像的振幅为 20、波长为 30 的关键代码如下所示：

```
20 * cmath.sin(col/15) # 15 是一半的波长
```

下面通过一个实例演示让图 8.35 所示的图像呈现波浪效果。

图 8.35　目标图像

（源码位置：资源包 \Code\08\09 ）

呈现波浪效果的图像

为了让图 8.35 呈现波浪效果，需要先使用 for 循环遍历图 8.35 的行像素和列像素，再通过正弦函数计算每个像素点的横坐标移动后的位置，而后根据每个像素点的横坐标移动后的位置将原图像的像素点存放到与画布对应的像素点上。代码如下所示：

```
01    import cv2
02    import numpy as np
03    import cmath
04
05    img = cv2.imread("rice.jpg")                   # 读取当前项目目录下的图像
06    shape = img.shape                              # 获取图像的行像素、列像素和通道数
07    rows = shape[0]                                # 获取图像的行像素
08    columns = shape[1]                             # 获取图像的列像素
09    channel = shape[2]                             # 获取图像的通道数
10    # 创建了一个行像素与图像的行像素相同，列像素与图像的列像素相同，具有 3 个通道的画布
11    canvas = np.zeros([rows, columns, channel], np.uint8)
12    for row in range(rows):                        # 遍历图像的行像素
13        for col in range(columns):                 # 遍历图像的列像素
14            # 20 是波的振幅，15 是一半的波长
15            # 根据正弦函数计算每个像素点的横坐标移动后的位置
16            i = row + 20 * cmath.sin(col/15)
17            i = round(np.real(i))                  # 将复数结果转为实数，并四舍五入
18            if 0 <= i < rows:                      # 如果移动后的像素点仍在画布范围内
19                canvas[i, col] = img[row, col]     # 将原图像的像素点存放到与画布对应的像素点上
20    cv2.imshow("wave", canvas)                     # 在一个名为 "wave" 的窗口中显示呈现波浪效果的图像
21    cv2.waitKey()                                  # 通过按下键盘上的按键
22    cv2.destroyAllWindows()                        # 销毁正在显示的窗口
```

上述代码的运行结果如图 8.36 所示。

图 8.36　呈现波浪效果的图像

本章知识思维导图

第 9 章

滤波器

本章学习目标

- 明确什么是噪声、什么是图像平滑处理、什么是滤波器。
- 掌握用于实现均值滤波器的 blur() 方法的语法格式。
- 掌握均值滤波器的计算方法和处理图像后呈现的效果。
- 掌握用于实现中值滤波器的 medianBlur() 方法的语法格式。
- 掌握中值滤波器的计算方法和处理图像后呈现的效果。
- 掌握用于实现高斯滤波器的 GaussianBlur() 方法的语法格式。
- 掌握高斯滤波器的计算方法和处理图像后呈现的效果。
- 掌握用于实现双边滤波器的 bilateralFilter() 方法的语法格式。
- 掌握双边滤波器的计算方法和处理图像后呈现的效果。
- 掌握用于实现拉普拉斯高通滤波器的 filter2D() 方法的语法格式。
- 掌握拉普拉斯高通滤波器的计算方法和处理图像后呈现的效果。

9.1　图像平滑处理

在对滤波器进行讲解之前，先来看如下的两幅图像。

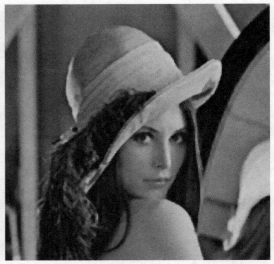

　　图 9.1　包含了分布不均匀的、高亮度的像素点　　　　图 9.2　没有分布不均匀的、高亮度的像素点

在图 9.1 中，除了人物和背景外，还包含了很多个、分布不均匀的、高亮度的像素点。OpenCV 把这些高亮度的像素点称作噪声。那么如何去除图 9.1 中的噪声呢？或者说，如何去除掉图 9.1 中的这些高亮度的像素点呢？采用图像平滑处理。

图像平滑处理是指在尽量保留原图像信息的情况下，去除掉图像内部的噪声。如果对图 9.1 进行图像平滑处理，那么就能得到图 9.2。对比图 9.1 和图 9.2 后，会发现图 9.1 中的噪声（也就是分布不均匀的、高亮度的像素点）被有效地去除掉了。那么 OpenCV 用于图像平滑处理的工具又是什么呢？采用滤波器。

OpenCV 提供了种类丰富的滤波器，虽然每种滤波器的实现算法都不同，但是每种滤波器都能完成图像平滑处理的操作。本章主要讲解其中的 4 种滤波器，它们分别是均值滤波器、中值滤波器、高斯滤波器和双边滤波器。

9.2　均值滤波器

噪声与周围像素的差别非常大，导致从视觉上就能看出噪声无法与周围像素组成可识别的图像信息，从而降低了整个图像的质量。如果图像中的噪声都是随机的纯黑像素或者纯白像素，这样的噪声也被称作"椒盐噪声"或"盐噪声"。例如图 9.3 所示的就是一幅只有噪声的图像，常被人们称为"雪花点"。

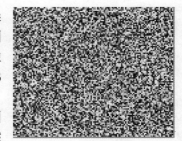

图 9.3　噪声图像

以一个像素为核心，核心周围像素可以组成一个 n 行 n 列（简称 $n×n$）的矩阵，这样的矩阵结构在滤波操作中被称为"滤波核"。矩阵的行列数决定了滤波核的大小，例如图 9.4 所示的滤波核大小为 3×3，包含 9 个像素；图 9.5 所示的滤波核大小为 5×5，包含 25 个像素。

171	42	88	162	99	179	172
79	11	17	30	206	155	176
179	105	157	87	169	15	189
244	52	239	240	142	185	64
188	118	130	212	234	81	90
140	188	207	115	133	32	35
47	43	59	35	74	25	56

图 9.4　3×3 的滤波核

171	42	88	162	99	179	172
79	11	17	30	206	155	176
179	105	157	87	169	15	189
244	52	239	240	142	185	64
188	118	130	212	234	81	90
140	188	207	115	133	32	35
47	43	59	35	74	25	56

图 9.5　5×5 的滤波核

均值滤波器（也被称为低通滤波器）可以把图像中的每一个像素都当成滤波核的核心，然后计算出核内所有像素的平均值，最后让核心像素值等于这个平均值。

例如图 9.6 就是均值滤波的计算过程。滤波核大小为 3×3，核心像素值是 35，颜色极深，周围像素值都在 110～150 之间，因此可以认为核心像素是噪声。将滤波核中的所有像素值相加，然后除以像素个数，就得出了平均值 123（四舍五入取整）。将核心像素的值改成 123，其颜色就与周围颜色差别不大了，图像就变得平滑了。这就是均值滤波去噪的原理。

137	150	125
141	**35**	131
119	118	150

均值滤波 →

137	150	125
141	**123**	131
119	118	150

$$\frac{137+150+125+141+35+131+119+118+150}{3\times3}=122.89\approx123$$

图 9.6　均值滤波的计算过程

OpenCV 将均值滤波器封装成了 blur() 方法，其语法格式如下所示：

```
dst = cv2.blur(src, ksize, anchor, borderType)
```

参数说明：
● src：被处理的图像。
● ksize：滤波核大小，其格式为 (高度，宽度)，建议使用如 (3, 3)、(5, 5)、(7, 7) 等宽高相等的奇数边长。滤波核越大，处理之后的图像就越模糊。
● anchor：可选参数，滤波核的锚点，建议采用默认值，方法可以自动计算锚点。
● borderType：可选参数，边界样式，建议采用默认值。
返回值说明：
● dst：经过均值滤波处理之后的图像。

[实例 9.1]

（源码位置：资源包 \Code\09\01 ）

对花朵图像进行均值滤波操作

分别使用大小为 3×3、5×5 和 9×9 的滤波核对花朵图像进行均值滤波操作，代码如下所示：

```
01    import cv2
02
03    img = cv2.imread("3.png")             # 读取原图
04    dst1 = cv2.blur(img, (3, 3))          # 使用大小为 3*3 的滤波核进行均值滤波
05    dst2 = cv2.blur(img, (5, 5))          # 使用大小为 5*5 的滤波核进行均值滤波
06    dst3 = cv2.blur(img, (9, 9))          # 使用大小为 9*9 的滤波核进行均值滤波
07    cv2.imshow("img", img)                # 显示原图
08    cv2.imshow("3*3", dst1)               # 显示滤波效果
09    cv2.imshow("5*5", dst2)
10    cv2.imshow("9*9", dst3)
11    cv2.waitKey()                         # 按下任何键盘按键后
12    cv2.destroyAllWindows()               # 释放所有窗体
```

上述代码的运行结果如图 9.7 ～图 9.10 所示，从这个结果可以看出，滤波核越大，处理之后的图像就越模糊。

图 9.7　原图

图 9.8　均值滤波效果（滤波核大小为 3×3）

图 9.9　均值滤波效果（滤波核大小为 5×5）

图 9.10　均值滤波效果（滤波核大小为 9×9）

9.3 中值滤波器

中值滤波器的原理与均值滤波器非常相似，唯一的不同就是不会计算像素的平均值，而是将所有像素值排序，把最中间的像素值取出，赋值给核心像素。

例如图 9.11 就是中值滤波的计算过程。滤波核大小为 3×3，核心像素值是 35，周围像素值都在 110 ～ 150 之间。将核内所有像素值升序排列，9 个像素值排成一队，最中间位置为第 5 个位置，这个位置的像素值为 131。不需再做任何计算，直接把 131 赋值给核心像素，其颜色就与周围颜色差别不大了，图像就变得平滑了。这就是中值滤波去噪的原理。

图 9.11 中值滤波的计算过程

OpenCV 将中值滤波器封装成了 medianBlur() 方法，其语法格式如下所示：

```
dst = cv2.medianBlur(src, ksize)
```

参数说明：
- src：被处理的图像。
- ksize：滤波核的边长（宽度），必须是大于 1 的奇数，例如 3、5、7 等。方法会根据此边长自动创建一个正方形的滤波核。

返回值说明：
- dst：经过中值滤波处理之后的图像。

 注意：

中值滤波器的 ksize 参数是边长，而其他滤波器的 ksize 参数通常为 (高 , 宽)。

[实例 9.2]
（源码位置：资源包 \Code\09\02 ）

对花朵图像进行中值滤波操作

分别使用边长为 3、5、9 的滤波核对花朵图像进行中值滤波操作，代码如下所示：

```
01    import cv2
02
03    img = cv2.imread("3.png")                # 读取原图
04    dst1 = cv2.medianBlur(img, 3)            # 使用宽度为 3 的滤波核进行中值滤波
05    dst2 = cv2.medianBlur(img, 5)            # 使用宽度为 5 的滤波核进行中值滤波
06    dst3 = cv2.medianBlur(img, 9)            # 使用宽度为 9 的滤波核进行中值滤波
07    cv2.imshow("img", img)                   # 显示原图
08    cv2.imshow("3", dst1)                    # 显示滤波效果
09    cv2.imshow("5", dst2)
10    cv2.imshow("9", dst3)
11    cv2.waitKey()                            # 按下任何键盘按键后
12    cv2.destroyAllWindows()                  # 释放所有窗体
```

上述代码的运行结果如图 9.12 ～图 9.15 所示，滤波核的边长越长，处理之后的图像就越模糊。中值滤波处理的图像会比均值滤波处理的图像丢失更多细节。

图 9.12　原图

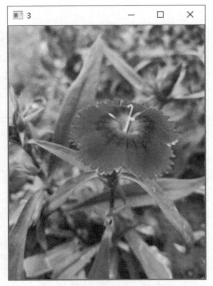

图 9.13　中值滤波效果（滤波核宽度为 3 ）

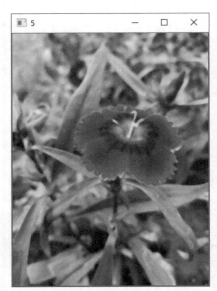

图 9.14　中值滤波效果（滤波核宽度为 5 ）

图 9.15　中值滤波效果（滤波核宽度为 9 ）

9.4　高斯滤波器

高斯滤波也被称为高斯模糊、高斯平滑，是目前应用最广泛的平滑处理算法。高斯滤波可以很好地在降低图片噪声、细节层次的同时保留更多的图像信息，经过处理的图像会呈现"磨砂玻璃"的滤镜效果。

进行均值滤波处理时，核心周围每个像素的权重都是均等的，也就是每个像素都同样重要，所以计算平均值即可。但在高斯滤波中，越靠近核心的像素权重越大，越远离核心的像素权重越小，例如 5×5 大小的高斯滤波卷积核的权重示意图如图 9.16 所示。像素权重不同就不能取平均值，要从权重大的像素中取较多的信息，从权重小的像素中取较少的信息。简单概括就是"离谁更近，跟谁更像"。

高斯滤波的计算过程涉及到卷积运算，会有一个与滤波核大小相等的卷积核。本节不会深入介绍高斯函数以及高斯核的计算方式，仅以 3×3 的滤波核为例，简单地描述一下高斯滤波的计算过程。

卷积核中保存的值就是核所覆盖区域的权重值，其遵循图 9.16 的规律。卷积核中所有权重值相加的结果为 1。例如，3×3 的卷积核可以是如图 9.17 所示的值。随着核大小、σ 标准差的变化，卷积核中的值也会发生较大变化，图 9.17 仅是一种最简单的情况。

图 9.16　5×5 的高斯滤波卷积核的权重示意图

0.05	0.1	0.05
0.1	0.4	0.1
0.05	0.1	0.05

图 9.17　简化的 3×3 的卷积核

进行高斯滤波的过程中，滤波核中像素会与卷积核进行卷积计算，最后将计算结果赋值给滤波核的核心像素。其计算过程如下所示：

图 9.18　像素块与卷积核进行计算

在图 9.18 的计算过程中，滤波核中的每个像素值都会与卷积核对应位置的权重值相乘，最后计算出 9 个值，计算过程如下所示：

```
137 × 0.05   150 × 0.1   125 × 0.05        6.85   15     6.25
141 × 0.1    35 × 0.4    131 × 0.1    =    14.1   14     13.1
119 × 0.05   118 × 0.1   150 × 0.05        5.95   11.8   7.5
```

让这 9 个值相加，再四舍五入取整，计算过程如下所示：

```
6.85 + 15 + 6.25 + 14.1 + 14 + 13.1 + 5.95 + 11.8 + 7.5 = 94.55 ≈ 95
```

最后得到的这个结果就是高斯滤波的计算结果，滤波核的核心像素值从 35 改为 95。
OpenCV 将高斯滤波器封装成了 GaussianBlur() 方法，其语法格式如下所示：

```
dst = cv2.GaussianBlur(src, ksize, sigmaX, sigmaY, borderType)
```

参数说明：

● src：被处理的图像。

- ksize：滤波核的大小，宽高必须是奇数，例如 (3, 3)、(5, 5) 等。
- sigmaX：卷积核水平方向的标准差。
- sigmaY：卷积核垂直方向的标准差。修改 sigmaX 或 sigmaY 的值都可以改变卷积核中的权重比例。如果不知道如何设计这两个参数值，就直接把这两个参数的值写成 0，方法就会根据滤波核的大小自动计算出合适的权重比例。
- borderType：可选参数，边界样式，建议使用默认值。

返回值说明：
- dst：经过高斯滤波处理之后的图像。

[实例 9.3]　　　　　　　　　　　　　　　　　　　　　　（源码位置：资源包 \Code\09\03）
对花朵图像进行高斯滤波操作

分别使用大小为 5×5、9×9 和 15×15 的滤波核对花朵图像进行高斯滤波操作，水平方向和垂直方向的标准差参数值全部为 0，代码如下所示：

```
01    import cv2
02
03    img = cv2.imread("3.png")                          # 读取原图
04    dst1 = cv2.GaussianBlur(img, (5, 5), 0, 0)         # 使用大小为 5*5 的滤波核进行高斯滤波
05    dst2 = cv2.GaussianBlur(img, (9, 9), 0, 0)         # 使用大小为 9*9 的滤波核进行高斯滤波
06    dst3 = cv2.GaussianBlur(img, (15, 15), 0, 0)       # 使用大小为 15*15 的滤波核进行高斯滤波
07    cv2.imshow("img", img)                             # 显示原图
08    cv2.imshow("5", dst1)                              # 显示滤波效果
09    cv2.imshow("9", dst2)
10    cv2.imshow("15", dst3)
11    cv2.waitKey()                                      # 按下任何键盘按键后
12    cv2.destroyAllWindows()                            # 释放所有窗体
```

上述代码的运行结果如图 9.19～图 9.22 所示，滤波核越大，处理之后的图像就越模糊。和均值滤波、中值滤波处理的图像相比，高斯滤波处理的图像更加平滑，保留的图像信息更多，更容易辨认。

图 9.19　原图

图 9.20　高斯滤波效果（滤波核大小为 5×5）

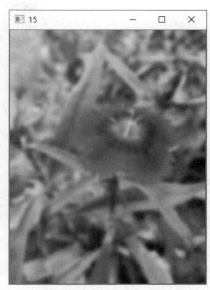

图 9.21　高斯滤波效果（滤波核大小为 9×9 ）　图 9.22　高斯滤波效果（滤波核大小为 15×15 ）

9.5　双边滤波器

　　不管是均值滤波、中值滤波还是高斯滤波，都会使整幅图像变得平滑，图像中的边界会变得模糊不清。双边滤波是一种在平滑处理过程中可以有效保护边界信息的滤波操作。

　　双边滤波器会自动判断滤波核处于"平坦"区域还是"边缘"区域：如果滤波核处于"平坦"区域，则会使用类似高斯滤波的算法进行滤波；如果滤波核处于"边缘"区域，则加大"边缘"像素的权重，尽可能地让这些像素值保持不变。

　　例如 ，图 9.23 是一幅黑白拼接图像，对这个图像进行高斯滤波，黑白交界处就会变得模糊不清，效果如图 9.24 所示；但如果对这幅图像进行双边滤波，黑白交界处的边界则可以很好地保留下来，效果如图 9.25 所示。

图 9.23　原图　　　　　　图 9.24　高斯滤波效果　　　　　图 9.25　双边滤波效果

　　拥有白皙光滑的皮肤是每个人的梦想，特别是女生。因此，越来越多的人使用 Photoshop，让照片中的人物皮肤变得白皙光滑，如同婴儿般细腻。为了达到这种视觉效果，就要用到 Photoshop 中的"磨皮"功能。所谓"磨皮"（以图 9.26 为例），就是将皮肤模糊掉，达到去除皮肤上的斑点和细纹的目的，让皮肤看起来更加光滑（如图 9.27 所示）。

图 9.26 "磨皮"前的效果 　　　　　　图 9.27 "磨皮"后的效果

为了实现"磨皮"功能，要用到的核心技术是 OpenCV 中的双边滤波器。OpenCV 将双边滤波器封装成了 bilateralFilter() 方法，其语法格式如下所示：

```
dst = cv2.bilateralFilter(src, d, sigmaColor, sigmaSpace, borderType)
```

参数说明：

● src：被处理的图像。

● d：以当前像素为中心的整个滤波区域的直径。如果是 d<0，则自动根据 sigmaSpace 参数计算得到。该值与保留的边缘信息数量成正比，与方法运行效率成反比。

● sigmaColor：参与计算的颜色范围，这个值是像素颜色值与周围颜色值的最大差值，只有颜色值之差小于这个值时，周围的像素才会进行滤波计算。值为 255 时，表示所有颜色都参与计算。

● sigmaSpace：坐标空间的 σ（sigma）值，该值越大，参与计算的像素数量就越多。

● borderType：可选参数，边界样式，建议默认。

返回值说明：

● dst：经过双边滤波处理之后的图像。

下面通过一个实例演示如何运用双边滤波器对一幅人脸图像进行"磨皮"。

 [实例 9.4]

（源码位置：资源包 \Code\09\04）

对一幅人脸图像进行"磨皮"

使用 7 作为范围直径对人脸图像进行双边滤波处理，观察处理后的图像能否达到"磨皮"后的效果。代码如下所示：

```
01    import cv2
02
03    img = cv2.imread("girl.png")                          # 读取原图
04    # 双边滤波，选取范围直径为 7，颜色差为 120
05    dst2 = cv2.bilateralFilter(img, 7, 120, 100)
06    cv2.imshow("img", img)                                # 显示原图
07    cv2.imshow("bilateral", dst2)                         # 显示双边滤波效果
08    cv2.waitKey()                                         # 按下任何键盘按键后
09    cv2.destroyAllWindows()                               # 释放所有窗体
```

上述代码的运行结果如图 9.28 和图 9.29 所示，可以看出双边滤波保留了较清晰的边缘信息。

图 9.28　原图 　　　　　　　　　图 9.29　"磨皮"后的效果

9.6　拉普拉斯高通滤波器

锐化又可以称作锐化滤镜。锐化可以加深图像的边缘细节，以达到略微提高图像清晰度的目的，还能让图像中某些色彩更加鲜明。

本节要讲解的拉普拉斯高通滤波器就是实现锐化效果的一种关键技术。拉普拉斯高通滤波器使用的滤波核如图 9.30 所示。

$$\begin{bmatrix} 0 & -1 & 0 \\ -1 & 5 & -1 \\ 0 & -1 & 0 \end{bmatrix}$$

图 9.30　拉普拉斯高通滤波器使用的滤波核

使用这个核进行滤波计算（同卷积计算）后，中间的像素值会先乘以 5 再减去其上、下、左、右四个相邻的像素值。如果中心像素值与四周像素值差别很大，算法就会加深这种差别。从视觉上看，处理之后的图像边缘会呈现出明显的颗粒化。

OpenCV 把拉普拉斯高通滤波器封装成了 filter2D() 方法，该方法的语法格式如下所示：

```
dst = cv2.filter2D(src, ddepth, kernel, anchor=None, delta=None, borderType=None)
```

参数说明：
- src：原始图像。
- ddepth：输出的图像深度。
- kernel：滤波核。
- anchor：可选参数，核的锚点位置，默认为核的中心。
- delta：可选参数，亮度，默认值为 0。
- borderType：可选参数，边界样式。

返回值说明：
- dst：输出的图像。

下面通过一个实例演示如何使用拉普拉斯高通滤波器锐化图像。

（源码位置：资源包 \Code\09\05）

[实例 9.5]

锐化图像

使用拉普拉斯高通滤波算法需要使用 NumPy 模块创建滤波核二维数组，然后调用方法对原图进行滤波计算，输出的图像需要采用 cv2.CV_32F 或 cv2.CV_64F 深度。代码如下所示：

```
01    import cv2
02    import numpy as np
03
04    # 拉普拉斯高通滤波的滤波核
05    def laplacian(img):
06        # Laplacian 高通滤波算子，5×中间像素值 - 上下左右四个像素值，让像素的梯度越来越大
07        kernel = np.array([
08            [0, -1, 0],
09            [-1, 5, -1],
10            [0, -1, 0]])
11        dst = cv2.filter2D(img, cv2.CV_32F, kernel)      # 滤波
12        dst = cv2.convertScaleAbs(dst)                   # 取绝对值
13        return dst
14
15    # 加载图像
16    img = cv2.imread('pluto.jpg')
17    cv2.imshow('Original Image', img)
18
19    dst1 = laplacian(img)
20    cv2.imshow('Laplace', dst1)
21    cv2.waitKey()
22    cv2.destroyAllWindows()
```

上述代码的运行结果如图 9.31 和图 9.32 所示。

图 9.31　原图

图 9.32　锐化后的图像

本章知识思维导图

OpenCV

从零开始学　OpenCV

第3篇
识别图像和
处理视频篇

第 10 章
模板匹配

- 配套视频
- 配套素材
- 学习指导
- 交流社群

 本章学习目标

- 明确什么是模板和模板匹配。
- 熟练掌握用于模板匹配的 matchTemplate() 方法的语法格式。
- 熟练掌握匹配方法的参数值及含义、作用。
- 明确什么是单目标匹配和多目标匹配。
- 掌握当使用平方差匹配实现单目标匹配时，minMaxLoc() 方法的各个返回值的作用。
- 掌握如何使用相关匹配或者相关系数匹配实现多目标匹配。
- 明确多模板匹配的实质是什么。
- 掌握如何实现多模板匹配。

10.1　模板匹配方法

模板是被查找的图像。模板匹配是指查找模板在原始图像中的哪个位置的过程。OpenCV 提供了 matchTemplate() 方法用于模板匹配，其语法格式如下所示：

```
result = cv2.matchTemplate(image, templ, method, mask)
```

参数说明：

● image：原始图像。

● templ：模板图像，尺寸必须小于或等于原始图像。

● method：匹配的方法，可用参数值详见表 10.1。

● mask：可选参数，掩模，只有 cv2.TM_SQDIFF 和 cv2.TM_CCORR_NORMED 支持此参数，建议采用默认值。

返回值说明：

● result：计算得出的匹配结果。如果原始图像的宽、高分别为 W、H，模板图像的宽、高分别为 w、h，result 就是一个 $W-w+1$ 列、$H-h+1$ 行的 32 位浮点型数组。数组中每一个浮点数都是原始图像中对应像素位置的匹配结果，其含义需要根据 method 参数来解读。

表 10.1　匹配方法的参数值

参数值	值	含义
cv2.TM_SQDIFF	0	差值平方和匹配，也叫平方差匹配。可以理解为差异程度。匹配程度越高，计算结果越小。完全匹配的结果为 0
cv2.TM_SQDIFF_NORMED	1	标准差值平方和匹配，也叫标准平方差匹配，规则同上
cv2.TM_CCORR	2	相关匹配。可以理解为相似程度，匹配程度越高，计算结果越大
cv2.TM_CCORR_NORMED	3	标准相关匹配，规则同上
cv2.TM_CCOEFF	4	相关系数匹配，也属于相似程度，计算结果为 -1 ～ 1 之间的浮点数，1 表示完全匹配，0 表示毫无关系，-1 表示两幅图像亮度相反
cv2.TM_CCOEFF_NORMED	5	标准相关系数匹配，规则同上

在模板匹配的计算过程中，模板会在原始图像中移动。模板会与重叠区域内的像素逐个对比，最后将对比的结果保存在模板左上角像素点索引位置对应的数组位置中。计算过程如图 10.1 所示。

图 10.1　模板在原始图像中移动并逐个匹配

使用 cv2.TM_SQDIFF（平方差匹配）方法计算出的数组格式如下所示（其他方法计算出的数组格式相同，仅数值不同）：

```
[[0.10165964 0.10123613 0.1008469  ... 0.10471864 0.10471849 0.10471849]
 [0.10131165 0.10087635 0.10047968 ... 0.10471849 0.10471834 0.10471849]
 [0.10089004 0.10045089 0.10006084 ... 0.10471849 0.10471819 0.10471849]
 ...
 [0.16168603 0.16291814 0.16366465 ... 0.12178455 0.12198001 0.12187888]
 [0.15859096 0.16000605 0.16096526 ... 0.12245651 0.12261643 0.12248362]
 [0.15512456 0.15672517 0.15791312 ... 0.12315679 0.1232616  0.12308815]]
```

模板会将原始图像中每一块区域都覆盖一遍，但结果数组的行列数并不会等于原始图像的像素的行列数。假设模板的宽为 w、高为 h，原始图像的宽为 W、高为 H，如图 10.2 所示。

图 10.2　模板和原始图像的宽高

模板移动到原始图像的边缘之后就不会继续移动了，所以模板的移动区域如图 10.3 所示，该区域的边长为"原始图像边长 − 模板边长 + 1"，最后加 1 是因为移动区域内的上下、左右的两个边都被模板覆盖到了，如果不加 1 会丢失数据。

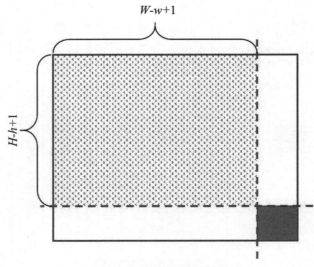

图 10.3　模板移动的范围

10.2 单模板匹配

匹配过程中只用到一个模板的场景叫单模板匹配。原始图像中可能只有一个和模板相似的图像，也有可能有多个。如果只获取匹配程度最高的那一个结果，这种操作叫单目标匹配；如果需要同时获取所有匹配程度较高的结果，这种操作叫多目标匹配。

10.2.1 单目标匹配

单目标匹配只获取一个结果即可，就是匹配程度最高的结果（如果使用平方差匹配，则为计算出的最小结果；如果使用相关匹配或相关系数匹配，则为计算出的最大结果）。本节以平方差匹配为例做介绍。

matchTemplate() 方法的计算结果是一个二维数组，OpenCV 提供了一个 minMaxLoc() 方法专门用来解析这个二维数组中的最大值、最小值以及这两个值对应的坐标，minMaxLoc() 方法的语法格式如下所示：

```
minValue, maxValue, minLoc, maxLoc = cv2.minMaxLoc(src, mask)
```

参数说明：
● src：matchTemplate() 方法计算得出的数组。
● mask：可选参数，掩模，建议使用默认值。
返回值说明：
● minValue：数组中的最小值。
● maxValue：数组中的最大值。
● minLoc：最小值的坐标，格式为 (x, y)。
● maxLoc：最大值的坐标，格式为 (x, y)。
平方差匹配的计算结果越小，匹配程度越高。minMaxLoc() 方法返回的 minValue 值是模板匹配的最优结果，minLoc 是最优结果区域左上角的点坐标，区域大小与模板大小一致。

[实例 10.1]
（源码位置：资源包 \Code\10\01）
为原始图片中匹配成功的区域绘制红框

将图 10.4 作为模板，将图 10.5 作为原始图像，使用 cv2.TM_SQDIFF_NORMED 方式进行模板匹配，在原始图像中找到与模板一样的图案，并在该图案上绘制红色方框。
代码如下所示：

```
01   import cv2
02
03   img = cv2.imread("background.jpg")          # 读取原始图像
04   templ = cv2.imread("template.png")          # 读取模板图像
05   height, width, c = templ.shape              # 获取模板图像的高度、宽度和通道数
06   results = cv2.matchTemplate(img, templ, cv2.TM_SQDIFF_NORMED) # 按照标准平方差方式匹配
07   # 获取匹配结果中的最小值、最大值、最小值坐标和最大值坐标
08   minValue, maxValue, minLoc, maxLoc = cv2.minMaxLoc(results)
09   resultPoint1 = minLoc                       # 将最小值坐标当作最佳匹配区域的左上角点坐标
10   # 计算出最佳匹配区域的右下角点坐标
11   resultPoint2 = (resultPoint1[0] + width, resultPoint1[1] + height)
12   # 在最佳匹配区域位置绘制红色方框，线宽为 2 像素
```

```
13    cv2.rectangle(img, resultPoint1, resultPoint2, (0, 0, 255), 2)
14    cv2.imshow("img", img)                              # 显示匹配的结果
15    cv2.waitKey()                                        # 按下任何键盘按键后
16    cv2.destroyAllWindows()                              # 释放所有窗体
```

图 10.4　模板　　　　　　　　　　　　　　图 10.5　原始图片

上述代码的运行结果如图 10.6 所示。

图 10.6　模板匹配的结果

在许多综艺节目里，导演组给选手们一幅图像，让选手在指定区域内寻找图像中的某一静物。为了增加游戏难度，导演组可能会让选手们从两个或者多个相似的场景中选择最佳的匹配结果。接下来，使用模板匹配的相应方法模拟这个游戏。

 [实例 10.2]　　（源码位置：资源包 \Code\10\02 ）

从两幅图像中选择最佳的匹配结果

将图 10.7 作为模板，将图 10.8 和图 10.9 作为原始图像，使用 cv2.TM_SQDIFF_NORMED 方式进行模板匹配，在两幅原始图像中找到与模板匹配结果最好的图像，并在窗口中显示出来。

图 10.7　模板

图 10.8　原始图像 221

代码如下所示：

```
01    import cv2
02
03    image = []                                        # 存储原始图像的列表
04    # 向 image 列表添加原始图像 image_221.png
05    image.append(cv2.imread("image_221.png"))
06    # 向 image 列表添加原始图像 image_222.png
07    image.append(cv2.imread("image_222.png"))
08    templ = cv2.imread("templ.png")                   # 读取模板图像
09    index = -1                                        # 初始化车位编号列表的索引为 -1
10    min = 1
11    for i in range(0, len(image)):                    # 循环匹配 image 列表中的原始图像
12        # 按照标准平方差方式匹配
13        results = cv2.matchTemplate(image[i], templ, cv2.TM_SQDIFF_NORMED)
14        # 获得最佳匹配结果的索引
15        if min > any(results[0]):
16            index = i
17    cv2.imshow("result", image[index])               # 显示最佳匹配结果
18    cv2.waitKey()                                     # 按下任何键盘按键后
19    cv2.destroyAllWindows()                           # 释放所有窗体
```

上述代码的运行结果如图 10.10 所示。

图 10.9　原始图像 222

图 10.10　从两幅图像中选择最佳的匹配结果

网速的提升让容量较大的文件更容易在互联网上传播，用户电脑里装满了各种各样的图像文件。

图像文件与其他文件不同，相同内容的图像可能保存在不同大小、不同格式的文件中，这些文件的二进制字节码差别较大，很难用简单的程序识别。在没有高级识别软件的情况下想要找出内容相同的图像，只能一个一个打开用肉眼识别。

OpenCV 能够打破图像文件规格、格式的限制来识别图像内容。

[实例 10.3]　查找重复的图像　（源码位置：资源包 \Code\10\03 ）

图 10.11 所示的文件夹中有十幅图像，这些图像不仅有 JPG 格式的，还有 PNG 格式的，而且这些图像的分辨率也各不相同。接下来，编写一个程序，在该文件夹中找出哪些是重复的图像。

图 10.11　文件夹中的所有图像文件

想要解决这个问题，可以使用 OpenCV 提供的 matchTemplate() 来判断两幅图像的相似度，如果相似度大于 0.9，就认为这两幅图像是相同的。

代码如下所示：

```
01    import cv2
02    import os
03    import sys
04
05    PIC_PATH = "C:\\Users\\Administrator\\Desktop\\test\\"  # 图像文件夹地址
06    width, height = 100, 100                        # 缩放比例
07
08    pic_file = os.listdir(PIC_PATH)                 # 所有图像文件列表
09    same_pic_index = []                             # 相同图像的索引列表
```

```
10    imgs = []                                    # 缩放后的图像对象列表
11    has_same = set()                             # 相同图像的集合
12    count = len(pic_file)                        # 图像数量
13
14    if count == 0:                               # 如果图像数量为零
15        print(" 没有图像 ")
16        sys.exit(0)                              # 停止程序
17
18    for file_name in pic_file:                   # 遍历图像文件
19        pic_name = PIC_PATH + file_name          # 拼接完整文件名
20        img = cv2.imread(pic_name)               # 创建文件的图像
21        img = cv2.resize(img, (width, height))   # 缩放成统一大小
22        imgs.append(img)                         # 按文件顺序保存图像对象
23
24    for i in range(0, count - 1):                # 遍历所有图像文件，不遍历最后一个图像
25        if i in has_same:                        # 如果此图像已经找到相同的图像
26            continue                             # 跳过
27        templ = imgs[i]                          # 取出模板图像
28        same = [i]                               # 与 templ 内容相同的图像索引列表
29        for j in range(0 + i + 1, count):        # 从 templ 的下一个位置开始遍历
30            if j in has_same:                    # 如果此图像已经找到相同的图像
31                continue                         # 跳过
32            pic = imgs[j]                        # 取出对照图像
33            # 比较两幅图像相似度
34            results = cv2.matchTemplate(pic, templ, cv2.TM_CCOEFF_NORMED)
35            if results > 0.9:                    # 如果相似度大于 90%，认为是同一幅图像
36                same.append(j)                   # 记录对照图像的索引
37                has_same.add(i)                  # 模板图像已找到相同图像
38                has_same.add(j)                  # 对照图像已找到相同图像
39        if len(same) > 1:                        # 如果模板图像找到了至少一幅与自己相同的图像
40            same_pic_index.append(same)          # 记录相同图像的索引
41
42    for same_list in same_pic_index:             # 遍历所有相同图像的索引
43        text = " 相同的照片: "
44        for same in same_list:
45            text += str(pic_file[same]) + ", "   # 拼接文件名
46        print(text)
```

上述代码的运行结果如下所示:

```
相同的照片: 10.png，4.jpg，
相同的照片: 2.jpg，5.jpg，9.png，
```

10.2.2　多目标匹配

多目标匹配需要将原始图像中所有与模板相似的图像都找出来，使用相关匹配或相关系数匹配可以很好地实现这个功能。如果计算结果大于某一值（例如 0.999），则认为匹配区域的图案和模板是相同的。

 [实例 10.4]　　　　　　　　　　　　　　　　　　　　　　（源码位置：资源包 \Code\10\04）

为原始图片中所有匹配成功的图案绘制红框

将图 10.12 作为模板，将图 10.13 作为原始图像。原始图像中有很多重复的图案，每一个与模板相似的图案都需要被标记出来。

使 用 cv2.TM_CCOEFF_NORMED 方 式 进 行 模 板 匹 配，使 用 for 循 环 遍 历 matchTemplate() 方法返回的结果，找到所有大于 0.99 的计算结果，在这些结果的对应区域位置绘制红色矩形边框。编写代码时要注意：数组的列数在图像坐标系中为横坐标，数组的行数在图像坐标系中为纵坐标。代码如下所示：

185

```
01    import cv2
02
03    img = cv2.imread("background2.jpg")          # 读取原始图像
04    templ = cv2.imread("template.png")           # 读取模板图像
05    height, width, c = templ.shape               # 获取模板图像的高度、宽度和通道数
06    results = cv2.matchTemplate(img, templ, cv2.TM_CCOEFF_NORMED)    # 按照标准相关系数匹配
07    for y in range(len(results)):                # 遍历结果数组的行
08        for x in range(len(results[y])):         # 遍历结果数组的列
09            if results[y][x] > 0.99:             # 如果相关系数大于 0.99 则认为匹配成功
10                # 在最佳匹配结果位置绘制红色方框
11                cv2.rectangle(img, (x, y), (x + width, y + height), (0, 0, 255), 2)
12    cv2.imshow("img", img)                        # 显示匹配的结果
13    cv2.waitKey()                                 # 按下任何键盘按键后
14    cv2.destroyAllWindows()                       # 释放所有窗体
```

图 10.12　模板　　　　　　　　图 10.13　包含重复内容的原始图像

上述代码的运行结果如图 10.14 所示，程序找到了三处与模板相似的图案。

图 10.14　匹配结果

多目标匹配在实际生活中有很多应用场景。例如统计一条快轨线路的站台总数；同一地点附近有两个地铁站，优先选择直线距离最短的地铁站等。

 [实例 10.5]　　　　　　　　　　　　　　　　　　　　（源码位置：资源包 \Code\10\05）

统计一条快轨线路的站台总数

如图 10.16 所示，一条快轨线路从始发站到终点站有许多个站台（如图 10.15 所示）。如果将图 10.15 作为模板，将图 10.16 作为原始图像，那么在原始图像中标记出各个站台，进而统计这条快轨线路的站台总数。

图 10.15　模板　　　　　　　　　　图 10.16　原始图像

使用 cv2.TM_CCOEFF_NORMED 方式进行模板匹配，使用 for 循环遍历 matchTemplate() 方法返回的结果，找到所有大于 0.99 的计算结果，在这些结果的对应区域位置绘制蓝色矩形边框。代码如下所示：

```
01   import cv2
02
03   image = cv2.imread("image.png")                    # 读取原始图像
04   templ = cv2.imread("templ.png")                     # 读取模板图像
05   height, width, c = templ.shape                      # 获取模板图像的高度、宽度和通道数
06   # 按照标准相关系数匹配
07   results = cv2.matchTemplate(image, templ, cv2.TM_CCOEFF_NORMED)
08   station_Num = 0                                     # 初始化快轨的站台个数为 0
09   for y in range(len(results)):                       # 遍历结果数组的行
10       for x in range(len(results[y])):                # 遍历结果数组的列
11           if results[y][x] > 0.99:                     # 如果相关系数大于 0.99 则认为匹配成功
12               # 在最佳匹配结果位置绘制蓝色矩形边框
13               cv2.rectangle(image, (x, y), (x + width, y + height), (255, 0, 0), 2)
14               station_Num += 1                         # 快轨的站台个数加 1
15   # 在原始图像绘制快轨站台的总数
16   cv2.putText(image, "the numbers of stations: " + str(station_Num), (0, 30),
17           cv2.FONT_HERSHEY_COMPLEX_SMALL, 1, (0, 0, 255), 1)
18   cv2.imshow("result", image)                         # 显示匹配的结果
19   cv2.waitKey()                                       # 按下任何键盘按键后
20   cv2.destroyAllWindows()                             # 释放所有窗体
```

上述代码的运行结果如图 10.17 所示。

图 10.17　统计一条快轨线路的站台总数

实例 10.5 第 7 行中的 results 包含所有蓝色矩形边框左上角的横、纵坐标。利用这一特点，还可以模拟"同一地点附近有两个地铁站，优先选择直线距离最短的地铁站"这一生活场景。

（源码位置：资源包 \Code\10\06）

[实例 10.6]

优先选择直线距离最短的地铁站

如图 10.19 所示，坐标为 (62, 150) 的地点附近有人民广场和解放大路两个地铁站，如何优先选择直线距离最短的地铁站呢？首先将图 10.18 作为模板，将图 10.19 作为原始图像，然后在原始图像中标记出这两个地铁站，最后计算并比较这个地点与这两个地铁站的直线距离。

图 10.18　模板　　　　　　　　　图 10.19　原始图像

使用 cv2.TM_CCOEFF_NORMED 方式进行模板匹配，使用 for 循环遍历 matchTemplate() 方法返回的结果，找到所有大于 0.99 的计算结果，在这些结果的对应区域位置绘制蓝色矩形边框，分别计算 (62, 150) 到蓝色矩形边框左上角的距离，用绿色线段标记出直线距离最短的地铁站。代码如下所示：

```
01    import cv2
02    import numpy as np
03    import math
04
05    image = cv2.imread("image.png")                      # 读取原始图像
06    templ = cv2.imread("templ.png")                      # 读取模板图像
07    height, width, c = templ.shape                       # 获取模板图像的高度、宽度和通道数
08    # 按照标准相关系数匹配
09    results = cv2.matchTemplate(image, templ, cv2.TM_CCOEFF_NORMED)
10    point_X = []                                         # 用于存储最佳匹配结果左上角横坐标的列表
11    point_Y = []                                         # 用于存储最佳匹配结果左上角纵坐标的列表
12    for y in range(len(results)):                        # 遍历结果数组的行
13        for x in range(len(results[y])):                 # 遍历结果数组的列
14            if results[y][x] > 0.99:                      # 如果相关系数大于 0.99 则认为匹配成功
15                # 在最佳匹配结果位置绘制蓝色方框
16                cv2.rectangle(image, (x, y), (x + width, y + height), (255, 0, 0), 2)
17                point_X.extend([x])                       # 把最佳匹配结果左上角的横坐标添加到列表中
18                point_Y.extend([y])                       # 把最佳匹配结果左上角的纵坐标添加到列表中
19    # 出发点的横、纵坐标
20    start_X = 62
21    start_Y = 150
22    # 计算出发点到人民广场地铁站的距离
23    place_Square = np.array([point_X[0], point_Y[0]])
24    place_Start = np.array([start_X, start_Y])
25    minus_SS = place_Start - place_Square
26    start_Square = math.hypot(minus_SS[0], minus_SS[1])
27    # 计算出发点到解放大路地铁站的距离
28    place_Highroad = np.array([point_X[1], point_Y[1]])
29    minus_HS = place_Highroad - place_Start
30    start_Highroad = math.hypot(minus_HS[0], minus_HS[1])
31    # 用绿色的线画出距离较短的路线
32    if start_Square < start_Highroad:
33        cv2.line(image, (start_X, start_Y), (point_X[0], point_Y[0]), (0, 255, 0), 2)
34    else:
35        cv2.line(image, (start_X, start_Y), (point_X[1], point_Y[1]), (0, 255, 0), 2)
36    cv2.imshow("result", image)                          # 显示匹配的结果
37    cv2.waitKey()                                        # 按下任何键盘按键后
38    cv2.destroyAllWindows()                              # 释放所有窗体
```

上述代码的运行结果如图 10.20 所示。

图 10.20　优先选择直线距离最短的地铁站

10.3　多模板匹配

匹配过程中同时查找多个模板的操作叫多模板匹配。多模板匹配实际上就是进行了 *n* 次"单模板多目标匹配"操作，*n* 的数量为模板总数。

[实例 10.7]　（源码位置：资源包 \Code\10\07）

同时匹配 3 个不同的模板

将图 10.21 ～图 10.23 作为模板，将图 10.24 作为原始图像。

图 10.21　模板 1　　　　图 10.22　模板 2　　　　图 10.23　模板 3

图 10.24　原始图片

每一个模板都要做一次"单模板多目标匹配"，最后把所有模板的匹配结果汇总到一起。"单模板多目标匹配"的过程可以封装成一个方法，方法参数为模板和原始图像，方法内部将计算结果再加工一下，直接返回所有红框左上角和右下角两点横纵坐标的列表。在方法之外，将所有模板计算得出的坐标汇总到一个列表中，按照这些汇总的坐标一次性将所有红框都绘制出来。代码如下所示：

```
01    import cv2
02
03    # 自定义方法：获取模板匹配成功后所有红框位置的坐标
04    def myMatchTemplate(img, templ):
```

```
05        height, width, c = templ.shape          # 获取模板图像的高度、宽度和通道数
06        # 按照标准相关系数匹配
07        results = cv2.matchTemplate(img, templ, cv2.TM_CCOEFF_NORMED)
08        loc = list()                             # 红框的坐标列表
09        for i in range(len(results)):            # 遍历结果数组的行
10            for j in range(len(results[i])):     # 遍历结果数组的列
11                if results[i][j] > 0.99:         # 如果相关系数大于 0.99 则认为匹配成功
12                    # 在列表中添加匹配成功的红框对角线两点坐标
13                    loc.append((j, i, j + width, i + height))
14        return loc
15
16    img = cv2.imread("background2.jpg")          # 读取原始图像
17    templs = list()                              # 模板列表
18    templs.append(cv2.imread("template.png"))    # 添加模板 1
19    templs.append(cv2.imread("template2.png"))   # 添加模板 2
20    templs.append(cv2.imread("template3.png"))   # 添加模板 3
21
22    loc = list()                                 # 所有模板匹配成功位置的红框坐标列表
23    for t in templs:                             # 遍历所有模板
24        loc += myMatchTemplate(img, t)           # 记录该模板匹配得出的
25
26    for i in loc:                                # 遍历所有红框的坐标
27        # 在图片中绘制红框
28        cv2.rectangle(img, (i[0], i[1]), (i[2], i[3]), (0, 0, 255), 2)
29
30    cv2.imshow("img", img)                       # 显示匹配的结果
31    cv2.waitKey()                                # 按下任何键盘按键后
32    cv2.destroyAllWindows()                      # 释放所有窗体
```

上述代码的运行结果如图 10.25 所示。

图 10.25　多模板匹配的结果

使用多模板匹配能够解决很多生活中的实际问题。例如，一个收费停车场有 4 个车位，车位上陆续地停放了 4 辆车，通过多模板匹配，能够知晓这 4 辆车分别停在了哪个车位上。接下来，将模拟这一生活场景。

第3篇　识别图像和处理视频篇

（源码位置：资源包 \Code\10\08）

[实例 10.8]

控制台输出 4 辆车分别停在了哪个车位上

有 4 辆车按图 10.26 ～图 10.29 的顺序陆续驶入停车场，这 4 辆车停在 4 个车位上的效果如图 10.30 所示。将图 10.26、图 10.27、图 10.28 和图 10.29 作为模板，将图 10.30 作为原始图像，使用 cv2. TM_CCOEFF_NORMED 方式进行模板匹配，在原始图像中找到与 4 个模板一样的图像后，在控制台上输出这 4 辆车分别停在了哪个车位上。

👑 说明：

在图 10.30 中，1 号车位水平像素的取值范围是 0 ～ 140，2 号车位水平像素的取值范围是 141 ～ 330，3 号车位水平像素的取值范围是 331 ～ 500，4 号车位水平像素的取值范围是 501 ～ 650。

图 10.26　模板 1　　图 10.27　模板 2　　图 10.28　模板 3　　图 10.29　模板 4

图 10.30　原始图像

代码如下所示：

```
01   import cv2
02
03   image = cv2.imread("image.png")              # 读取原始图像
04   templs = []                                  # 模板列表
05   templs.append(cv2.imread("car1.png"))        # 添加模板①图像
06   templs.append(cv2.imread("car2.png"))        # 添加模板②图像
07   templs.append(cv2.imread("car3.png"))        # 添加模板③图像
08   templs.append(cv2.imread("car4.png"))        # 添加模板④图像
09   for car in templs:                           # 遍历所有模板图像
10       # 按照标准相关系数匹配
11       results = cv2.matchTemplate(image, car, cv2.TM_CCOEFF_NORMED)
12       for i in range(len(results)):            # 遍历结果数组的行
13           for j in range(len(results[i])):     # 遍历结果数组的列
14               # print(results[i][j])
15               if results[i][j] > 0.99:         # 如果相关系数大于 0.99 则认为匹配成功
16                   if 0 < j <= 140:
17                       print(" 车位编号:", 1)
```

```
18                    elif j <= 330:
19                        print(" 车位编号:", 2)
20                    elif j <= 500:
21                        print(" 车位编号:", 3)
22                    else:
23                        print(" 车位编号:", 4)
24                    break
```

上述代码的运行结果如下面所示:

```
车位编号: 4
车位编号: 3
车位编号: 2
车位编号: 1
```

上面的结果可以得出以下结论: 图 10.26 所示的车辆停在了 4 号车位上, 图 10.27 所示的车辆停在了 3 号车位上, 图 10.28 所示的车辆停在了 2 号车位上, 图 10.29 所示的车辆停在了 1 号车位上。

本章知识思维导图

第 11 章
图像轮廓

 本章学习目标

- 明确轮廓的概念。
- 掌握用于查找轮廓的方法的语法格式。
- 明确轮廓被找到后有哪些作用。
- 掌握用于绘制轮廓的方法的语法格式。
- 明确参数不同，绘制轮廓的方式也不同。
- 明确什么是轮廓拟合。
- 掌握如何为图像的轮廓绘制矩形包围框。
- 掌握如何为图像的轮廓绘制圆形包围框。
- 掌握如何为图像的轮廓绘制最小三角包围框。
- 掌握如何为图像的轮廓绘制最优椭圆包围框。
- 明确什么是凸包和凸包的辨别方法。
- 掌握用于查找轮廓凸包的方法的语法格式。

11.1 图像的轮廓

轮廓，是指图像中图形或物体的外边缘线条。简单的几何图形轮廓是由平滑的线构成的，容易识别，但不规则图形的轮廓可能由许多个点构成，识别起来比较困难。

11.1.1 查找轮廓

OpenCV 提供的 findContours() 方法可以通过计算图像梯度来判断图像的边缘，然后将边缘的点封装成数组返回。findContours() 方法的语法格式如下所示：

```
contours, hierarchy = cv2.findContours(image, mode, methode)
```

参数说明：

● image：被检测的图像，必须是 8 位单通道二值图像。如果原始图像是彩色图像，必须转为灰度图像，并经过二值化阈值处理。

● mode：轮廓的检索模式，具体值详见表 11.1。

表 11.1 轮廓的检索模式参数值

参数值	含义
cv2.RETR_EXTERNAL	只检测外轮廓
cv2.RETR_LIST	检测所有轮廓，但不建立层次关系
cv2.RETR_CCOMP	检测所有轮廓，并建立两级层次关系
cv2.RETR_TREE	检测所有轮廓，并建立树状结构的层次关系

● methode：检测轮廓时使用的方法，具体值详见表 11.2。

表 11.2 检测轮廓时使用的方法

参数值	含义
cv2.CHAIN_APPROX_NONE	储存轮廓上的所有点
cv2.CHAIN_APPROX_SIMPLE	只保存水平、垂直或对角线轮廓的端点
cv2.CHAIN_APPROX_TC89_L1	Ten-Chinl 近似算法中的一种
cv2.CHAIN_APPROX_TC89_KCOS	Ten-Chinl 近似算法中的一种

返回值说明：

● contours：检测出的所有轮廓，list 类型，每一个元素都是某个轮廓的像素坐标数组。

● hierarchy：轮廓之间的层次关系。

图像轮廓是图像的一个重要特征信息。找到图像中的轮廓后，不仅能够获取图像轮廓的特征，还能够通过对图像轮廓的操作，获取图像的大小、位置、方向等信息。

极点是图像轮廓的特征之一，OpenCV 把图像轮廓的最左端、最右端、最顶端和最底端的像素点称作极点。为了获取图像轮廓的最左端、最右端、最顶端和最底端的像素点，即图像轮廓的"极点"，就要用到如下的关键代码：

```
left = tuple(ct[ct[:, :, 0].argmin()][0])        # 图像轮廓的最左端像素点的坐标
right = tuple(ct[ct[:, :, 0].argmax()][0])       # 图像轮廓的最右端像素点的坐标
top = tuple(ct[ct[:, :, 1].argmin()][0])         # 图像轮廓的最顶端像素点的坐标
bottom = tuple(ct[ct[:, :, 1].argmax()][0])      # 图像轮廓的最底端像素点的坐标
```

参数说明：

● ct：在目标图像中检测到的图像轮廓。

下面将通过一个实例演示如何获取图像轮廓的极点。

 [实例 11.1]

（源码位置：资源包 \Code\11\01）

获取图像轮廓的极点

编写一个程序，先查找如图 11.1 所示的目标图像中的轮廓，再获取这个轮廓的 4 个极点，而后把这 4 个极点用红色实心圆标记出来。代码如下所示：

```
01    import cv2
02
03    img = cv2.imread("shape4.png")                      # 读取当前项目目录下的图像
04    # 将读取到的图像从 BGR 色彩空间转换为 GRAY 色彩空间
05    gray = cv2.cvtColor(img, cv2.COLOR_RGB2GRAY)
06    # 检测图像中的所有轮廓
07    contours, hierarchy = cv2.findContours(gray, cv2.RETR_LIST, cv2.CHAIN_APPROX_NONE)
08    ct = contours[0]                                     # 图像中的第一个图像轮廓
09    left = tuple(ct[ct[:, :, 0].argmin()][0])            # 图像轮廓的最左端像素点的坐标
10    right = tuple(ct[ct[:, :, 0].argmax()][0])           # 图像轮廓的最右端像素点的坐标
11    top = tuple(ct[ct[:, :, 1].argmin()][0])             # 图像轮廓的最顶端像素点的坐标
12    bottom = tuple(ct[ct[:, :, 1].argmax()][0])          # 图像轮廓的最底端像素点的坐标
13    # 在图像轮廓的最右端像素点的坐标处，绘制红色实心圆
14    cv2.circle(img, left, 5, (0, 0, 255), -1)
15    # 在图像轮廓的最右端像素点的坐标处，绘制红色实心圆
16    cv2.circle(img, right, 5, (0, 0, 255), -1)
17    # 在图像轮廓的最顶端像素点的坐标处，绘制红色实心圆
18    cv2.circle(img, top, 5, (0, 0, 255), -1)
19    # 在图像轮廓的最底端像素点的坐标处，绘制红色实心圆
20    cv2.circle(img, bottom, 5, (0, 0, 255), -1)
21    # 在一个名为 img 的窗口中显示最左端、最右端、最顶端和最底端这 4 个像素点
22    cv2.imshow("img", img)
23    cv2.waitKey()                                        # 通过按下键盘上的按键
24    cv2.destroyAllWindows()                              # 销毁正在显示的窗口
```

上述代码的运行结果如图 11.2 所示。

图 11.1　目标图像

图 11.2　标记出图像轮廓最左端、最右端、最顶端和最底端的像素点

除了获取图像轮廓的极点外，还可以通过计算轮廓矩的方式获取这个轮廓的重心坐标。

重心坐标可以用于判断该轮廓覆盖的大致方位。

矩是一个数学概念，是对变量分布和形态特点的一组度量。轮廓是由 N 个点构成的，轮廓矩代表了一个轮廓的全局特征。

OpenCV 提供的 moments() 方法计算轮廓矩，该方法的语法格式如下所示：

```
retval = cv2.moments(array)
```

参数说明：

● array：轮廓的点数组。

返回值说明：

● retval：计算得出的矩特征对象。

矩特征包括：

● 零阶矩：m00。

● 一阶矩：m10，m01。

● 二阶矩：m20，m11，m02。

● 三阶矩：m30，m21，m12，m03。

● 二阶中心矩：mu20，mu11，mu02。

● 三阶中心矩：mu30，mu21，mu12，mu03。

● 二阶 Hu 矩：nu20，nu11，nu02。

● 三阶 Hu 矩：nu30，nu21，nu12，nu30。

通过零阶矩和一阶矩就可以计算出重心坐标，其公式为：

```
(x, y) = (m10/m00, m01/m00)
```

下面将通过一个实例演示如何获取图像轮廓的重心坐标。

[实例 11.2]
（源码位置：资源包 \Code\11\02）

获取图像轮廓的重心坐标

图 11.3 目标图像

编写一个程序，先查找如图 11.3 所示的目标图像中的所有轮廓，再用红色实心圆把这些轮廓的重心坐标标记出来。代码如下所示：

```
01    import cv2
02
03    img = cv2.imread("shapes2.png")
04    gray = cv2.cvtColor(img, cv2.COLOR_RGB2GRAY)  # 转为灰度图像
05    # 检测所有轮廓
06    contours, _ = cv2.findContours(gray, cv2.RETR_LIST, cv2.CHAIN_APPROX_NONE)
07    for c in contours:                             # 遍历所有轮廓
08        M = cv2.moments(c)                         # 获取轮廓的矩
09        x_center = int(M['m10'] / M['m00'])        # 轮廓重心的横坐标
10        y_center = int(M['m01'] / M['m00'])        # 轮廓重心的纵坐标
11        # 在重心位置绘制红色实心圆
12        cv2.circle(img, (x_center, y_center), 5, (0, 0, 255), -1)
13        print("重心坐标为 (" + str(x_center) + "," + str(y_center) + ")")
14    cv2.imshow("result", img)
15    cv2.waitKey()
16    cv2.destroyAllWindows()
```

上述代码的运行结果如图 11.4 所示。

图 11.4　绘制所有图像轮廓的重心坐标

实例 11.1 和实例 11.2 分别演示了如何获取图像轮廓的特征中的极点和重心坐标，接下来要讲解的内容是通过对图像轮廓的操作，获取图像的大小。通常情况下，会用"周长"或者"面积"形容图像的大小。也就是说，找到图像中的轮廓后，通过计算这个轮廓的"周长"或者"面积"，就能够得到与这个轮廓对应的图像的"周长"或者"面积"。

OpenCV 提供了用于计算目标图像中的图像轮廓的周长的 arcLength() 方法。arcLength() 方法的语法格式如下所示：

```
retval = cv2.arcLength(curve, closed)
```

参数说明：

● curve：在目标图像中获取到的图像轮廓。

● closed：表示获取到的图像轮廓是否是封闭的。如果 closed 为 True，那么表示获取到的图像轮廓是封闭的；如果 closed 为 False，表示获取到的图像轮廓不是封闭的。

返回值说明：

● retval：目标图像中的图像轮廓的周长。

下面将通过一个实例演示如何获取图像轮廓的周长。

（源码位置：资源包 \Code\11\03）

[实例 11.3]

获取图像轮廓的周长

编写一个程序，先查找如图 11.5 所示的目标图像中的轮廓，再计算这个轮廓的周长，而后打印这个轮廓的周长。代码如下所示：

```
01   import cv2
02
03   img = cv2.imread("shape3.png") # 读取当前项目目录下的图像
04   # 将读取到的图像从 BGR 色彩空间转换为 GRAY 色彩空间
05   gray = cv2.cvtColor(img, cv2.COLOR_BGR2GRAY)
06   # 检测图像中的所有轮廓
07   contours, hierarchy = cv2.findContours(gray, cv2.RETR_LIST, cv2.CHAIN_APPROX_NONE)
08   retval = cv2.arcLength(contours[0], True) # 计算第一个图像轮廓的周长，轮廓是封闭的
09   print(" 爆炸图形的周长为：%d"%retval) # 控制台输出第一个图像轮廓的周长，并对计算结果取整
```

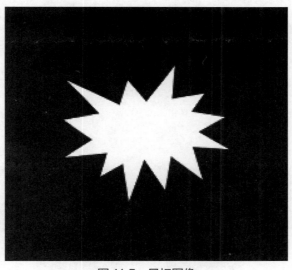

图 11.5　目标图像

上述代码的运行结果如下所示。

爆炸图形的周长为：719

掌握了如何计算图像轮廓的周长后，再来学习如何计算图像轮廓的面积。

OpenCV 提供的 contourArea() 方法可以计算轮廓的面积。该方法采用格林公式计算面积，得出的结果可能与轮廓的真实面积有差别（计算结果并不是轮廓所占的像素个数）。contourArea() 方法的语法格式如下所示：

```
retval = cv2.contourArea(contour, oriented)
```

参数说明：

● contour：轮廓的点数组。

● oriented：可选参数，如果值为 True，则会根据轮廓方向（顺时针或逆时针）返回带符号的面积值，默认值为 False。

下面将通过一个实例演示如何获取图像轮廓的面积。

[实例 11.4]

（源码位置：资源包 \Code\11\04）

比较两个图像轮廓面积的大小

编写一个程序，先查找如图 11.6、图 11.7 所示的这两幅目标图像中的轮廓，再计算这两个轮廓的面积，而后打印这两个轮廓的面积，并且比较这两个图像轮廓面积的大小。代码如下所示：

```
01    import cv2
02
03    def getArea(img):                                # 计算图像中（一个）图形的面积
04        gray = cv2.cvtColor(img, cv2.COLOR_BGR2GRAY)  # 转为灰度图像
05        # 检测所有轮廓
06        contours, _ = cv2.findContours(gray, cv2.RETR_LIST, cv2.CHAIN_APPROX_NONE)
07        retval = cv2.contourArea(contours[0])        # 计算第一个轮廓的面积
08        return retval
09
10    explosion = cv2.imread("shape3.png")             # 读取爆炸图形
11    explosion_area = getArea(explosion)
12    letter = cv2.imread("shape5.png")                # 读取字母图形
13    letter_area = getArea(letter)
14    print("爆炸图形的面积为: " + str(explosion_area))
15    print("字母图形的面积为: " + str(letter_area))
16    if explosion_area > letter_area:
17        print("爆炸图形面积大")
18    elif explosion_area < letter_area:
19        print("字母图形面积大")
20    else:
21        print("爆炸图形面积和字母图形面积一样大")
```

图 11.6　爆炸图形

图 11.7　字母图形

运行结果如下所示：

```
爆炸图形的面积为: 6318.0
字母图形的面积为: 4045.5
爆炸图形面积大
```

11.1.2　绘制轮廓

通过 findContours() 方法找到图像轮廓之后，为了方便开发人员观测，最好能把轮廓画

出来，于是 OpenCV 提供了 drawContours() 方法专门用来绘制这些轮廓。drawContours() 方法的语法格式如下所示：

```
image = cv2.drawContours(image, contours, contourIdx, color, thickness, lineTypee, hierarchy,
maxLevel, offse)
```

参数说明：
- image：被绘制轮廓的原始图像，可以是多通道图像。
- contours：findContours() 方法得出的轮廓列表。
- contourIdx：绘制轮廓的索引，如果为 -1 则绘制所有轮廓。
- color：绘制颜色，使用 BGR 格式。
- thickness：可选参数，画笔的粗细程度，如果该值为 -1 则绘制实心轮廓。
- lineTypee：可选参数，绘制轮廓的线型。
- hierarchy：可选参数，findContours() 方法得出的层次关系。
- maxLevel：可选参数，绘制轮廓的层次深度，最深绘制第 maxLevel 层。
- offse：可选参数，偏移量，可以改变绘制结果的位置。

返回值说明：
- image：同参数中的 image，方法执行后原始图像中就包含绘制的轮廓了，可以不使用此返回值保存结果。

 [实例 11.5]

（源码位置：资源包 \Code\11\05）

绘制几何图像的轮廓

编写一个程序，将如图 11.8 所示的几何图像转换成二值灰度图像，然后通过 findContours() 方法找到出现的所有轮廓，再通过 drawContours() 方法将这些轮廓绘制成红色。轮廓的检索模式采用 cv2.RETR_LIST，检测方法采用 cv2.CHAIN_APPROX_NONE。代码如下所示：

图 11.8　简单的几何图像

```
01    import cv2
02
03    img = cv2.imread("shape1.png")                    # 读取原图
04    gray = cv2.cvtColor(img, cv2.COLOR_BGR2GRAY) # 彩色图像转变成单通道灰度图像
05    t, binary = cv2.threshold(gray, 127, 255, cv2.THRESH_BINARY)        # 灰度图像转为二值图像
06    # 检测图像中出现的所有轮廓，记录轮廓的每一个点
07    contours, hierarchy = cv2.findContours(binary, cv2.RETR_LIST, cv2.CHAIN_APPROX_NONE)
08    # 绘制所有轮廓，宽度为 5，颜色为红色
09    cv2.drawContours(img, contours, -1, (0, 0, 255), 5)
10    cv2.imshow("img", img)                            # 显示绘制结果
11    cv2.waitKey()                                     # 按下任何键盘按键后
12    cv2.destroyAllWindows()                           # 释放所有窗体
```

上述代码的运行结果如图 11.9 所示。

如果使用 cv2.RETR_EXTERNAL 做参数则只会绘制外轮廓，关键代码如下所示：

```
01    contours, hierarchy =
02        cv2.findContours(binary, cv2.RETR_EXTERNAL, cv2.CHAIN_APPROX_NONE)
03    cv2.drawContours(img, contours, -1, (0, 0, 255), 5)
```

绘制轮廓的效果如图 11.10 所示

图 11.9　绘制全部轮廓

图 11.10　只绘制外轮廓的效果

drawContours() 方法的第三个参数可以指定绘制哪个索引的轮廓。索引的顺序由轮廓的检索模式决定。例如 cv2.RETR_CCOMP 模式下绘制索引为 0 的轮廓的关键代码如下所示：

```
01    contours, hierarchy =
02        cv2.findContours(binary, cv2.RETR_CCOMP, cv2.CHAIN_APPROX_NONE)
03    cv2.drawContours(img, contours, 0, (0, 0, 255), 5)
```

在同样的检索模式下，绘制索引为 1 的轮廓的关键代码如下所示：

```
cv2.drawContours(img, contours, 1, (0, 0, 255), 5)
```

绘制索引为 2 的轮廓的关键代码如下所示：

```
cv2.drawContours(img, contours, 2, (0, 0, 255), 5)
```

绘制索引为 3 的轮廓的关键代码如下所示：

```
cv2.drawContours(img, contours, 3, (0, 0, 255), 5)
```

绘制的效果如图 11.11 ～图 11.14 所示。

图 11.11　绘制索引为 0 的轮廓

图 11.12　绘制索引为 1 的轮廓

图 11.13　绘制索引为 2 的轮廓

图 11.14　绘制索引为 3 的轮廓

[实例 11.6]　　　　　　　　　　　　　　　　　　　　　（源码位置：资源包 \Code\11\06）

绘制花朵的轮廓

编写一个程序，为图 11.15 所示的花朵图像绘制轮廓。绘制之前首先要降低图像中的噪声干扰，先进行滤波处理，再将图像处理成二值灰度图像，并检测出轮廓，再利用绘制轮廓的方法在原始图像中绘制轮廓。代码如下所示：

```
01    import cv2
02
03    img = cv2.imread("flower.png")                               # 读取原图
04    cv2.imshow("img", img)                                       # 显示原图
05    img = cv2.medianBlur(img, 5)                                 # 使用中值滤波去除噪点
06    gray = cv2.cvtColor(img, cv2.COLOR_BGR2GRAY)                 # 原图从彩图变成单通道灰度图像
07    t, binary = cv2.threshold(gray, 127, 255, cv2.THRESH_BINARY) # 灰度图像转化为二值图像
08    cv2.imshow("binary", binary)                                 # 显示二值化图像
09    # 获取二值化图像中的轮廓及轮廓层次
10    contours, hierarchy = cv2.findContours(binary, cv2.RETR_LIST, cv2.CHAIN_APPROX_NONE)
11    cv2.drawContours(img, contours, -1, (0, 0, 255), 2)         # 在原图中绘制轮廓
12    cv2.imshow("contours", img)                                  # 显示绘有轮廓的图像
13    cv2.waitKey()                                                # 按下任何键盘按键后
14    cv2.destroyAllWindows()                                      # 释放所有窗体
```

上述代码的运行结果如图 11.16 ～图 11.18 所示。

图 11.15　花朵图片

图 11.16　原图

图 11.17　二值化图像

图 11.18　绘制出的花朵轮廓

11.2　轮廓拟合

拟合是指将平面上的一系列点，用一条光滑的曲线连接起来。轮廓的拟合就是将凹凸不平的轮廓用平整的几何图形体现出来。本节将介绍如何按照轮廓绘制矩形包围框和圆形包围框。

11.2.1　矩形包围框

矩形包围框是指图像轮廓的最小矩形边界。OpenCV 提供的 boundingRect() 方法可以自动计算出轮廓最小矩形边界的坐标和宽高。boundingRect() 方法的语法格式如下所示：

```
retval = cv2.boundingRect (array)
```

参数说明：

● array：轮廓数组。

返回值说明：

● retval：元组类型，包含四个整数值，分别是最小矩形包围框的左上角顶点的横坐标、左上角顶点的纵坐标、矩形的宽和矩形的高，所以也可以写成 "x, y, w, h = cv2.boundingRect (array)" 的形式。

[实例 11.7]

（源码位置：资源包 \Code\11\07）

为爆炸图形绘制矩形包围框

编写一个程序，为图 11.19 所示的爆炸图形绘制矩形包围框。首先要先判断图形的轮廓，使用 cv2.RETR_LIST 检索出所有轮廓，使用 cv2.CHAIN_APPROX_SIMPLE 检索出图形所有的端点，然后利用 boundingRect() 方法计算出最小矩形包围框，并通过 rectangle() 方法将这个矩形绘制出来，代码如下所示：

```
01    import cv2
02
03    img = cv2.imread("shape2.png")                  # 读取原图
04    gray = cv2.cvtColor(img, cv2.COLOR_BGR2GRAY)    # 从彩色图像变成单通道灰度图像
05    # 对灰度图像进行二值化阈值处理
06    t, binary = cv2.threshold(gray, 127, 255, cv2.THRESH_BINARY)
07    # 获取二值化图像中的轮廓及轮廓层次
08    contours, hierarchy =
09        cv2.findContours(binary, cv2.RETR_LIST, cv2.CHAIN_APPROX_SIMPLE)
10    # 获取第一个轮廓的最小矩形包围框，记录坐标和宽高
11    x, y, w, h = cv2.boundingRect(contours[0])
12    cv2.rectangle(img, (x, y), (x + w, y + h), (0, 0, 255), 2)  # 绘制红色矩形
13    cv2.imshow("img", img)                          # 显示绘制结果
14    cv2.waitKey()                                   # 按下任何键盘按键后
15    cv2.destroyAllWindows()                         # 释放所有窗体
```

上述代码的运行结果如图 11.20 所示。

图 11.19　爆炸图形

图 11.20　爆炸图形的最小矩形包围框

11.2.2　圆形包围框

圆形包围框与矩形包围框同理，是图像轮廓的最小圆形边界。OpenCV 提供的
minEnclosingCircle() 方法可以自动计算出轮廓最小圆形边界的圆心和半径。minEnclosingCircle()
方法的语法格式如下所示：

```
center, radius = cv2.minEnclosingCircle(points)
```

参数说明：
● points：轮廓数组。
返回值说明：
● center：元组类型，包含两个浮点值，是最小圆形包围框圆心的横坐标和纵坐标。
● radius：浮点类型，最小圆形包围框的半径。

[实例 11.8]　　　　　　　　　　　　　　　　　　　（源码位置：资源包 \Code\11\08）

为爆炸图形绘制圆形包围框

编写一个程序，为图 11.19 所示的爆炸图形绘制圆形包围框。首先要先判断图形的轮
廓，使用 cv2.RETR_LIST 检索出所有轮廓，使用 cv2.CHAIN_APPROX_SIMPLE 检索出图形
所有的端点，然后利用 minEnclosingCircle() 方法计算出最小圆形包围框，并通过 circle() 方
法将这个圆形绘制出来。绘制过程中要注意：圆心坐标和圆半径都是浮点数，在绘制之前要

将浮点数转换成整数。代码如下所示:

```
01    import cv2
02
03    img = cv2.imread("shape2.png")                              # 读取原图
04    gray = cv2.cvtColor(img, cv2.COLOR_BGR2GRAY)                # 从彩色图像变成单通道灰度图像
05    # 对灰度图像进行二值化阈值处理
06    t, binary = cv2.threshold(gray, 127, 255, cv2.THRESH_BINARY)
07    # 获取二值化图像中的轮廓及轮廓层次
08    contours, hierarchy = cv2.findContours(binary, cv2.RETR_LIST, cv2.CHAIN_APPROX_SIMPLE)
09    center, radius = cv2.minEnclosingCircle(contours[0])        # 获取最小圆形包围框的圆心点和半径
10    x = int(round(center[0]))                                   # 圆心点横坐标转为近似整数
11    y = int(round(center[1]))                                   # 圆心点纵坐标转为近似整数
12    cv2.circle(img, (x, y), int(radius), (0, 0, 255), 2)        # 绘制圆形
13    cv2.imshow("img", img)                                      # 显示绘制结果
14    cv2.waitKey()                                               # 按下任何键盘按键后
15    cv2.destroyAllWindows()                                     # 释放所有窗体
```

上述代码的运行结果如图 11.21 所示。

图 11.21　爆炸图形的最小圆形包围框

11.2.3　最小三角包围框

三角包围框是指三条边都与图形轮廓相切的三角形。如图 11.22 所示,椭圆形可以有多种形式的三角包围框,而最小三角包围框是指所有三角包围框中三角形面积最小的结果。

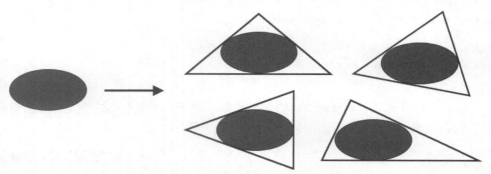

图 11.22　包围椭圆的三角包围框

OpenCV 提供了 minEnclosingTriangle() 方法,可以根据已找到的轮廓点列表自动计算出包围轮廓且面积最小的三角形的面积和坐标数据,该方法的语法格式如下所示:

```
retval, triangle = cv2.minEnclosingTriangle(points)
```

参数说明:

- points：（平面）轮廓的点数组。

返回值说明：

- retval：最小三角形的面积。
- triangle：最小三角形的三个顶点的坐标数组。

下面将通过一个实例演示如何按照图像的轮廓绘制最小三角包围框。

 [实例 11.9]

（源码位置：资源包 \Code\11\09 ）

绘制最小三角包围框

编写一个实例，按照如图 11.23 所示的拱桥图形的轮廓，绘制最小三角包围框。代码如下所示：

```
01    import cv2
02
03    img = cv2.imread("shape4.png")
04    gray = cv2.cvtColor(img, cv2.COLOR_RGB2GRAY)          # 转为灰度图像
05    # 检测所有轮廓
06    contours, _ = cv2.findContours(gray, cv2.RETR_LIST, cv2.CHAIN_APPROX_NONE)
07    area, t = cv2.minEnclosingTriangle(contours[0])      # 计算最小三角包围框
08    # 用直线连接三角包围框的三个顶点
09    cv2.line(img, tuple(t[0][0]), tuple(t[1][0]), (0, 0, 255), 2)
10    cv2.line(img, tuple(t[1][0]), tuple(t[2][0]), (0, 0, 255), 2)
11    cv2.line(img, tuple(t[2][0]), tuple(t[0][0]), (0, 0, 255), 2)
12    cv2.imshow("result", img)
13    cv2.waitKey()
14    cv2.destroyAllWindows()
```

上述代码的运行结果如图 11.24 所示。

图 11.23　拱桥图形

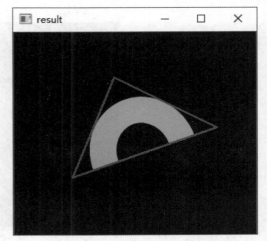

图 11.24　程序计算出的最小三角包围框

11.2.4　最优椭圆包围框

OpenCV 提供了 fitEllipse() 方法用于按照图像的轮廓绘制最优拟合椭圆包围框，fitEllipse() 方法的语法格式如下所示：

```
retval = cv2.fitEllipse(contours)
```

参数说明:

● contours: 在目标图像中获取到的图像轮廓。

返回值说明:

● retval: 包含了最优拟合椭圆包围框的中心点、轴长度、旋转角度等信息。

下面将通过一个实例演示如何按照图像的轮廓绘制最优拟合椭圆包围框。

 [实例 11.10] 　　　　　　　　　　　　　　　　　　　（源码位置: 资源包 \Code\11\10 ）

绘制最优拟合椭圆包围框

编写一个程序,为图 11.23 所示的拱桥图形绘制最优拟合椭圆包围框。代码如下
所示:

```
01    import cv2
02
03    img = cv2.imread("shape4.png")                      # 读取当前项目目录下的图像
04    # 将读取到的图像从 BGR 色彩空间转换为 GRAY 色彩空间
05    gray = cv2.cvtColor(img, cv2.COLOR_RGB2GRAY)
06    # 检测图像中的所有轮廓
07    contours, hierarchy = cv2.findContours(gray, cv2.RETR_LIST, cv2.CHAIN_APPROX_NONE)
08    retval = cv2.fitEllipse(contours[0])                # 计算最优拟合椭圆包围框
09    cv2.ellipse(img, retval, (0, 0, 255), 2)            # 绘制红色的椭圆包围框
10    cv2.imshow("result", img)                           # 在一个名为 "result" 的窗口中显示绘制的椭圆包围框
11    cv2.waitKey()                                       # 通过按下键盘上的按键
12    cv2.destroyAllWindows()                             # 销毁正在显示的窗口
```

上述代码的运行结果如图 11.25 所示。

图 11.25　绘制最优拟合椭圆包围框

11.3　凸包

之前介绍了矩形包围框和圆形包围框,这两种包围框虽然已经逼近了图形的边缘,
但这种包围框为了保持几何形状,其与图形的真实轮廓贴合度较差。如果能找出图形最
外层的端点,将这些端点连接起来,就可以围出一个包围图形的最小包围框,这种包围

框叫凸包。

凸包是最逼近轮廓的多边形，凸包的每一处都是凸出来的，也就是任意三个点所组成的内角均小于 180°。例如图 11.26 是凸包，而图 11.27 不是凸包。

图 11.26　凸包　　　　　　　图 11.27　不是凸包

OpenCV 提供的 convexHull() 方法可以自动找出轮廓的凸包，该方法的语法格式如下所示：

```
hull = cv2.convexHull(points, clockwise, returnPoints)
```

参数说明：

● points：轮廓数组。

● clockwise：可选参数，布尔类型。当该值为 True 时，凸包中的点按顺时间排列；为 False 时，按逆时针排列。

● returnPoints：可选参数，布尔类型。当该值为 True 时，返回点坐标；为 False 时，返回点索引。默认值为 True。

返回值说明：

● hull：凸包的点阵数组

下面通过一个例子演示如何绘制凸包。

 [实例 11.11]
（源码位置：资源包 \Code\11\11 ）

为爆炸图形绘制凸包

编写一个程序，为图 11.19 所示的爆炸图形绘制凸包。首先要先判断图形的轮廓，使用 cv2.RETR_LIST 检索出图形的轮廓，然后使用 convexHull() 方法找到轮廓的凸包，最后通过 polylines() 方法将凸包中各点连接起来，查看绘制出的结果。代码如下所示：

```
01    import cv2
02
03    img = cv2.imread("shape2.png")                              # 读取原始图像
04    gray = cv2.cvtColor(img, cv2.COLOR_BGR2GRAY)                 # 转为灰度图像
05    ret, binary = cv2.threshold(gray, 127, 225, cv2.THRESH_BINARY)  # 二值化阈值处理
06    # 检测图像中出现的所有轮廓
07    contours, hierarchy =
08        cv2.findContours(binary, cv2.RETR_LIST, cv2.CHAIN_APPROX_SIMPLE)
09    hull = cv2.convexHull(contours[0])                          # 获取轮廓的凸包
10    cv2.polylines(img, [hull], True, (0, 0, 255), 2)   # 绘制凸包
11    cv2.imshow("img", img)                                      # 显示图像
12    cv2.waitKey()                                               # 按下任何键盘按键后
13    cv2.destroyAllWindows()                                     # 释放所有窗体
```

上述代码的运行结果如图 11.28 所示。

图 11.28　爆炸图形的凸包

 ## 本章知识思维导图

第 12 章

图形检测

扫码领取
- 配套视频
- 配套素材
- 学习指导
- 交流社群

 本章学习目标

- 明确什么是图形检测和图形检测的作用。
- 掌握用于 Canny 边缘检测的方法的语法格式。
- 明确最小阈值和最大阈值的取值会对 Canny 边缘检测的结果有什么影响。
- 掌握如何对包含噪声的图像和不含噪声的图像进行 Canny 边缘检测。
- 掌握用于直线检测的方法的语法格式。
- 明确直线检测的基本原理。
- 掌握用于圆环检测的方法的语法格式。
- 明确圆环检测的基本原理。

12.1 Canny 边缘检测

图形检测是计算机视觉的一项重要功能。通过图形检测可以分析图像中可能存在的形状，进而把这些形状绘制出来。例如查找并绘制图像的边缘，定位图像的位置，判断图像中有没有直线、有没有圆环等。虽然图形检测涉及非常深奥的数学算法，但 OpenCV 已经将这些算法封装成了简单的方法。本节要讲解的边缘检测算法是 Canny 边缘检测算法。

Canny 边缘检测算法是 John F. Canny 于 1986 年开发出来的一个多级边缘检测算法。该算法根据像素的梯度变化查找图像边缘，最终可以绘制出十分精细的二值边缘图像。

OpenCV 将 Canny 边缘检测算法封装在了 Canny() 方法中，该方法的语法格式如下所示：

```
edges = cv2.Canny(image, threshold1, threshold2, apertureSize, L2gradient)
```

参数说明：

● image：检测的原始图像。

● threshold1：计算过程中使用的第一个阈值，可以是最小阈值，也可以是最大阈值，通常用来设置最小阈值。

● threshold2：计算过程中使用的第二个阈值，通常用来设置最大阈值。

● apertureSize：可选参数，Sobel 算子的孔径大小。

● L2gradient：可选参数，计算图像梯度的标识，默认值为 False，值为 True 时会采用更精准的算法进行计算。

返回值说明：

● edges：计算后得出的边缘图像，是一个二值灰度图像。

在开发过程中可以通过调整最小阈值和最大阈值来控制边缘检测的精细程度。当两个阈值都较小时，会检测出较多的边缘；当两个阈值都较大时，会忽略较少的边缘。

 [实例 12.1]　　　　　　　　　　　　　　　　　　　（源码位置：资源包 \Code\12\01）

使用 Canny 算法检测花朵边缘

利用 Canny() 方法检测图 12.1 所示的花朵图片，分别使用 10 和 50、100 和 200、400 和 600 作为最低阈值和最高阈值检测三次，查看检测结果。代码如下所示：

```
01    import cv2
02
03    img = cv2.imread("flower.png")              # 读取原图
04    r1 = cv2.Canny(img, 10, 50);                # 使用不同的阈值进行边缘检测
05    r2 = cv2.Canny(img, 100, 200);
06    r3 = cv2.Canny(img, 400, 600);
07
08    cv2.imshow("img", img)                      # 显示原图
09    cv2.imshow("r1", r1)                        # 显示边缘检测结果
10    cv2.imshow("r2", r2)
11    cv2.imshow("r3", r3)
12    cv2.waitKey()                               # 按下任何键盘按键后
13    cv2.destroyAllWindows()                     # 释放所有窗体
```

上述代码的运行结果如图 12.2 ～图 12.5 所示。

图 12.1　花朵图片

图 12.2　原图

图 12.3　最小阈值为 10、
最大阈值为 50 的检测结果

通过对比图 12.3 ～图 12.5，能够发现最小阈值和最大阈值的值越小，检测出的边缘越多；最小阈值和最大阈值的值越大，检测出的边缘越少（只能检测出一些比较明显的边缘）。

得到这个结论后，先把最小阈值设置为 10、最大阈值设置为 50，再用 Canny 边缘检查对如图 12.6 所示的目标图像进行边缘检测。

图 12.4　最小阈值为 100、
最大阈值为 200 的检测结果

图 12.5　最小阈值为 400、
最大阈值为 600 的检测结果

图 12.6　目标图像

细心观察会发现，图 12.1 和图 12.6 除了是两幅不同的图像外，图 12.6 中还包含了很多个、分布不均匀的、高亮度的像素点，这些像素点被称作噪声。那么能否直接使用 Canny 边缘检查对图 12.6 进行边缘检测呢？

实践出真知，下面通过一个实例来回答这个问题。

（源码位置：资源包 \Code\12\02）

[实例 12.2]
能否直接对包含噪声的图像进行 Canny 边缘检测

编写一个程序，首先直接对图 12.6 进行 Canny 边缘检测，并且显示进行 Canny 边缘检测后的结果图像；然后先使用大小为 9×9 的滤波核对图 12.6 进行高斯滤波操作，再对去除噪声后的图像进行 Canny 边缘检测，并且显示检测后的结果图像。代码如下所示：

```
01    import cv2
02
03    img = cv2.imread("woman.png")              # 读取原图
04    img_Blur = cv2.GaussianBlur(img, (9, 9), 0) # 对原图降噪
05    r1 = cv2.Canny(img, 10, 50);               # 对原图进行 Canny 边缘检测操作
06    r2 = cv2.Canny(img_Blur, 10, 50);          # 对原图降噪后的结果图像进行 Canny 边缘检测操作
07    cv2.imshow("img", img)                      # 显示原图
08    cv2.imshow("r1", r1)                        # 显示边缘检测结果
09    cv2.imshow("r2", r2)                        # 显示边缘检测结果
10    cv2.waitKey()                               # 按下任何键盘按键后
11    cv2.destroyAllWindows()                     # 释放所有窗体
```

上述代码的运行结果如图 12.7 ～图 12.9 所示。

图 12.7　原图

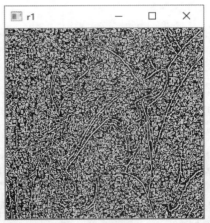

图 12.8　直接进行 Canny 边缘检测

观察图 12.8 会发现，如果直接对图 12.6 进行 Canny 边缘检测，那么检测后的效果很差，只能隐约地看到图 12.6 中的边缘。但是，如果在对图 12.6 进行 Canny 边缘检测之前，先对图 12.6 进行高斯滤波操作（即去除图 12.6 中的噪声），那么 Canny 边缘检测后的结果（如图 12.9 所示）就会好很多。

综上，Canny 边缘检测受图像中的噪声影响很大，在对包含噪声的图像进行 Canny 边缘检测之前，务必要去除图像中的噪声。

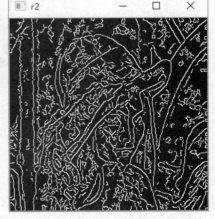

图 12.9　先降噪，再进行 Canny 边缘检测

12.2 霍夫变换

霍夫变换是一种特征检测，通过算法识别图像的特征，从而判断出图像中的特殊形状，例如直线和圆。本节就介绍如何检测图像中的直线和圆。

12.2.1 直线检测

霍夫直线变换是通过霍夫坐标系的直线与笛卡儿坐标系的点之间的映射关系来判断图像中的点是否构成直线。OpenCV 将此算法封装成了两个方法，分别是 HoughLines() 和 HoughLinesP()，前者用于检测无限延长的直线，后者用于检测线段。本节仅介绍比较常用的 HoughLinesP() 方法。

HoughLinesP() 方法名称最后有一个大写的 P，该方法只能检测二值灰度图像，也就是只有两种像素值的黑白图像。方法最后会把找出的所有线段的两个端点坐标保存成一个数组。

HoughLinesP() 方法的语法格式如下所示：

```
lines = cv2.HoughLinesP(image, rho, theta, threshold, minLineLength, maxLineGap)
```

参数说明：
- image：检测的原始图像。
- rho：检测直线使用的半径步长，值为 1 时，表示检测所有可能的半径步长。
- theta：搜索直线的角度，值为 π/180 时，表示检测所有角度。
- threshold：阈值，该值越小，检测出的直线就越多。
- minLineLength：线段的最小长度，小于该长度的线段不会记录到结果中。
- maxLineGap：线段之间的最小距离。

返回值说明：
- lines：一个数组，元素为所有检测出的线段，每个线段也是一个数组，内容为线段两个端点的横纵坐标，格式为 [[[x1, y1, x2, y2], [x1, y1, x2, y2]]]。

👑 注意：
使用该方法前应该为原始图像进行降噪处理，否则会影响检测结果。

 [实例 12.3]

（源码位置：资源包 \Code\12\03 ）

检测笔图像中出现的直线

检测如图 12.10 所示的笔图像，先将图像降噪，再对图像进行边缘检测，然后利用 HoughLinesP() 方法找出边缘图像中的直线线段，最后用 line() 方法将找出的线段绘制成红色。代码如下所示：

```
01    import cv2
02    import numpy as np
03
04    img = cv2.imread("pen.jpg")                        # 读取原图
05    o = img.copy()                                     # 复制原图
06    o = cv2.medianBlur(o, 5)                           # 使用中值滤波进行降噪
07    gray = cv2.cvtColor(o, cv2.COLOR_BGR2GRAY)         # 从彩色图像变成单通道灰度图像
08    binary = cv2.Canny(o, 50, 150)                     # 绘制边缘图像
```

```
09    # 检测直线, 精度为 1, 全角度, 阈值为 15, 线段最短 100, 最小间隔为 18
10    lines = \
11    cv2.HoughLinesP(binary, 1, np.pi / 180, 15, minLineLength=100, maxLineGap=18)
12    for line in lines:                                    # 遍历所有直线
13        x1, y1, x2, y2 = line[0]                          # 读取直线两个端点的坐标
14        cv2.line(img, (x1, y1), (x2, y2), (0, 0, 255), 2) # 在原始图像上绘制直线
15    cv2.imshow("canny", binary)                           # 显示二值化边缘图案
16    cv2.imshow("img", img)                                # 显示绘制结果
17    cv2.waitKey()                                         # 按下任何键盘按键后
18    cv2.destroyAllWindows()                               # 释放所有窗体
```

图 12.10　笔图像

上述代码的运行结果如图 12.11、图 12.12 所示。

图 12.11　笔图像的边缘检测结果

图 12.12　将笔图像中检测出的线段描红

12.2.2　圆环检测

霍夫圆环变换的原理与霍夫直线变换类似。OpenCV 提供的 HoughCircles() 方法用于检测图像中的圆，该方法在检测过程中进行两轮筛选：第一轮筛选会找出可能是圆的圆心坐标，第二轮筛选会计算出这些圆心坐标可能的、对应的半径长度。方法最后会将圆心坐标和半径长度封装成一个浮点型数组。HoughCircles() 方法的语法格式如下所示：

```
circles = cv2.HoughCircles(image, method, dp, minDist, param1, param2, minRadius, maxRadius)
```

参数说明：

● image：检测的原始图像。

● method：检测方法，OpenCV 4.0.0 及以前版本仅提供了 cv2.HOUGH_GRADIENT 作为唯一可用方法。

● dp：累加器分辨率与原始图像分辨率之比的倒数。值为 1 时，累加器与原始图像具有相同的分辨率；值为 2 时，累加器的分辨率为原始图像的 1/2。通常使用 1 作为参数。

● minDist：圆心之间的最小距离。

● param1：可选参数，Canny 边缘检测使用的最大阈值。

● param2：可选参数，检测圆环结果的投票数。第一轮筛选时投票数超过该值的圆才会进入第二轮筛选。值越大，检测出的圆越少，但越精准。

● minRadius：可选参数，圆的最小半径。

● maxRadius：可选参数，圆的最大半径。

返回值说明：

● circles：一个数组，元素为所有检测出的圆，每个圆也是一个数组，内容为圆心的横、纵坐标和半径长度，格式为：[[x1 ,y1, r1], [x2 ,y2, r2]]。

> 👑 注意：
> 使用该方法前应该为原始图像进行降噪处理，否则会影响检测结果。

 [实例 12.4]　　　　　　　　　　　　　　（源码位置：资源包 \Code\12\04）

检测硬币图像中出现的圆环

检测如图 12.13 所示的硬币图像，先将图像降噪，再将图像变成单通道灰度图像，然后利用 HoughCircles() 方法检测出图像中可能是圆的位置，最后通过 circle() 方法在这些位置上绘制圆形和对应的圆心。在绘制圆形之前，要将 HoughCircles() 方法返回的浮点数组元素转换成整数。代码如下所示：

图 12.13　硬币图像

```
01    import cv2
02    import numpy as np
03
04    img = cv2.imread("coin.jpg")                           # 读取原图
05    o = img.copy()                                         # 复制原图
06    o = cv2.medianBlur(o, 5)                               # 使用中值滤波进行降噪
07    gray = cv2.cvtColor(o, cv2.COLOR_BGR2GRAY)             # 从彩色图像变成单通道灰度图像
08    # 检测圆环，圆心最小间距为 70，Canny 最大阈值为 100，投票数超过 25，最小半径为 10，最大半径为 50
09    circles = cv2.HoughCircles(gray, cv2.HOUGH_GRADIENT, 1, 70,
10                               param1=100, param2=25, minRadius=10, maxRadius=50)
11    circles = np.uint(np.around(circles))                  # 将数组元素四舍五入成整数
12    for c in circles[0]:                                   # 遍历圆环结果
13        x, y, r = c                                        # 圆心横坐标、纵坐标和圆半径
14        cv2.circle(img, (x, y), r, (0, 0, 255), 3)         # 绘制圆环
15        cv2.circle(img, (x, y), 2, (0, 0, 255), 3)         # 绘制圆心
16    cv2.imshow("img", img)                                 # 显示绘制结果
17    cv2.waitKey()                                          # 按下任何键盘按键后
18    cv2.destroyAllWindows()                                # 释放所有窗体
```

上述代码的运行结果如图 12.14 所示。

图 12.14　检测出的圆环位置

 本章知识思维导图

第 13 章

视频处理

扫码领取
- ▶ 配套视频
- ▶ 配套素材
- ▶ 学习指导
- ▶ 交流社群

 本章学习目标

- 明确读取并显示摄像头视频的操作步骤。
- 熟练掌握 VideoCapture 类的构造方法 VideoCapture()、isOpened() 方法、read() 方法和 release() 方法。
- 掌握如何通过索引指定要打开的摄像头。
- 熟悉 VideoCapture 类的应用场景。
- 明确读取并显示视频文件的操作步骤。
- 熟练掌握如何读取并显示视频文件。
- 熟悉读取并显示视频文件的应用场景。
- 掌握如何通过 get() 方法获取视频文件的属性。
- 明确保存视频文件的操作步骤。
- 熟练掌握 VideoWriter 类的构造方法 VideoWriter()、write() 方法和 release() 方法。
- 熟悉 VideoWriter 类的应用场景。

13.1 读取并显示摄像头视频

摄像头视频指的是从摄像头（如图 13.1 所示）中实时读取到的视频。为了读取并显示摄像头视频，OpenCV提供了 VideoCapture 类的相关方法，这些方法包括摄像头的初始化方法、检验摄像头初始化是否成功的方法、从摄像头中读取帧的方法、关闭摄像头的方法等。下面将依次对这些方法进行讲解。

👑 说明：

视频是由大量的图像构成的，把这些图像称作帧。

图 13.1　摄像头

13.1.1　VideoCapture 类

VideoCapture 类提供了构造方法 VideoCapture()，用于完成摄像头的初始化工作。VideoCapture() 的语法格式如下所示：

```
capture = cv2.VideoCapture(index)
```

参数说明：
- capture：要打开的摄像头。
- index：摄像头的设备索引。

👑 注意：

摄像头的数量及其设备索引的先后顺序由操作系统决定，并且 OpenCV 没有提供查询摄像头的数量及其设备索引的任何方法。

当 index 的值为 0 时，表示要打开的是第 1 个摄像头。对于 64 位的 Windows 10 笔记本，当 index 的值为 0 时，表示要打开的是笔记本内置摄像头。关键代码如下所示：

```
capture = cv2.VideoCapture(0)
```

当 index 的值为 1 时，表示要打开的是第 2 个摄像头。对于 64 位的 Windows 10 笔记本，当 index 的值为 1 时，表示要打开的是一个连接笔记本的外置摄像头。关键代码如下所示：

```
capture = cv2.VideoCapture(1)
```

为了检验摄像头初始化是否成功，VideoCapture 类提供了 isOpened() 方法。isOpened()方法的语法格式如下所示：

```
retval = cv2.VideoCapture.isOpened()
```

参数说明：
- retval：isOpened() 方法的返回值。如果摄像头初始化成功，retval 的值为 True；否则，retval 的值为 False。

👑 注意：

在 VideoCapture() 的语法格式的基础上，isOpened() 方法的语法格式可以简写为

```
retval = capture.isOpened()
```

摄像头初始化后，就可以从摄像头中读取帧了，为此 VideoCapture 类提供了 read() 方法。read() 方法的语法格式如下所示：

```
retval, image = cv2.VideoCapture.read() # 可以简写为 retval, image = capture.read()
```

参数说明：

● retval：是否读取到帧。如果读取到帧，retval 的值为 True；否则，retval 的值为 False。

● image：读取到的帧。因为帧指的是构成视频的图像，所以可以把"读取到的帧"理解为"读取到的图像"。

OpenCV 在官网特别强调，在不需要摄像头时，要关闭摄像头。为此，VideoCapture 类提供了 release() 方法。release() 方法的语法格式如下所示：

```
cv2.VideoCapture.release() # 可以简写为 capture.release()
```

13.1.2 如何使用 VideoCapture 类

在 13.1.1 节中介绍了 VideoCapture 类中的 VideoCapture() 方法、isOpened() 方法、read() 方法和 release() 方法。那么在程序开发的过程中，如何使用这些方法呢？本节将通过 3 个实例进行讲解。

 [实例 13.1]
（源码位置：资源包 \Code\13\01）

读取并显示摄像头视频

编写一个程序，打开笔记本内置摄像头实时读取并显示视频。当按下空格键时，关闭笔记本内置摄像头，销毁显示摄像头视频的窗口。代码如下所示：

```
01    import cv2
02
03    capture = cv2.VideoCapture(0)              # 打开笔记本内置摄像头
04    while (capture.isOpened()):                # 笔记本内置摄像头被打开后
05        retval, image = capture.read()         # 从摄像头中实时读取视频
06        cv2.imshow("Video", image)             # 在窗口中显示读取到的视频
07        key = cv2.waitKey(1)                   # 等待用户按下键盘按键的时间为 1ms
08        if key == 32:                          # 如果按下空格键
09            break
10    capture.release()                          # 关闭笔记本内置摄像头
11    cv2.destroyAllWindows()                    # 销毁显示摄像头视频的窗口
```

上述代码的运行结果如图 13.2 所示。

👑 说明：

图 13.2 是笔者用笔记本内置摄像头实时读取并显示公司天花板的视频。

在实例 13.1 运行期间，如果按下空格键，笔记本内置摄像头将被关闭，显示摄像头视频的窗口也将被销毁。此外，PyCharm 控制台将输出如图 13.3 所示的警告信息。

为了消除图 13.3 所示的警告信息，需要将实例 13.1 第 3 行代码

```
capture = cv2.VideoCapture(0)                  # 打开笔记本内置摄像头
```

修改为如下代码：

```
capture = cv2.VideoCapture(0, cv2.CAP_DSHOW)   # 打开笔记本内置摄像头
```

图 13.2 读取并显示摄像头视频

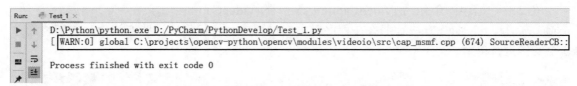

图 13.3 PyCharm 控制台输出的警告信息

如果想打开的是一个连接笔记本的外置摄像头,那么需要将实例 13.1 第 3 行代码

```
capture = cv2.VideoCapture(0)                          # 打开笔记本内置摄像头
```

修改为如下代码:

```
capture = cv2.VideoCapture(1, cv2.CAP_DSHOW)           # 打开笔记本外置摄像头
```

实例 13.1 已经成功地读取并显示了摄像头视频,那么如何对这个视频进行处理呢?其实,处理视频所用的方法与处理图像所用的方法是相同的。实例 13.2 将使用处理图像的相关方法把实例 13.1 读取并显示的彩色视频转换为灰度视频。

 [实例 13.2]   (源码位置:资源包 \Code\13\02)

摄像头视频由彩色视频转换为灰度视频

编写一个程序,使用图像处理的相关方法把实例 13.1 读取并显示的彩色视频转换为灰度视频。当按下空格键时,关闭笔记本内置摄像头,销毁显示摄像头视频的窗口。代码如下所示:

```
01    import cv2
02
03    capture = cv2.VideoCapture(0, cv2.CAP_DSHOW) # 打开笔记本内置摄像头
04    while (capture.isOpened()):                  # 笔记本内置摄像头被打开后
05        retval, image = capture.read()           # 从摄像头中实时读取视频
06        # 把彩色视频转换为灰度视频
07        image_Gray = cv2.cvtColor(image,cv2.COLOR_BGR2GRAY)
08        if retval == True:                       # 读取到摄像头视频后
09            cv2.imshow("Video", image)           # 在窗口中显示彩色视频
```

```
10          cv2.imshow("Video_Gray", image_Gray)    # 在窗口中显示灰度视频
11          key = cv2.waitKey(1)                     # 等待用户按下键盘按键的时间为 1ms
12          if key == 32:                            # 如果按下空格键
13              break
14   capture.release()                               # 关闭笔记本内置摄像头
15   cv2.destroyAllWindows()                         # 销毁显示摄像头视频的窗口
```

上述代码的运行结果如图 13.4 所示。

图 13.4   把彩色视频转换为灰度视频

实例 13.1 和实例 13.2 都用到了按键指令。当按下空格键时，关闭笔记本内置摄像头，销毁显示摄像头视频的窗口。那么能否通过按键指令保存并显示摄像头视频某一时刻的图像呢？带着这个疑问，请读者朋友继续阅读实例 13.3。

（源码位置：资源包 \Code\13\03）

[实例 13.3]

显示并保存摄像头视频某一时刻的图像

编写一个程序，打开笔记本内置摄像头实时读取并显示视频。当按下空格键时，关闭笔记本内置摄像头，保存并显示此时摄像头视频中的图像。代码如下所示：

```
01   import cv2
02
03   cap = cv2.VideoCapture(0, cv2.CAP_DSHOW)     # 打开笔记本内置摄像头
04   while (cap.isOpened()):                       # 笔记本内置摄像头被打开后
05       ret, frame = cap.read()                   # 从摄像头中实时读取视频
06       cv2.imshow("Video", frame)                # 在窗口中显示视频
07       k = cv2.waitKey(1)                        # 等待用户按下键盘按键的时间为 1ms
08       if k == 32:                               # 按下空格键
09           cap.release()                         # 关闭笔记本内置摄像头
10           cv2.destroyWindow("Video")            # 销毁名为 Video 的窗口
11           cv2.imwrite("D:/copy.png", frame)     # 保存按下空格键时摄像头视频中的图像
12           cv2.imshow('img', frame)              # 显示按下空格键时摄像头视频中的图像
13           cv2.waitKey()                         # 按下任何键盘按键后
14           break
15   cv2.destroyAllWindows()                       # 销毁显示图像的窗口
```

上述代码的运行结果如图 13.5 所示。

第 3 篇   识别图像和处理视频篇

图 13.5　显示摄像头视频某一时刻的图像

实例 13.3 除能显示摄像头视频某一时刻的图像外（如图 13.5 所示），还能把图 13.5 保存为 D 盘根目录下的 copy.png，如图 13.6 所示。

图 13.6　把图 13.5 保存为 D 盘根目录下的 copy.png

实例 13.1、实例 13.2 和实例 13.3 打开的都是笔记本内置摄像头。如果在打开笔记本内置摄像头的同时，再打开一个连接笔记本的外置摄像头，应该如何实现呢？

[实例 13.4]　（源码位置：资源包 \Code\13\04）
读取并显示两个摄像头视频

编写一个程序，在打开笔记本内置摄像头实时读取并显示视频的同时，再打开一个连接笔记本的外置摄像头。当按下空格键时，关闭笔记本内置摄像头和连接笔记本的外置摄像头，销毁显示摄像头视频的窗口。代码如下所示：

```
01    import cv2
02
03    cap_Inner = cv2.VideoCapture(0, cv2.CAP_DSHOW)          # 打开笔记本内置摄像头
04    cap_Outer = cv2.VideoCapture(1, cv2.CAP_DSHOW)          # 打开一个连接笔记本的外置摄像头
05    while (cap_Inner.isOpened() & cap_Outer.isOpened()):    # 两个摄像头都被打开后
06        retval, img_Inner = cap_Inner.read()                # 从笔记本内置摄像头中实时读取视频
07        ret, img_Outer = cap_Outer.read()                   # 从连接笔记本的外置摄像头中实时读取视频
08        # 在窗口中显示笔记本内置摄像头读取到的视频
09        cv2.imshow("Video_Inner", img_Inner)
10        # 在窗口中显示连接笔记本的外置摄像头读取到的视频
11        cv2.imshow("Video_Outer", img_Outer)
12        key = cv2.waitKey(1)                                # 等待用户按下键盘按键的时间为 1ms
13        if key == 32:                                       # 如果按下空格键
14            break
15    cap_Inner.release()                                     # 关闭笔记本内置摄像头
16    cap_Outer.release()                                     # 关闭连接笔记本的外置摄像头
17    cv2.destroyAllWindows()                                 # 销毁显示摄像头视频的窗口
```

上述代码的运行结果如图 13.7 和图 13.8 所示。其中，图 13.7 是读取并显示笔记本内置摄像头视频，图 13.8 是读取并显示连接笔记本的外置摄像头视频。

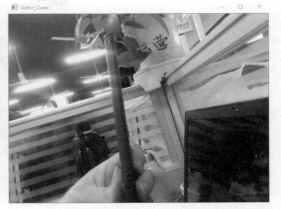

图 13.7　读取并显示笔记本内置摄像头视频　　图 13.8　读取并显示连接笔记本的外置摄像头视频

13.2　播放视频文件

VideoCapture 类及其方法除了能够读取并显示摄像头视频外，还能够读取并显示视频文件。当窗口根据视频文件的时长显示视频文件时，便实现了播放视频文件的效果。

13.2.1　读取并显示视频文件

VideoCapture 类的构造方法 VideoCapture() 不仅能够用于完成摄像头的初始化工作，还能够用于完成视频文件的初始化工作。当 VideoCapture() 用于初始化视频文件时，其语法格式如下所示：

```
video = cv2.VideoCapture(filename)
```

参数说明：

● video：要打开的视频。

● filename：打开视频的文件名，例如"公司宣传 .avi"等。

👑 注意：

OpenCV 中的 VideoCapture 类虽然支持各种格式的视频文件，但是在不同的操作系统中，可能不支持某种格式的视频文件。尽管如此，VideoCapture 类能够在不同的操作系统中支持后缀名为 .avi 的视频文件。

 [实例 13.5]

（源码位置：资源包 \Code\13\05）

读取并显示视频文件

编写一个程序，读取并显示 PyCharm 当前项目路径下名为"公司宣传 .avi"的视频文件。当按下 <Esc> 键时，关闭视频文件并销毁显示视频文件的窗口。代码如下所示：

```
01    import cv2
02
03    video = cv2.VideoCapture(" 公司宣传 .avi")      # 打开视频文件
04    while (video.isOpened()):                    # 视频文件被打开后
05        retval, image = video.read()            # 读取视频文件
06        # 设置 "Video" 窗口的宽为 420, 高为 300
```

第3篇　识别图像和处理视频篇

```
07        cv2.namedWindow("Video", 0)
08        cv2.resizeWindow("Video", 420, 300)
09        if retval == True:                        # 读取到视频文件后
10            cv2.imshow("Video", image)            # 在窗口中显示读取到的视频文件
11        else:                                     # 没有读取到视频文件
12            break
13        key = cv2.waitKey(1)                      # 等待用户按下键盘按键的时间为 1ms
14        if key == 27:                             # 如果按下 Esc 键
15            break
16    video.release()                               # 关闭视频文件
17    cv2.destroyAllWindows()                       # 销毁显示视频文件的窗口
```

上述代码的运行结果如图 13.9 所示。

图 13.9　读取并显示名为 "公司宣传 .avi" 的视频文件

👑 说明：

　　调整 waitKey() 方法中的参数值可以控制视频文件的播放速度。例如，当 cv2.waitKey(1) 时，视频文件的播放速度非常快；当 cv2.waitKey(50) 时，就能够减缓视频文件的播放速度。

　　使用处理图像的相关方法，能够将摄像头视频由彩色视频转换为灰度视频。那么使用相同的方法，也能够将视频文件由彩色视频转换为灰度视频。

（源码位置：资源包 \Code\13\06）

[实例 13.6]

视频文件由彩色视频转换为灰度视频

　　编写一个程序，使用处理图像的相关方法，先将 PyCharm 当前项目路径下名为 "公司宣传 .avi" 的视频文件由彩色视频转换为灰度视频，再显示转换后的灰度图像。代码如下所示：

```
01    import cv2
02
03    video = cv2.VideoCapture(" 公司宣传 .avi")        # 打开视频文件
04    while (video.isOpened()):                        # 视频文件被打开后
05        retval, img_Color = video.read()             # 读取视频文件
06        # 设置 "Video" 窗口的宽为 420, 高为 300
07        cv2.namedWindow("Gray", 0)
08        cv2.resizeWindow("Gray", 420, 300)
09        if retval == True:                           # 读取到视频文件后
10            # 把 " 公司宣传 .avi" 由彩色视频转换为灰度视频
11            img_Gray = cv2.cvtColor(img_Color, cv2.COLOR_BGR2GRAY)
12            cv2.imshow("Gray", img_Gray)             # 在窗口中显示读取到的视频文件
```

```
13          else:                                          # 没有读取到视频文件
14              break
15          key = cv2.waitKey(1)                            # 等待用户按下键盘按键的时间为 1ms
16          if key == 27:                                   # 如果按下 Esc 键
17              break
18      video.release()                                     # 关闭视频文件
19      cv2.destroyAllWindows()                             # 销毁显示视频文件的窗口
```

上述代码的运行结果如图 13.10 所示。

图 13.10　将"公司宣传 .avi"由彩色视频转换为灰度视频

　　视频是由大量的帧组成的，每一帧都是一幅图像。那么能否把一个视频文件分解成一幅一幅的图像呢？这个问题的答案是肯定的，并且通常把组成视频的每一帧从这个视频文件中分解出来的过程称作分解视频。

　　下面通过一个实例演示如何分解视频。

[实例 13.7]

（源码位置：资源包 \Code\13\07）

分解视频

　　编写一个程序，对"公司宣传 .avi"这个视频文件进行分解，从中得到每一个视频帧，并且将这些视频帧保存在当前项目目录下的 images 文件夹下。代码如下所示：

```
01   import cv2
02
03   video = cv2.VideoCapture("公司宣传 .avi")          # 打开视频文件
04   frame_name = 1                                      # 使用数字命名将要被保存的帧
05   while (video.isOpened()):                            # 视频文件被打开后
06       retval, frame = video.read()                     # 读取帧
07       if retval == True:                               # 读取到帧后
08           cv2.imwrite("images/" + str(frame_name) + ".jpg", frame) # 保存帧
09       else:                                            # 没有读取到帧
10           break                                        # 终止循环
11       frame_name = frame_name + 1                      # 用于命名将要被保存的帧的数字执行自加操作
12       cv2.waitKey(1)                                   # 1 毫秒后播放视频文件的下一帧
13   print(" 视频已分解完成！ ")                           # 控制台输出提示信息
14   video.release()                                      # 释放被视频文件占用的空间
```

　　运行上述代码后，由于"公司宣传 .avi"这个视频文件具有一定的时长，致使程序的运行时间会持续 1 ～ 2min。待控制台打印"视频已分解完成！"后，才能看到如图 13.11 所

示的运行结果。

图 13.11　把视频分解后的帧保存在当前项目目录下的 images 文件夹下

　　实例 13.7 是把视频文件中的每一帧都保存在当前项目目录下的 images 文件夹下。那么能否按照一定的帧数间隔把帧保存在当前项目目录下的另一个文件夹下呢?

　　下面通过一个实例的实现过程来回答这个问题。

[实例 13.8]　　　　　　　　　　　　　　　　　　　（源码位置：资源包 \Code\13\08）

按照一定的帧数间隔保存帧

　　编写一个程序，从"公司宣传 .avi"这个视频文件中按每隔 100 帧保存帧，把帧保存在当前项目目录下的 images_100 文件夹下。代码如下所示:

```
01    import cv2
02
03    video = cv2.VideoCapture(" 公司宣传 .avi")        # 打开视频文件
04    frame_number = 1                               # 记录读取到的帧数，初始值为 1
05    frame_interval = 100                           # 每隔 100 帧
06    while (video.isOpened()):                      # 视频文件被打开后
07        retval, frame = video.read()               # 读取帧
08        if retval == True:                         # 读取到帧后
09            if (frame_number % frame_interval == 0):  # 每隔 100 帧
10                # 保存 1 帧
11                cv2.imwrite("images_100/" + str(frame_number) + ".jpg", frame)
12        else:                                      # 没有读取到帧
13            break                                  # 终止循环
14        frame_number = frame_number + 1            # 读取到的帧数执行自加操作
15        cv2.waitKey(1)                             # 1 毫秒后播放视频文件的下一帧
16    print(" 帧已保存完成！ ")                        # 控制台输出提示信息
17    video.release()                                # 释放被视频文件占用的空间
```

运行上述代码后，待控制台打印"帧已保存完成！"后，才能看到如图 13.12 所示的运行结果。

图 13.12　按每隔 100 帧保存帧

13.2.2　视频的暂停播放和继续播放

实例 13.5 使用了 VideoCapture 类及其相关方法实现了在窗口中播放视频文件的效果。那么能否在实例 13.5 的基础上，通过按键指令，在播放视频的过程中实现视频的暂停播放和继续播放呢？答案是肯定的。

[实例 13.9]　　　　　　　　　　　　　　　　　　　　　（源码位置：资源包 \Code\13\09）

视频的暂停播放和继续播放

编写一个程序，读取并显示 PyCharm 当前项目路径下名为"公司宣传 .avi"的视频文件。在播放视频文件的过程中，当按下空格键时，暂停播放视频；当再次按下空格键时，继续播放视频；当按下 <Esc> 键时，关闭视频文件并销毁显示视频文件的窗口。代码如下所示：

```
01    import cv2
02
03    video = cv2.VideoCapture(" 公司宣传 .avi")        # 打开视频文件
04    while (video.isOpened()):                        # 视频文件被打开后
05        retval, image = video.read()                 # 读取视频文件
06                                                      # 设置 "Video" 窗口的宽为 420, 高为 300
07        cv2.namedWindow("Video", 0)
08        cv2.resizeWindow("Video", 420, 300)
09        if retval == True:                           # 读取到视频文件后
10            cv2.imshow("Video", image)               # 在窗口中显示读取到的视频文件
11        else:                                        # 没有读取到视频文件
12            break
13        key = cv2.waitKey(50)                        # 等待用户按下键盘按键的时间为 50ms
```

229

```
14          if key == 32:                    # 如果按下空格键
15              cv2.waitKey(0)                # 无限等待用户按下键盘按键的时间，实现暂停效果
16              continue                      # 再按一次空格键，继续播放
17          if key == 27:                     # 如果按下 Esc 键
18              break
19      video.release()                       # 关闭视频文件
20      cv2.destroyAllWindows()               # 销毁显示视频文件的窗口
```

上述代码的运行结果如图 13.13 和图 13.14 所示（其中，图 13.13 是暂停播放视频的效果，图 13.14 是继续播放视频的效果）。

图 13.13　暂停播放视频

图 13.14　继续播放视频

13.2.3　获取视频文件的属性

在实际开发中，有时需要获取视频文件的属性。为此，VideoCapture 类提供了 get() 方法。get() 方法的语法格式如下所示：

```
retval = cv2.VideoCapture.get(propId)
```

参数说明：

● retval：获取到与 propId 对应的属性值。

● propId：视频文件的属性值。VideoCapture 类提供视频文件的属性值及其含义如表 13.1 所示。

表 13.1　视频文件的属性值及其含义

视频文件的属性值	含义
cv2.CAP_PROP_POS_MSEC	视频文件播放时的当前位置（单位：ms）
cv2.CAP_PROP_POS_FRAMES	帧的索引，从0开始
cv2.CAP_PROP_POS_AVI_RATIO	视频文件的相对位置（0表示开始播放，1表示结束播放）
cv2.CAP_PROP_FRAME_WIDTH	视频文件的帧宽度
cv2.CAP_PROP_FRAME_HEIGHT	视频文件的帧高度
cv2.CAP_PROP_FPS	帧速率
cv2.CAP_PROP_FOURCC	用4个字符表示的视频编码格式
cv2.CAP_PROP_FRAME_COUNT	视频文件的帧数

续表

视频文件的属性值	含义
cv2.CAP_PROP_FORMAT	retrieve() 方法返回的 Mat 对象的格式
cv2.CAP_PROP_MODE	指示当前捕获模式的后端专用的值
cv2.CAP_PROP_CONVERT_RGB	指示是否应将图像转换为 RGB

👑 说明：

① 视频是由大量的、连续的图像构成的，把其中的每一幅图像称作一帧。

② 帧数指的是视频文件中含有的图像总数，帧数越多，视频播放时越流畅。

③ 在播放视频的过程中，把每秒显示图像的数量称作帧速率（FPS，单位：帧 /s）。

④ 帧宽度指的是图像在水平方向上含有的像素总数。

⑤ 帧高度指的是图像在垂直方向上含有的像素总数。

 [实例 13.10]
（源码位置：资源包 \Code\13\10）

获取并输出视频文件的指定属性值

编写一个程序，使用 VideoCapture 类提供了 get() 方法，先获取"公司宣传 .avi"的帧速率、帧数、帧宽度和帧高度，再把上述 4 个属性值输出在 PyCharm 的控制台上。代码如下所示：

```
01    import cv2
02
03    video = cv2.VideoCapture(" 公司宣传 .avi")        # 打开视频文件
04    fps = video.get(cv2.CAP_PROP_FPS)                  # 获取视频文件的帧速率
05    frame_Count = video.get(cv2.CAP_PROP_FRAME_COUNT)  # 获取视频文件的帧数
06    frame_Width = int(video.get(cv2.CAP_PROP_FRAME_WIDTH))   # 获取视频文件的帧宽度
07    frame_Height = int(video.get(cv2.CAP_PROP_FRAME_HEIGHT)) # 获取视频文件的帧高度
08    # 输出获取到的属性值
09    print(" 帧速率 :", fps)
10    print(" 帧数 :", frame_Count)
11    print(" 帧宽度 :", frame_Width)
12    print(" 帧高度 :", frame_Height)
```

上述代码的运行结果如图 13.15 所示。

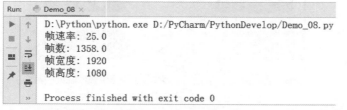

图 13.15 获取并输出"公司宣传 .avi"的帧速率、帧数、帧宽度和帧高度

实例 13.10 演示了初始化视频文件后，获取并输出视频文件的指定属性值。那么能否使得窗口在播放视频的同时，动态显示当前视频文件的属性值呢？例如当前视频播放到第几帧，该帧对应着视频的第几秒等。

 [实例 13.11]
（源码位置：资源包 \Code\13\11）

动态显示视频文件的属性值

编写一个程序，窗口在播放"公司宣传 .avi"视频文件的同时，动态显示当前视频播放到第几帧和该帧对应视频的第几秒。代码如下所示：

```
01    import cv2
02
03    video = cv2.VideoCapture(" 公司宣传 .avi")        # 打开视频文件
04    fps = video.get(cv2.CAP_PROP_FPS)               # 获取视频文件的帧速率
05    frame_Num = 1 # 用于记录第几幅图像（即第几帧），初始值为 1（即第 1 幅图像）
06    while (video.isOpened()):                        # 视频文件被打开后
07      retval, frame = video.read()                  # 读取视频文件
08      # 设置 "Video" 窗口的宽为 420，高为 300
09      cv2.namedWindow("Video", 0)
10      cv2.resizeWindow("Video", 420, 300)
11      if retval == True:                            # 读取到视频文件后
12          # 当前视频播放到第几帧
13          cv2.putText(frame, "frame: " + str(frame_Num), (0, 100),
14                  cv2.FONT_HERSHEY_SIMPLEX, 2, (0, 0, 255), 5)
15          # 该帧对应着视频的第几秒
16          cv2.putText(frame, "second: " + str(round(frame_Num / fps, 2)) + "s",
17                  (0, 200), cv2.FONT_HERSHEY_SIMPLEX, 2, (0, 0, 255), 5)
18          cv2.imshow("Video", frame)                # 在窗口中显示读取到的视频文件
19      else:                                         # 没有读取到视频文件
20          break
21      key = cv2.waitKey(50)                         # 等待用户按下键盘按键的时间为 50ms
22      frame_Num += 1
23      if key == 27:                                 # 如果按下 Esc 键
24          break
25    video.release()                                 # 关闭视频文件
26    cv2.destroyAllWindows()                         # 销毁显示视频文件的窗口
```

上述代码的运行结果如图 13.16 所示。

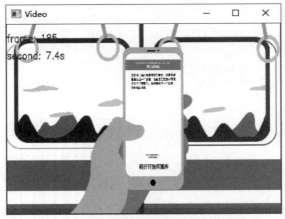

图 13.16　动态显示视频文件的属性值

👑 说明：

图 13.16 中的 185 和 7.4s 的含义是当前视频播放到第 185 帧，第 185 帧对应着 "公司宣传 .avi" 视频文件中的 7.4s 处。

13.3　保存视频文件

在实际开发过程中，很多时候希望保存一段视频。为此，OpenCV 提供了 VideoWriter 类。下面先来熟悉一下 VideoWriter 类中的常用方法。

13.3.1 VideoWriter 类

VideoWriter 类中的常用方法包括 VideoWriter 类的构造方法、write() 方法和 release() 方法。其中，VideoWriter 类的构造方法用于创建 VideoWriter 类对象，其语法格式如下所示：

```
<VideoWriter object> = cv2.VideoWriter(filename, fourcc, fps, frameSize)
```

参数说明：

- VideoWriter object：VideoWriter 类对象。
- filename：保存视频时的路径（含有文件名）。
- fourcc：用 4 个字符表示的视频编码格式。
- fps：帧速率。
- frameSize：每一帧的大小。

在 OpenCV 中，使用 cv2.VideoWriter_fourcc() 来确定视频编码格式。表 13.2 列出了几个常用的视频编码格式。

表 13.2　常用的视频编码格式

fourcc 的值	视频编码格式	文件扩展名
cv2.VideoWriter_fourcc('I', '4', '2', '0')	未压缩的 YUV 颜色编码格式，兼容性好，但文件较大	.avi
cv2.VideoWriter_fourcc('P', 'I', 'M', 'I')	MPEG-1 编码格式	.avi
cv2.VideoWriter_fourcc('X', 'V', 'I', 'D')	MPEG-4 编码格式，视频文件的大小为平均值	.avi
cv2.VideoWriter_fourcc('T', 'H', 'E', 'O')	Ogg Vorbis 编码格式，兼容性差	.ogv
cv2.VideoWriter_fourcc('F', 'L', 'V', 'I')	Flash 视频编码格式	.flv

根据上述内容，即可创建一个 VideoWriter 类对象。

例如，在 Windows 操作系统下，fourcc 的值为 cv2.VideoWriter_fourcc('X', 'V', 'I', 'D')，帧速率为 20，帧大小为 640×480。如果想把一段视频保存为当前项目路径下的 output.avi，那么就要创建一个 VideoWriter 类对象 output。关键代码如下所示：

```
01   fourcc = cv2.VideoWriter_fourcc('X', 'V', 'I', 'D')
02   output = cv2.VideoWriter("output.avi", fourcc, 20, (640, 480))
```

上述代码也可以写作：

```
01   fourcc = cv2.VideoWriter_fourcc(* 'XVID')
02   output = cv2.VideoWriter("output.avi", fourcc, 20, (640, 480))
```

为了保存一段视频，除需要使用 VideoWriter 类的构造方法外，还需要使用 VideoWriter 类提供的 write() 方法。write() 方法的作用是在创建好的 VideoWriter 类对象中写入读取到的帧，其语法格式如下所示：

```
cv2.VideoWriter.write(frame)
```

参数说明：

- frame：读取到的帧。

👑 注意:

使用 write() 方法时, 需要由 VideoWriter 类对象进行调用。例如, 在创建好的 VideoWriter 类对象 output 中写入读取到的帧 frame。关键代码如下所示:

```
output.write(frame)
```

当不需要使用 VideoWriter 类对象时, 需要将其释放掉。为此, VideoWriter 类提供了 release() 方法, 其语法格式如下所示:

```
cv2.VideoWriter.release()
```

例如, 完成保存一段视频后, 需要释放 VideoWriter 类对象 output, 关键代码如下所示:

```
output.release()
```

13.3.2 如何使用 VideoWriter 类

使用 VideoWriter 类保存一段视频需要经过以下几个步骤: 创建 VideoWriter 类对象、写入读取到的帧、释放 VideoWriter 类对象等。而且, 这段视频既可以是摄像头视频, 也可以是视频文件。本节将使用 VideoWriter 类以实例的方式分别对保存摄像头视频和保存视频文件进行讲解。

[实例 13.12] （源码位置: 资源包 \Code\13\12）

保存一段摄像头视频

编写一个程序, 首先打开笔记本内置摄像头, 实时读取并显示视频; 然后按下 <Esc> 键, 关闭笔记本内置摄像头, 销毁显示摄像头视频的窗口, 并且把从打开摄像头到关闭摄像头的这段视频保存为 PyCharm 当前项目路径下的 output.avi。代码如下所示:

👑 说明:

在 Windows 操作系统下, fourcc 的值为 cv2.VideoWriter_fourcc('X', 'V', 'I', 'D'), 帧速率为 20, 帧大小为 640×480。

```
01   import cv2
02
03   capture = cv2.VideoCapture(0, cv2.CAP_DSHOW)              # 打开笔记本内置摄像头
04   fourcc = cv2.VideoWriter_fourcc('X', 'V', 'I', 'D')       # 确定视频被保存后的编码格式
05   output = cv2.VideoWriter("output.avi", fourcc, 20, (640, 480))# 创建 VideoWriter 类对象
06   while (capture.isOpened()):                      # 笔记本内置摄像头被打开后
07       retval, frame = capture.read()               # 从摄像头中实时读取视频
08       if retval == True:                           # 读取到摄像头视频后
09           output.write(frame)                      # 在 VideoWriter 类对象中写入读取到的帧
10           cv2.imshow("frame", frame)               # 在窗口中显示摄像头视频
11       key = cv2.waitKey(1)                         # 等待用户按下键盘按键的时间为 1ms
12       if key == 27:                                # 如果按下 Esc 键
13           break
14   capture.release()                                # 关闭笔记本内置摄像头
15   output.release()                                 # 释放 VideoWriter 类对象
16   cv2.destroyAllWindows()                          # 销毁显示摄像头视频的窗口
```

在上述代码运行的过程中, 按下 <Esc> 键后, 会在 PyCharm 当前项目路径 (D:\PyCharm\PythonDevelop) 下生成一个名为 "output.avi" 的视频文件, 如图 13.17 所示。双击

打开 D:\PyCharm\PythonDevelop 路径下的"output.avi"视频文件,即可浏览被保存的摄像头视频,如图 13.18 所示。

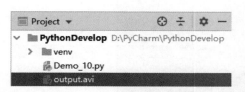

图 13.17   PyCharm 当前项目路径下的 output.avi

图 13.18   浏览被保存的摄像头视频

第3篇 识别图像和处理视频篇

👑 说明:

笔者使用笔记本内置摄像头录制的是手机秒表的视频,读者朋友可以根据自己的喜好录制其他视频。

实例 13.12 可以重复运行,由于 output.avi 已经存在于 PyCharm 当前项目路径下,因此新生产的 output.avi 会覆盖已经存在的 output.avi。

从图 13.18 中能够发现,笔者使用笔记本内置摄像头录制的视频时长为 26s。也就是说,从打开摄像头到关闭摄像头的这段时间间隔为 26s,并且这段时间间隔由是否按下 <Esc> 键决定。那么能否对这段时间间隔进行设置呢?例如打开摄像头并显示 10s 的摄像头视频?如果能,又该如何编写具有如此功能的代码呢?

[实例 13.13]

（源码位置: 资源包 \Code\13\13 ）

保存一段时长为 10s 的摄像头视频

编写一个程序,首先打开笔记本内置摄像头,实时读取并显示视频;然后录制一段时长为 10s 的摄像头视频;10s 后,自动关闭笔记本内置摄像头,同时销毁显示摄像头视频的窗口,并且把这段时长为 10s 的摄像头视频保存为 PyCharm 当前项目路径下的 ten_Seconds.avi。代码如下所示:

```
01    import cv2
02
03    capture = cv2.VideoCapture(0, cv2.CAP_DSHOW)              # 打开笔记本内置摄像头
04    fourcc = cv2.VideoWriter_fourcc('X', 'V', 'I', 'D')      # 确定视频被保存后的编码格式
05    fps = 20                                                  # 帧速率
06    # 创建 VideoWriter 类对象
07    output = cv2.VideoWriter("ten_Seconds.avi", fourcc, fps, (640, 480))
08    frame_Num = 10 * fps                                      # 时长为 10s 的摄像头视频含有的帧数
09    # 笔记本内置摄像头被打开且时长为 10s 的摄像头视频含有的帧数大于 0
10    while (capture.isOpened() and frame_Num > 0):
11        retval, frame = capture.read()                       # 从摄像头中实时读取视频
12        if retval == True:                                   # 读取到摄像头视频后
13            output.write(frame)                              # 在 VideoWriter 类对象中写入读取到的帧
14            cv2.imshow("frame", frame)                       # 在窗口中显示摄像头视频
15        key = cv2.waitKey(1)                                 # 等待用户按下键盘按键的时间为 1ms
```

```
16        frame_Num -= 1                          # 时长为 10s 的摄像头视频含有的帧数减少一帧
17    capture.release()                           # 关闭笔记本内置摄像头
18    output.release()                            # 释放 VideoWriter 类对象
19    cv2.destroyAllWindows()                     # 销毁显示摄像头视频的窗口
```

运行上述代码 10s 后，会在 PyCharm 当前项目路径下生成一个名为"ten_Seconds.avi"的视频文件。双击打开 D:\PyCharm\PythonDevelop 路径下的"ten_Seconds.avi"视频文件，即可浏览被保存的摄像头视频，如图 13.19 所示。

图 13.19　浏览被保存的、时长为 10s 的摄像头视频

实例 13.12 和实例 13.13 为读者朋友演示了如何使用 VideoWriter 类保存摄像头视频。VideoWriter 类不仅能保存摄像头视频，还能保存视频文件，而且保存视频文件与保存摄像头的步骤是相同的。接下来，仍以实例的方式为读者朋友演示如何使用 VideoWriter 类保存视频文件。

[实例 13.14]　（源码位置：资源包 \Code\13\14）

保存视频文件

编写一个程序，首先读取 PyCharm 当前项目路径下名为"公司宣传 .avi"的视频文件，然后将"公司宣传 .avi"视频文件保存为 PyCharm 当前项目路径下的 copy.avi。代码如下所示：

```
01    import cv2
02
03    video = cv2.VideoCapture(" 公司宣传 .avi")      # 打开视频文件
04    fps = video.get(cv2.CAP_PROP_FPS)             # 获取视频文件的帧速率
05    # 获取视频文件的帧大小
06    size = (int(video.get(cv2.CAP_PROP_FRAME_WIDTH)),
07            int(video.get(cv2.CAP_PROP_FRAME_HEIGHT)))
08    fourcc = cv2.VideoWriter_fourcc('X', 'V', 'I', 'D')    # 确定视频被保存后的编码格式
09    output = cv2.VideoWriter("copy.avi", fourcc, fps, size)   # 创建 VideoWriter 类对象
10    while (video.isOpened()):                     # 视频文件被打开后
11        retval, frame = video.read()              # 读取视频文件
12        if retval == True:                        # 读取到视频文件后
13            output.write(frame)                   # 在 VideoWriter 类对象中写入读取到的帧
14        else:
15            break
16    print(" 公司宣传 .avi 已经保存为 PyCharm 当前项目路径下的 copy.avi。")  # 控制台输出提示信息
17    video.release()                               # 关闭视频文件
18    output.release()                              # 释放 VideoWriter 类对象
```

由于要以帧为单位，一边读取视频文件，一边保存视频文件，因此运行上述代码后，
PyCharm 控制台没有立即输出代码中的提示信息，如图 13.20 所示。

图 13.20　PyCharm 控制台没有立即输出代码中的提示信息

大约 1min 后，会在 PyCharm 当前项目路径下生成一个名为"copy.avi"的视频文件，
如图 13.21 所示。这时，PyCharm 控制台将输出如图 13.22 所示的提示信息。

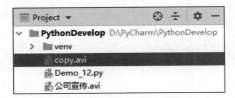

图 13.21　PyCharm 当前项目路径下的 copy.avi

图 13.22　PyCharm 控制台将输出提示信息

双击打开 D:\PyCharm\PythonDevelop 路径下的"copy.avi"视频文件即可浏览被保存的
视频文件，如图 13.23 所示。

图 13.23　浏览被保存的"copy.avi"视频文件

从图 13.23 中能够发现，保存后的"copy.avi"视频文件的时长为 54s。那么能否缩短"copy.avi"视频文件的时长呢？例如只保存"公司宣传 .avi"视频文件中的前 10s 视频？这是可以实现的，实现逻辑与实例 13.13 是相同的。

[实例 13.15]   （源码位置：资源包 \Code\13\15）

保存视频文件中的前 10s 视频

编写一个程序，首先读取 PyCharm 当前项目路径下名为"公司宣传 .avi"的视频文件，然后将"公司宣传 .avi"视频文件中的前 10s 视频保存为 PyCharm 当前项目路径下的 ten_Seconds.avi。代码如下所示：

```
01    import cv2
02
03    video = cv2.VideoCapture("公司宣传 .avi")        # 打开视频文件
04    fps = video.get(cv2.CAP_PROP_FPS)               # 获取视频文件的帧速率
05    # 获取视频文件的帧大小
06    size = (int(video.get(cv2.CAP_PROP_FRAME_WIDTH)),
07            int(video.get(cv2.CAP_PROP_FRAME_HEIGHT)))
08    fourcc = cv2.VideoWriter_fourcc('X', 'V', 'I', 'D') # 确定视频被保存后的编码格式
09    output = cv2.VideoWriter("ten_Seconds.avi", fourcc, fps, size)# 创建 VideoWriter 类对象
10    frame_Num = 10 * fps                            # 视频文件的前 10s 视频含有的帧数
11    # 视频文件被打开后且视频文件的前 10s 视频含有的帧数大于 0
12    while (video.isOpened() and frame_Num > 0):
13        retval, frame = video.read()                # 读取视频文件
14        if retval == True:                          # 读取到视频文件后
15            output.write(frame)                     # 在 VideoWriter 类对象中写入读取到的帧
16        frame_Num -= 1                              # 视频文件的前 10s 视频含有的帧数减少一帧
17    # 控制台输出提示信息
18    print("公司宣传 .avi 的前 10s 视频已经保存为 PyCharm 当前项目路径下的 ten_Seconds.avi。")
19    video.release()                                 # 关闭视频文件
20    output.release()                                # 释放 VideoWriter 类对象
```

运行上述代码 10s 后，不仅会在 PyCharm 当前项目路径下生成一个名为"ten_Seconds.avi"的视频文件，而且会在 PyCharm 控制台输出提示信息。双击打开 D:\PyCharm\PythonDevelop 路径下的"ten_Seconds.avi"视频文件即可浏览被保存的视频文件，如图 13.24 所示。

图 13.24　保存"公司宣传 .avi"视频文件中的前 10s 视频

本章知识思维导图

第3篇 识别图像和处理视频篇

第 14 章
人脸跟踪与识别

扫码领取
- ► 配套视频
- ► 配套素材
- ► 学习指导
- ► 交流社群

 本章学习目标

- 明确如何在 Python 虚拟机中找到 OpenCV 提供的级联分类器。
- 明确级联分类器各自用于检测的内容。
- 熟练掌握使用 CascadeClassifier() 方法加载级联分类器。
- 熟练掌握使用 detectMultiScale() 方法对图像进行识别。
- 掌握使用相应的级联分类器进行眼睛跟踪、猫脸跟踪、行人跟踪和车牌跟踪等操作。
- 熟练掌握 3 种人脸识别方法的语法格式。
- 掌握如何使用 train() 方法训练识别器。
- 掌握如何使用 predict() 方法对人脸进行识别。

14.1　人脸跟踪

人脸跟踪是让计算机在一幅画面中找出人脸的位置。毕竟计算机还达不到人类的智能水平，所以计算机在检测人脸的过程中实际上是在做"分类"操作。例如，计算机发现图像中有一些像素组成了眼睛的特征，那这些像素就有可能是"眼睛"；如果"眼睛"旁边还有"鼻子"和"另一只眼睛"的特征，那这三个元素所在的区域就很有可能是人脸区域；但如果"眼睛"旁边缺少必要的"鼻子"和"另一只眼睛"，那就认为这些像素并没有组成人脸，它们不是人脸图像的一部分。

检测人脸的算法比较复杂，但 OpenCV 已经将这些算法封装好了，本节将介绍如何利用 OpenCV 自带的功能进行人脸跟踪。

14.1.1　级联分类器

将一系列简单的分类器按照一定顺序级联到一起就构成了级联分类器，使用级联分类器的程序可以通过一系列简单的判断来对样本进行识别。例如，依次满足"有六条腿""有翅膀""有头胸腹"这三个条件的样本就可以被初步判断为昆虫，但如果有任何一个条件不满足，则不会被判断是昆虫。

OpenCV 提供了一些已经训练好的级联分类器，这些级联分类器以 XML 文件的形式保存在以下路径中：

```
...\Python\Lib\site-packages\cv2\data\
```

路径说明：
- "...\Python\"：Python 虚拟机的本地目录。
- "\Lib\site-packages\"：pip 安装扩展包的默认目录。
- "\cv2\data\"：OpenCV 库的 data 文件夹。

例如，笔者的 Python 虚拟机安装在了 C:\Program Files\Python\ 目录下，级联分类器文件所在的位置如图 14.1 所示。

图 14.1　OpenCV 自带的级联分类器 XML 文件

不同版本的 OpenCV 自带的级联分类器 XML 文件可能会有差别，data 文件夹中缺少的 XML 文件可以到 OpenCV 的源码托管平台下载，地址为：https://github.com/opencv/opencv/tree/master/data/haarcascades。

每一个 XML 文件都对应一种级联分类器，但有些级联分类器的功能是类似的（正面人脸识别分类器就有三个），表 14.1 是部分 XML 文件对应的功能。

表 14.1　部分级联分类器 XML 的功能

级联分类器 XML 文件名	检测的内容
haarcascade_eye.xml	眼睛检测
haarcascade_eye_tree_eyeglasses.xml	眼镜检测
haarcascade_frontalcatface.xml	正面猫脸检测
haarcascade_frontalface_default.xml	正面人脸检测
haarcascade_fullbody.xml	身形检测
haarcascade_lefteye_2splits.xml	左眼检测
haarcascade_lowerbody.xml	下半身检测
haarcascade_profileface.xml	侧面人脸检测
haarcascade_righteye_2splits.xml	右眼检测
haarcascade_russian_plate_number.xml	车牌检测
haarcascade_smile.xml	笑容检测
haarcascade_upperbody.xml	上半身检测

想要实现哪种图像检测，就要在程序启动时加载对应的级联分类器。下一节将介绍如何加载并使用这些 XML 文件。

14.1.2　方法

OpenCV 实现人脸跟踪需要做两步操作：加载级联分类器和使用分类器识别图像。这两步操作都有对应的方法。

首先是加载级联分类器，OpenCV 通过 CascadeClassifier() 方法创建了分类器对象，其语法格式如下所示：

```
<CascadeClassifier object> = cv2.CascadeClassifier(filename)
```

参数说明：
- filename：级联分类器的 XML 文件名。

返回值说明：
- object：分类器对象。

然后使用已经创建好的分类器对图像进行识别，这个过程需要调用分类器对象的 detectMultiScale() 方法，其语法格式如下所示：

```
objects = cascade.detectMultiScale(image, scaleFactor, minNeighbors, flags, minSize, maxSize)
```

对象说明：
- cascade：已有的分类器对象。

参数说明：

- image：待分析的图像。
- scaleFactor：可选参数，扫描图像时的缩放比例。
- minNeighbors：可选参数，设定每个候选区域至少保留多少个检测结果才可以判定为人脸。该值越大，分析的误差越小。
- flags：可选参数，旧版本 OpenCV 的参数，建议使用默认值。
- minSize：可选参数，最小的目标尺寸。
- maxSize：可选参数，最大的目标尺寸。

返回值说明：

- objects：捕捉到的目标区域数组，数组中每一个元素都是一个目标区域，每一个目标区域都包含四个值，分别是：左上角点横坐标、左上角点纵坐标、区域宽、区域高。objects 的格式为：[[244 203 111 111] [432 81 133 133]]。

下一节将介绍如何在程序中使用这两个方法。

14.1.3 分析人脸位置

haarcascade_frontalface_default.xml 是检测正面人脸的级联分类器文件，加载该文件就可以创建出追踪正面人脸的分类器，调用分类器对象的 detectMultiScale() 方法，得到的 objects 结果就是分析得出的人脸区域的坐标和宽高。下面通过一个实例来介绍如何实现此功能。

[实例 14.1]

（源码位置：资源包 \Code\14\01）

在图像的人脸位置绘制红框

将 haarcascade_frontalface_default.xml 文件放到项目根目录下的 cascades 文件夹中，加载此级联分类器之后，检测出如图 14.2 所示的目标图像中所有可能是人脸的区域，通过 for 循环在这些区域上绘制红色边框。代码如下所示：

图 14.2　目标图像

```
01    import cv2
02
03    img = cv2.imread("model.png")                           # 读取人脸图像
04    # 加载识别人脸的级联分类器
05    faceCascade = cv2.CascadeClassifier("cascades\\haarcascade_frontalface_default.xml")
06    faces = faceCascade.detectMultiScale(img, 1.15)    # 识别出所有人脸
07    for (x, y, w, h) in faces:                          # 遍历所有人脸的区域
08        # 在图像中人脸的位置绘制方框
```

```
09        cv2.rectangle(img, (x, y), (x + w, y + h), (0, 0, 255), 5)
10    cv2.imshow("img", img)                          # 显示最终处理的效果
11    cv2.waitKey()                                   # 按下任何键盘按键后
12    cv2.destroyAllWindows()                         # 释放所有窗体
```

上述代码的运行结果如图 14.3 所示。

图 14.3　检测出的人脸位置

（源码位置：资源包 \Code\14\02）

戴墨镜特效

手机拍照软件自带各种各样的贴图特效，实际上这些贴图特效就是先定位了人脸位置，然后在人脸相应位置覆盖素材实现的。OpenCV 也可以实现此类功能，例如为人脸添加戴墨镜的特效，需要以下三个步骤实现。

首先要编写一个覆盖图像的 overlay_img() 方法。因为素材中可能包含透明像素，这些透明像素不可以遮挡人脸，所以在覆盖背景图像时要做判断，忽略所有透明像素。判断一个像素是否为透明像素，只需将图像从 3 通道转为 4 通道，判断第 4 通道的 alpha 值，alpha 值为 1 表示完全不透明，alpha 值为 0 表示完全透明。

然后要创建人脸识别级联分类器，分析出如图 14.2 所示的目标图像中人脸的区域。

图 14.4　墨镜图像

最后把如图 14.4 所示的墨镜图像按照人脸宽度进行缩放，并覆盖到人脸区域约三分之一的位置。

实现以上需求的代码如下所示：

```
01    import cv2
02
03    # 覆盖图像
04    def overlay_img(img, img_over, img_over_x, img_over_y):
05        img_h, img_w, img_p = img.shape                              # 背景图像高、宽、通道数
06        img_over_h, img_over_w, img_over_c = img_over.shape          # 覆盖图像高、宽、通道数
07        if img_over_c == 3:                                         # 通道数小于等于3
08            img_over = cv2.cvtColor(img_over, cv2.COLOR_BGR2BGRA)   # 转换成4通道图像
09        for w in range(0, img_over_w):                             # 遍历列
10            for h in range(0, img_over_h):                         # 遍历行
11                if img_over[h, w, 3] != 0:                         # 如果不是全透明的像素
12                    for c in range(0, 3):                          # 遍历三个通道
13                        x = img_over_x + w                         # 覆盖像素的横坐标
14                        y = img_over_y + h                         # 覆盖像素的纵坐标
```

```
15                          if x >= img_w or y >= img_h:   .        # 如果坐标超出最大宽高
16                              break                               # 不做操作
17                          img[y, x, c] = img_over[h, w, c]        # 覆盖像素
18          return img                                              # 完成覆盖的图像
19
20   face_img = cv2.imread("model.png")                             # 读取人脸图像
21   # 读取眼镜图像，保留图像类型
22   glass_img = cv2.imread("glass.png", cv2.IMREAD_UNCHANGED)
23   height, width, channel = glass_img.shape                       # 获取眼镜图像高、宽、通道数
24   # 加载级联分类器
25   face_cascade = \
26   cv2.CascadeClassifier("./cascades/haarcascade_frontalface_default.xml")
27   garyframe = cv2.cvtColor(face_frame, cv2.COLOR_BGR2GRAY)       # 转为黑白图像
28   faces = face_cascade.detectMultiScale(garyframe, 1.15, 5)     # 识别人脸
29   for (x, y, w, h) in faces:                                     # 遍历所有人脸的区域
30       gw = w                                                     # 眼镜缩放之后的宽度
31       gh = int(height * w / width)                               # 眼镜缩放之后的高度
32       glass_img = cv2.resize(glass_img, (gw, gh))                # 按照人脸大小缩放眼镜
33       overlay_img(face_img, glass_img, x, y + int(h * 1 / 3))    # 将眼镜绘制到人脸上
34   cv2.imshow("screen", face_img)                                 # 显示最终处理的效果
35   cv2.waitKey()                                                  # 按下任何键盘按键后
36   cv2.destroyAllWindows()                                        # 释放所有窗体
```

上述代码的运行结果如图 14.5 所示。

图 14.5　戴墨镜特效

14.2　跟踪其他内容

OpenCV 提供的级联分类器除了可以识别人脸以外，还可以识别一些其他具有明显特征的物体，例如眼睛、行人等。本节将介绍几个 OpenCV 自带的级联分类器的用法。

14.2.1　眼睛跟踪

haarcascade_eye.xml 是检测眼睛的级联分类器文件，加载该文件就可以跟踪眼睛。下面通过一个实例来介绍如何实现此功能。

[实例 14.3]　　　　　　　　　　　　　　　　　　　　　（源码位置：资源包 \Code\14\03）

在图像的眼睛位置绘制红框

将 haarcascade_eye.xml 文件放到项目根目录下的 cascades 文件夹中，加载此级联分类

器之后，检测出如图 14.2 所示的目标图像中所有可能是眼睛的区域，通过 for 循环在这些区域上绘制红色边框。代码如下所示：

```
01    import cv2
02
03    img = cv2.imread("model.png")                      # 读取人脸图像
04    # 加载识别眼睛的级联分类器
05    eyeCascade = cv2.CascadeClassifier("cascades\\haarcascade_eye.xml")
06    eyes = eyeCascade.detectMultiScale(img, 1.15)  # 识别出所有眼睛
07    for (x, y, w, h) in eyes:                          # 遍历所有眼睛的区域
08        # 在图像中眼睛的位置绘制方框
09        cv2.rectangle(img, (x, y), (x + w, y + h), (0, 0, 255), 5)
10    cv2.imshow("img", img)                             # 显示最终处理的效果
11    cv2.waitKey()                                      # 按下任何键盘按键后
12    cv2.destroyAllWindows()                            # 释放所有窗体
```

上述代码的运行结果如图 14.6 所示。

图 14.6   检测出的眼睛位置

14.2.2   猫脸跟踪

OpenCV 还提供了两个训练好的检测猫脸的级联分类器，分别是 haarcascade_frontalcatface.xml 和 haarcascade_frontalcatface_extended.xml。前者的判断标准比较高，较为精确，但可能有些猫脸识别不出来；后者的判断标准比较低，只要类似猫脸就会被认为是猫脸。使用猫脸分类器不仅可以判断猫脸的位置，还可以识别图像中有几只猫。下面通过一个实例来介绍如何实现此功能。

[实例 14.4]   （源码位置：资源包 \Code\14\04）

在图像里找到猫脸的位置

为了得到比较理想的检测结果，建议使用 haarcascade_frontalcatface_extended.xml。将 haarcascade_frontalcatface_extended.xml 文件放到项目根目录下的 cascades 文件夹中，加载此级联分类器之后，检测出如图 14.7 所示的目标图像中所有可能是猫脸的区域，通过 for 循环在这些区域上绘制红色边框。代码如下所示：

```
01    import cv2
02
```

```
03    img = cv2.imread("cat.jpg")                                   # 读取猫脸图像
04    # 加载识别猫脸的级联分类器
05    catFaceCascade = \
06    cv2.CascadeClassifier("cascades\\haarcascade_frontalcatface_extended.xml")
07    catFace = catFaceCascade.detectMultiScale(img, 1.15, 4)      # 识别出所有猫脸
08    for (x, y, w, h) in catFace:                                  # 遍历所有猫脸的区域
09        # 在图像中猫脸的位置绘制方框
10        cv2.rectangle(img, (x, y), (x + w, y + h), (0, 0, 255), 5)
11    cv2.imshow("Where is your cat ?", img)                        # 显示最终处理的效果
12    cv2.waitKey()                                                 # 按下任何键盘按键后
13    cv2.destroyAllWindows()                                       # 释放所有窗体
```

上述代码的运行结果如图 14.8 所示。

图 14.7　目标图像

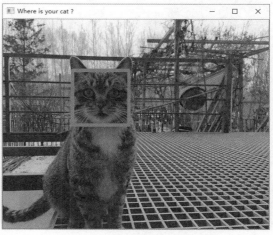

图 14.8　检测出猫脸的位置

14.2.3　行人跟踪

　　haarcascade_fullbody.xml 是检测人体（正面直立全身或背影直立全身）的级联分类器文件，加载该文件就可以跟踪人体。下面通过一个实例来介绍如何实现此功能。

[实例 14.5]
（源码位置：资源包 \Code\14\05）

在图像里行人的位置

　　将 haarcascade_fullbody.xml 文件放到项目根目录下的 cascades 文件夹中，加载此级联分类器之后，检测出如图 14.9 所示的目标图像中所有可能是人形的区域，通过 for 循环在这些区域上绘制红色边框。代码如下所示：

```
01    import cv2
02
03    img = cv2.imread("monitoring.jpg")                # 读取图像
04    # 加载识别类人体的级联分类器
05    bodyCascade = cv2.CascadeClassifier("cascades\\haarcascade_fullbody.xml")
06    bodys = bodyCascade.detectMultiScale(img, 1.15, 4) # 识别出所有人体
07    for (x, y, w, h) in bodys:                         # 遍历所有人体区域
08        # 在图像中人体的位置绘制方框
09        cv2.rectangle(img, (x, y), (x + w, y + h), (0, 0, 255), 5)
```

```
10    cv2.imshow("img", img)                      # 显示最终处理的效果
11    cv2.waitKey()                               # 按下任何键盘按键后
12    cv2.destroyAllWindows()                     # 释放所有窗体
```

上述代码的运行结果如图 14.10 所示。

图 14.9 目标图像

图 14.10 检测出的行人位置

14.2.4 车牌跟踪

haarcascade_russian_plate_number.xml 是检测汽车车牌的级联分类器文件，虽然文件名直译过来是"俄罗斯车牌"，但同样可以用于检测中国的车牌，只不过精准度稍微低了一点。加载该文件就可以检测图像中的车牌，下面通过一个实例来介绍如何实现此功能。

[实例 14.6]
（源码位置：资源包 \Code\14\06）

标记图像中车牌的位置

将 haarcascade_russian_plate_number.xml 文件放到项目根目录下的 cascades 文件夹中，加载此级联分类器之后，检测出如图 14.11 所示的目标图像中所有可能是车牌的区域，通过 for 循环在这些区域上绘制红色边框。代码如下所示：

```
01    import cv2
02
03    img = cv2.imread("car.jpg")                            # 读取车的图像
04    # 加载识别车牌的级联分类器
05    plateCascade = \
06    cv2.CascadeClassifier("cascades\\haarcascade_russian_plate_number.xml")
07    plates = plateCascade.detectMultiScale(img, 1.15, 4)   # 识别出所有车牌
08    for (x, y, w, h) in plates:                            # 遍历所有车牌区域
09        # 在图像中车牌的位置绘制方框
10        cv2.rectangle(img, (x, y), (x + w, y + h), (0, 0, 255), 5)
11    cv2.imshow("img", img)                                 # 显示最终处理的效果
12    cv2.waitKey()                                          # 按下任何键盘按键后
13    cv2.destroyAllWindows()                                # 释放所有窗体
```

上述代码的运行结果如图 14.12 所示。

图 14.11　目标图像

图 14.12　检测出的车牌位置

14.3　人脸识别

OpenCV 提供了三种人脸识别方法，分别是 Eigenfaces、Fisherfaces 和 LBPH。这三种方法都是通过对比样本的特征最终实现人脸识别。因为这三种算法提取特征的方式不一样，侧重点不同，所以不能分出孰优孰劣，只能说每种方法都有各自的识别风格。

OpenCV 为每一种人脸识别方法都提供了创建识别器、训练识别器和识别三个方法。这三个方法的语法非常相似。本章将简单介绍如何使用这些方法。

14.3.1　Eigenfaces 人脸识别器

Eigenfaces 也被叫作"特征脸"。Eigenfaces 通过 PCA（主成分分析技术）方法将人脸数据转换到另外一个空间维度去做相似性计算。在计算过程中，算法可以忽略掉一些无关紧要的数据，仅识别一些具有代表性的"特征"数据，最后根据这些"特征"来识别人脸。

开发者需要通过三个方法来完成人脸识别操作。

① 通过 cv2.face.EigenFaceRecognizer_create() 方法创建 Eigenfaces 人脸识别器，其语法格式如下所示：

```
recognizer = cv2.face.EigenFaceRecognizer_create(num_components, threshold)
```

参数说明：

● num_components：可选参数，PCA 方法中保留的分量个数，建议使用默认值。
● threshold：可选参数，人脸识别时使用的阈值，建议使用默认值。

返回值说明：

● recognizer：创建完的 Eigenfaces 人脸识别器对象。

② 创建完识别器对象之后，需要通过对象的 train() 方法来训练识别器。建议每个人都给出 2 幅以上的图像作为训练样本。train() 方法的语法格式如下所示：

```
recognizer.train(src, labels)
```

对象说明：

● recognizer：已有的 Eigenfaces 人脸识别器对象。

参数说明：

● src：用来训练的人脸图像样本列表，格式为 list（列表）。图像样本必须宽高一致。

● labels：样本对应的标签，格式为数组，元素类型为整数。数组长度必须与样本列表长度相同。样本与标签按照插入顺序一一对应。

③ 训练完识别器之后就可以通过识别器的 predict() 方法来识别人脸了，该方法会对比样本的特征，给出最相近的结果和评分。其语法格式如下所示：

```
label, confidence = recognizer.predict(src)
```

对象说明：

● recognizer：已有的 Eigenfaces 人脸识别器对象。

参数说明：

● src：需要识别的人脸图像，该图像宽高必须与样本一致。

返回值说明：

● label：与样本匹配程度最高的标签值。

● confidence：匹配程度最高的信用度评分。评分小于 5000 就可以认为匹配程度较高，0 分表示两幅图像完全一样。

下面通过一个实例来演示 Eigenfaces 人脸识别器的用法。

[实例 14.7]

（源码位置：资源包 \Code\14\07）

使用 Eigenfaces 识别人脸

现以两个人的图像作为训练样本，第一个人的图像如图 14.13 ～图 14.15 所示，第二个人的图像如图 14.16 ～图 14.18 所示。

图 14.13　样本 1　　　　　图 14.14　样本 2　　　　　图 14.15　样本 3

图 14.16　样本 4

图 14.17　样本 5

图 14.18　样本 6

用于识别的照片如图 14.19 所示。

图 14.19　待识别照片

创建 Eigenfaces 人脸识别器对象，训练以上样本之后，判断图 14.19 所示是哪一个人，代码如下所示：

```
01    import cv2
02    import numpy as np
03
04    photos = list()                                     # 样本图像列表
05    lables = list()                                     # 标签列表
06    photos.append(cv2.imread("face\\summer1.png", 0))   # 记录第 1 幅人脸图像
07    lables.append(0)                                    # 第 1 幅图像对应的标签
08    photos.append(cv2.imread("face\\summer2.png", 0))   # 记录第 2 幅人脸图像
09    lables.append(0)                                    # 第 2 幅图像对应的标签
10    photos.append(cv2.imread("face\\summer3.png", 0))   # 记录第 3 幅人脸图像
11    lables.append(0)                                    # 第 3 幅图像对应的标签
12
13    photos.append(cv2.imread("face\\Elvis1.png", 0))    # 记录第 4 幅人脸图像
14    lables.append(1)                                    # 第 4 幅图像对应的标签
15    photos.append(cv2.imread("face\\Elvis2.png", 0))    # 记录第 5 幅人脸图像
16    lables.append(1)                                    # 第 5 幅图像对应的标签
17    photos.append(cv2.imread("face\\Elvis3.png", 0))    # 记录第 6 幅人脸图像
18    lables.append(1)                                    # 第 6 幅图像对应的标签
19
```

```
20    names = {"0": "Summer", "1": "Elvis"}                # 标签对应的名称字典
21
22    recognizer = cv2.face.EigenFaceRecognizer_create()   # 创建特征脸识别器
23    recognizer.train(photos, np.array(lables))           # 识别器开始训练
24
25    i = cv2.imread("face\\summer4.png", 0)               # 待识别的人脸图像
26    label, confidence = recognizer.predict(i)            # 识别器开始分析人脸图像
27    print("confidence = " + str(confidence))             # 打印评分
28    print(names[str(label)])                             # 数组字典里标签对应的名字
```

上述代码的运行结果如下所示：

```
confidence = 18669.728291380223
Summer
```

程序对比样本特征分析得出，被识别的人物特征最接近的是"Summer"。

14.3.2　Fisherfaces 人脸识别器

Fisherfaces 是由 Ronald Fisher 最早提出的，这也是 Fisherfaces 名字的由来。Fisherfaces 通过 LDA（线性判别分析技术）方法将人脸数据转换到另外一个空间维度去做投影计算，最后根据不同人脸数据的投影距离来判断其相似度。

开发者需要通过三个方法来完成人脸识别操作。

① 通过 cv2.face.FisherFaceRecognizer_create() 方法创建 Fisherfaces 人脸识别器，其语法格式如下所示：

```
recognizer = cv2.face.FisherFaceRecognizer_create(num_components, threshold)
```

参数说明：

● num_components：可选参数，通过 Fisherfaces 方法判断分析时保留的分量个数，建议使用默认值。

● threshold：可选参数，人脸识别时使用的阈值，建议使用默认值。

返回值说明：

● recognizer：创建完的 Fisherfaces 人脸识别器对象。

② 创建完识别器对象之后，需要通过对象的 train() 方法来训练识别器。建议每个人都给出 2 幅以上的图像作为训练样本。train() 方法的语法格式如下所示：

```
recognizer.train(src, labels)
```

对象说明：

● recognizer：已有的 Fisherfaces 人脸识别器对象。

参数说明：

● src：用来训练的人脸图像样本列表，格式为 list（列表）。图像样本必须宽高一致。

● labels：样本对应的标签，格式为数组，元素类型为整数。数组长度必须与样本列表长度相同。样本与标签按照插入顺序一一对应。

③ 训练完识别器之后就可以通过识别器的 predict() 方法来识别人脸了，该方法会对比样本的特征，给出最相近的结果和评分。其语法格式如下所示：

```
label, confidence = recognizer.predict(src)
```

对象说明：

● recognizer：已有的 Fisherfaces 人脸识别器对象。

参数说明：

● src：需要识别的人脸图像，该图像宽高必须与样本一致。

返回值说明：

● label：与样本匹配程度最高的标签值。

● confidence：匹配程度最高的信用度评分。评分小于 5000 就可以认为匹配程度较高，0 分表示两幅图像完全一样。

下面通过一个实例来演示 Fisherfaces 人脸识别器的用法。

[实例 14.8]

（源码位置：资源包 \Code\14\08 ）

使用 Fisherfaces 识别人脸

现以两个人的图像作为训练样本，第一个人的图像如图 14.20 ～图 14.22 所示，第二个人的图像如图 14.23 ～图 14.25 所示。

图 14.20　样本 1

图 14.21　样本 2

图 14.22　样本 3

图 14.23　样本 4

图 14.24　样本 5

图 14.25　样本 6

用于识别的图像如图 14.26 所示。

图 14.26　待识别图像

创建 Fisherfaces 人脸识别器对象，训练以上样本之后，判断图 14.26 是哪一个人，代码如下所示：

```
01    import cv2
02    import numpy as np
03
04    photos = list()                                      # 样本图像列表
05    lables = list()                                      # 标签列表
06    photos.append(cv2.imread("face\\Mike1.png", 0))      # 记录第 1 幅人脸图像
07    lables.append(0)                                     # 第 1 幅图像对应的标签
08    photos.append(cv2.imread("face\\Mike2.png", 0))      # 记录第 2 幅人脸图像
09    lables.append(0)                                     # 第 2 幅图像对应的标签
10    photos.append(cv2.imread("face\\Mike3.png", 0))      # 记录第 3 幅人脸图像
11    lables.append(0)                                     # 第 3 幅图像对应的标签
12
13    photos.append(cv2.imread("face\\kaikai1.png", 0))    # 记录第 4 幅人脸图像
14    lables.append(1)                                     # 第 4 幅图像对应的标签
15    photos.append(cv2.imread("face\\kaikai2.png", 0))    # 记录第 5 幅人脸图像
16    lables.append(1)                                     # 第 5 幅图像对应的标签
17    photos.append(cv2.imread("face\\kaikai3.png", 0))    # 记录第 6 幅人脸图像
18    lables.append(1)                                     # 第 6 幅图像对应的标签
19
20    names = {"0": "Mike", "1": "kaikai"}                 # 标签对应的名称字典
21
22    recognizer = cv2.face.FisherFaceRecognizer_create()  # 创建线性判别分析识别器
23    recognizer.train(photos, np.array(lables))           # 识别器开始训练
24
25    i = cv2.imread("face\\Mike4.png", 0)                 # 待识别的人脸图像
26    label, confidence = recognizer.predict(i)            # 识别器开始分析人脸图像
27    print("confidence = " + str(confidence))             # 打印评分
28    print(names[str(label)])                             # 数组字典里标签对应的名字
```

上述代码的运行结果如下所示：

```
confidence = 2327.170867892041
Mike
```

程序对比样本特征分析得出，被识别的人物特征最接近的是 "Mike"。

14.3.3　Local Binary Pattern Histogram 人脸识别器

Local Binary Pattern Histogram 简称 LBPH，翻译过来就是局部二值模式直方图，这是一

种基于局部二值模式的算法，善于捕获局部纹理特征。

开发者需要通过三个方法来完成人脸识别操作。

① 通过 cv2.face. LBPHFaceRecognizer_create() 方法创建 LBPH 人脸识别器，其语法格式如下所示：

```
recognizer = cv2.face.LBPHFaceRecognizer_create(radius, neighbors, grid_x, grid_y, threshold)
```

参数说明：

● radius：可选参数，圆形局部二进制模式的半径，建议使用默认值。

● neighbors：可选参数，圆形局部二进制模式的采样点数目，建议使用默认值。

● grid_x：可选参数，水平方向上的单元格数，建议使用默认值。

● grid_y：可选参数，垂直方向上的单元格数，建议使用默认值。

● threshold：可选参数，人脸识别时使用的阈值，建议使用默认值。

② 创建完识别器对象之后，需要通过对象的 train() 方法来训练识别器。建议每个人都给出 2 幅以上的图像作为训练样本。train() 方法的语法格式如下所示：

```
recognizer.train(src, labels)
```

对象说明：

● recognizer：已有的 LBPH 人脸识别器对象。

参数说明：

● src：用来训练的人脸图像样本列表，格式为 list（列表）。图像样本必须宽高一致。

● labels：样本对应的标签，格式为数组，元素类型为整数。数组长度必须与样本列表长度相同。样本与标签按照插入顺序一一对应。

③ 训练完识别器之后就可以通过识别器的 predict() 方法来识别人脸了，该方法会对比样本的特征，给出最相近的结果和评分，其语法格式如下所示：

```
label, confidence = recognizer.predict(src)
```

对象说明：

● recognizer：已有的 LBPH 人脸识别器对象。

参数说明：

● src：需要识别的人脸图像，该图像宽高必须与样本一致。

返回值说明：

label：与样本匹配程度最高的标签值。

confidence：匹配程度最高的信用度评分。评分小于 50 就可以认为匹配程度较高，0 分表示两幅图像完全一样。

下面通过一个实例来演示 LBPH 人脸识别器的用法。

[实例 14.9]

（源码位置：资源包 \Code\14\09）

使用 LBPH 识别人脸

现以两个人的图像作为训练样本，第一个人的图像如图 14.27 ～图 14.29 所示，第二个人的图像如图 14.30 ～图 14.32 所示。

图 14.27 样本 1

图 14.28 样本 2

图 14.29 样本 3

图 14.30 样本 4

图 14.31 样本 5

图 14.32 样本 6

用于识别的图像如图 14.33 所示。

图 14.33 待识别图像

创建 LBPH 人脸识别器对象，训练以上样本之后，判断图 14.33 是哪一个人，代码如下所示：

```
01    import cv2
02    import numpy as np
03
```

```
04    photos = list()                                    # 样本图像列表
05    lables = list()                                    # 标签列表
06    photos.append(cv2.imread("face\\lxe1.png", 0))     # 记录第 1 幅人脸图像
07    lables.append(0)                                   # 第 1 幅图像对应的标签
08    photos.append(cv2.imread("face\\lxe2.png", 0))     # 记录第 2 幅人脸图像
09    lables.append(0)                                   # 第 2 幅图像对应的标签
10    photos.append(cv2.imread("face\\lxe3.png", 0))     # 记录第 3 幅人脸图像
11    lables.append(0)                                   # 第 3 幅图像对应的标签
12
13    photos.append(cv2.imread("face\\ruirui1.png", 0))  # 记录第 4 幅人脸图像
14    lables.append(1)                                   # 第 4 幅图像对应的标签
15    photos.append(cv2.imread("face\\ruirui2.png", 0))  # 记录第 5 幅人脸图像
16    lables.append(1)                                   # 第 5 幅图像对应的标签
17    photos.append(cv2.imread("face\\ruirui3.png", 0))  # 记录第 6 幅人脸图像
18    lables.append(1)                                   # 第 6 幅图像对应的标签
19
20    names = {"0": "LXE", "1": "RuiRui"}                # 标签对应的名称字典
21
22    recognizer = cv2.face.LBPHFaceRecognizer_create()  # 创建 LBPH 识别器
23    recognizer.train(photos, np.array(lables))         # 识别器开始训练
24
25    i = cv2.imread("face\\ruirui4.png", 0)             # 待识别的人脸图像
26    label, confidence = recognizer.predict(i)          # 识别器开始分析人脸图像
27    print("confidence = " + str(confidence))           # 打印评分
28    print(names[str(label)])                           # 数组字典里标签对应的名字
```

上述代码的运行结果如下所示:

```
confidence = 45.082326535640014
RuiRui
```

程序对比样本特征分析得出，被识别的人物特征最接近的是"RuiRui"。

 ## 本章知识思维导图

OpenCV

从零开始学　OpenCV

第4篇
项目开发篇

第 15 章
MR 机读答题卡

扫码领取
➤ 配套视频
➤ 配套素材
➤ 学习指导
➤ 交流社群

 本章学习目标

- 明确本程序需要的 4 个公共工具模块。
- 掌握如何获取平面透视图。
- 掌握如何判断填涂的是哪一个选项和被填涂的选项对应的是哪一道题目。
- 明确为什么要对平面透视图执行二值化阈值操作。
- 掌握如何对平面透视图进行二值化阈值操作。
- 明确为什么要对二值化阈值处理后的图像执行闭运算操作。
- 掌握如何对二值化阈值处理后的图像执行闭运算操作。
- 掌握计算轮廓矩和轮廓重心横、纵坐标的方式方法。

15.1　开发背景

随着时代的不断发展，技术的不断进步，各行各业都在开展数字化业务，从而提高生产效率、降低生产成本。

机读卡（又称答题卡）就是数字化时代的一个产物。涂卡者用铅笔在机读卡上填涂黑块后，就会与机读卡的白色区域共同组成一幅只有黑与白（相当于二进制的"0"和"1"）的图像。图 15.1 是一幅简易的、被填涂的机读卡图像。

光标阅读机（又称读卡机）是一种快速、准确的信息输入设备，专门用于识别机读卡。使用光标阅读机审阅、批改填涂黑块的机读卡，每秒可以审阅、批改 3 至 4 张机读卡；如果一个班有 60 名学生，那么一个学科的机读卡仅用 20 秒就能够审阅、批改完成。这样，既能够大幅度缩短老师审阅、批改试卷的时间，又能够充分保证审阅、批改试卷的精确度。

本章将使用 OpenCV 中的 Canny 边缘检测、查找轮廓、透视变换、阈值处理和轮廓矩的应用等技术编写一个 MR 机读答题卡程序：扫描如图 15.1 所示的机读卡图像，打印涂卡者填涂的选项。从 OpenCV 的视角简单地解析一下光标阅读机是如何审阅、批改机读卡的。

图 15.1　机读卡图像

15.2　程序设计

顾名思义，MR 机读答题卡程序是一个程序，而非一个项目。只不过这个程序综合运用了 OpenCV 中多个举足轻重的方法。通过这个程序要强调的是 OpenCV 提供的这些方法虽然足够强大，短短的几行代码就能实现一个功能，但它们不是一个个单独的个体。为了更恰当、更准确地处理图像，让处理后的图像更符合预期，需要先把 OpenCV 中的这些方法融会贯通，再根据具体需求灵活运用它们解决实际问题。

下面将从开发环境、功能结构、业务流程和程序结构这 4 个方面讲解 MR 机读答题卡程序。

15.2.1　开发环境

本程序所使用的开发环境如下所示：
- Python 版本：3.8.2。
- OpenCV 版本：4.2.0。
- NumPy 版本：1.18.1。
- IED：PyCharm 2019.3.3 (Community Edition)。
- 操作系统：Windows 7/Windows 10。

15.2.2　功能结构

本程序包含的功能如图 15.2 所示。

第 4 篇　项目开发篇

261

图 15.2　功能结构图

15.2.3　业务流程

本程序的业务流程如图 15.3 所示。

图 15.3　业务流程图

15.2.4　程序结构

本程序的程序结构如图 15.4 所示。

图 15.4　程序结构图

15.3　模块设计

MR 机读答题卡程序虽然只是一个程序，但是"麻雀虽小，五脏俱全"。其中包含了许多功能模块：确定 A、B、C、D 4 个选项的位置，确定每一道题的位置，保存机读卡上填涂的选项，获取矩形图案的平面透视图，判断填涂的是哪一个选项，判断是哪一道题目，打印在机读卡上填涂的选项等。本节将对以上功能模块逐一进行讲解。

15.3.1　公共工具模块

本程序包含了如下 4 个公共工具模块：
① 导入 OpenCV 库和 NumPy 库；
② 确定 A、B、C、D 4 个选项的位置；
③ 确定每一道题的位置；
④ 创建一个字典，用于保存机读卡上填涂的选项。
下面将编写与上述 4 个公共工具模块对应的代码。

（1）导入 OpenCV 库和 NumPy 库

本程序是一个 OpenCV 程序，因此在编写程序之前，要导入 OpenCV 库（代码中的 cv2 表示的就是 OpenCV 库）。除了 OpenCV 库，还要导入 NumPy 库（在代码中，把 NumPy 库简写为 np），用于对如图 15.1 所示的机读卡图像执行形态学操作。在导入 OpenCV 库和 NumPy 库的时候，要用到 import 关键字，代码如下所示：

```
01    import cv2
02    import numpy as np
```

（2）确定 A、B、C、D 4 个选项的位置

在讲解如何确定 A、B、C、D 4 个选项的位置之前，观察下如图 15.5 所示的机读卡图像的平面透视图，这幅平面透视图包含 320 个列像素和 480 个行像素。

观察图 15.5 后，能够得到这样一个结论：如果用"行"和"列"描述这 10 道题的 A、B、C、D 4 个选项的位置，会发现这 10 道题的 A、B、C、D 4 个选项虽然所在的行不同，但是所在的列相同。

把图 15.5 置于一个坐标系中，得到图 15.6。这样，就能够通过横、纵坐标的取值范围确定 A、B、C、D 4 个选项的位置。

因为 A、B、C、D 4 个选项所在的行不同，但所在的列相同，所以根据如图 15.6 所示的坐标系，并且把"["和"]"作为参照物，通过人工测量就能够确定 A、B、C、D 4 个选项的横坐标的取值范围：

● A 选项的横坐标的取值范围：60 ～ 90；
● B 选项的横坐标的取值范围：130 ～ 160；
● C 选项的横坐标的取值范围：200 ～ 230；
● D 选项的横坐标的取值范围：270 ～ 300。

明确 A、B、C、D 4 个选项的横坐标的取值范围后，下面要考虑的是如何通过编码表示它们。在 Python 中，列表非常适合存储数据信息，而且列表中的元素是可以修改的。但是

对于本程序而言，A、B、C、D 4 个选项的横坐标的取值范围是不能修改的值。换言之，如果使用 4 个列表分别存储 A、B、C、D 4 个选项的横坐标的取值范围，那么这 4 个列表都将被视作不可变的列表。Python 把不可变的列表称作元组。

图 15.5　机读卡的平面透视图

图 15.6　把图 15.5 置于一个坐标系中

综上，为了对 A、B、C、D 4 个选项的横坐标的取值范围进行编码，需要定义 4 个元祖。元祖使用英文格式下的、闭合的圆括号（即"()"）进行标识。定义元祖后，就能使用索引访问其中的元素了。代码如下所示：

```
01   A = (60, 90)           # A 选项横坐标范围
02   B = (130, 160)         # B 选项横坐标范围
03   C = (200, 230)         # C 选项横坐标范围
04   D = (270, 300)         # D 选项横坐标范围
```

（3）确定每一道题的位置

观察图 15.6 会发现，如果把这 10 道题看作 10 个矩形区域，那么这 10 个矩形区域的横坐标的取值范围是相同的，纵坐标的取值范围是不同的。也就是说，对图 15.6 的纵坐标进行划分后，便可以确定每一道题的位置。这 10 道题的纵坐标的取值范围分别如下所示：

- 第 1 道题的纵坐标的取值范围：15 ～ 30；
- 第 2 道题的纵坐标的取值范围：60 ～ 75；
- 第 3 道题的纵坐标的取值范围：105 ～ 120；
- 第 4 道题的纵坐标的取值范围：145 ～ 160；
- 第 5 道题的纵坐标的取值范围：195 ～ 210；
- 第 6 道题的纵坐标的取值范围：280 ～ 295；
- 第 7 道题的纵坐标的取值范围：324 ～ 335；
- 第 8 道题的纵坐标的取值范围：365 ～ 380；
- 第 9 道题的纵坐标的取值范围：410 ～ 425；
- 第 10 道题的纵坐标的取值范围：455 ～ 465。

需要注意的是，上述 10 道题的纵坐标的取值范围是通过人工测量的方式得到的，会根据选取的参照物的不同而不同，因此这些数据会存在些许误差，并不绝对。

为了存储这 10 道题的纵坐标的取值范围，使用列表再适合不过了。为了让代码看起来简洁明了，本程序将使用二维列表存储它们。代码如下所示：

```
01  # 每一道题的纵坐标范围
02  questions_ordinate = [[15, 30], [60, 75], [105, 120], [145, 160],
03                        [195, 210], [280, 295], [324, 335], [365, 380],
04                         [410, 425], [455, 465]]
```

（4）创建一个字典，用于保存机读卡上填涂的选项

本程序的目的是先获取机读卡上被填涂的选项，再把选项打印出来。但是这里有一个问题：获取到机读卡上被填涂的选项后，如何存储它们。下面对此问题具体分析一下：观察图 15.5 后会发现，每一道题都对应着一个被填涂的选项，因此可以把这 10 道题的题号和被填涂的选项看作是 10 个键值对（把题号看作 "键"，把被填涂的选项看作与 "键" 相关联的 "值"）。

为了存储这 10 个键值对，要用到的工具是 Python 中的 "字典"。只不过本程序要先定义一个空字典，再向空字典逐个添加键值对。当定义一个空字典时，需要使用英文格式下的花括号（即 "{}"），代码如下所示：

```
result = {}  # 定义一个空字典，用于保存机读卡上填涂的选项
```

15.3.2　获取矩形图案的平面透视图

所谓透视，就是让图像在三维空间中变形，从不同的角度观察物体，就会看到不同的变形效果。例如，矩形会变成不规则的四边形、直角会变成锐角或钝角、圆形会变成椭圆等。在 OpenCV 中，透视是一种非常重要的、用于处理图像的技术。想要将三维空间中的图像变形成二维空间的平面图，需要用到透视。在对图像执行透视操作之前，需要定位图像的 4 个点，这 4 个点的位置如图 15.7 所示。而后，OpenCV 会根据这四个点的位置变化计算出其他像素的位置变化。

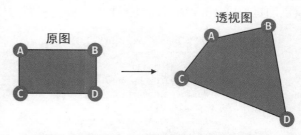

图 15.7　通过 4 个点来定位图像的透视效果

在本书第 8 章的实例 8.8 中使用 OpenCV 提供的透视方法，能够把如图 15.8 所示的目标图像中的图书封面还原成如图 15.9 所示的平面透视图。实现步骤大致如下所示：

① 定义平面透视图的宽、高；

② 对目标图像执行高斯滤波操作；

③ 对去除噪声的目标图像执行 Canny 边缘检测；

④ 对检测边缘后的目标图像执行闭运算操作；

⑤ 检测执行闭运算后的目标图像中的所有轮廓；

⑥ 遍历检测到的所有轮廓；

⑦ 只处理面积大于 10000 的轮廓；

⑧ 获取轮廓的周长；

⑨ 根据轮廓的周长，计算出轮廓的 4 个端点；

⑩ 获取轮廓的 4 个端点的坐标；

⑪ 让平面透视图的 4 个端点对应轮廓的 4 个端点的坐标；

⑫ 创建平面透视图的 M 矩阵；

⑬ 根据 M 矩阵对目标图像执行透视操作。

图 15.8　目标图像

图 15.9　平面透视图

　　本程序用于获取矩形图案的平面透视图的实现步骤与本书第 8 章的实例 8.8 的实现步骤大致相同。不同的是，本程序把上述步骤置于一个有参数的、并且有返回值的方法中，即"perspective(img)"。其中，参数 img 表示的是如图 15.1 所示的机读卡图像；返回值 tmp 表示的是如图 15.5 所示的机读卡的平面透视图。代码如下所示：

```
01    # 获取矩形图案的平面透视图
02    def perspective(img):
03        w, h = 320, 480                                    # 俯视图的宽高
04        tmp = cv2.GaussianBlur(img, (5, 5), 0)             # 高斯滤波
05        tmp = cv2.Canny(tmp, 50, 120)                      # 变为二值边缘图像
06        # 闭运算，保证边缘闭合
07        tmp = cv2.morphologyEx(tmp, cv2.MORPH_CLOSE, (15, 15), iterations=2)
08        res = cv2.resize(tmp, None, fx=0.35, fy=0.35)      # 缩放执行闭运算后的图像
09        cv2.imshow("1", res)                               # 窗口显示缩放后的机读卡的边缘信息图像
10        # 检测轮廓
11        contours, _ = cv2.findContours(tmp, cv2.RETR_EXTERNAL, cv2.CHAIN_APPROX_SIMPLE)
12        for c in contours:                                 # 遍历所有轮廓
13            area = cv2.contourArea(c)                      # 计算轮廓面积
14            if area > 10000:                               # 只处理面积大于 10000 的轮廓
15                length = cv2.arcLength(c, True)            # 获取轮廓周长
16                approx = cv2.approxPolyDP(c, 0.1 * length, True)   # 计算出轮廓的端点
17                pts1 = np.float32(approx)                  # 轮廓四个端点的坐标
18                # 平面透视图对应的四个端点坐标
19                pts2 = np.float32([[0, 0], [0, h], [w, h], [w, 0]])
20                M = cv2.getPerspectiveTransform(pts1, pts2)   # 创建透视图 M 矩阵
21                tmp = cv2.warpPerspective(img, M, (w, h))  # 根据 M 矩阵做透视变换
22        return tmp
```

👑 说明：

　　如果用窗口直接显示机读卡的边缘信息图像，那么窗口的大小很有可能超出屏幕的尺寸。为此，上述代码的第 8、9 行的作用是先缩放机读卡的边缘信息图像，再用窗口显示缩放后的图像。缩放后的机读卡的边缘信息图像如图 15.10 所示。

15.3.3　判断填涂的是哪一个选项

在 15.3.1 节中，已经讲解了如何确定 A、B、C、D 4 个选项的横坐标的取值范围，并且把 A、B、C、D 4 个选项的横坐标的取值范围分别存储在 A、B、C、D 4 个元组中，这样就能很方便地使用索引访问元组中的元素。其中：

- A[0] 访问的元素是 60，A[1] 访问的元素是 90；
- B[0] 访问的元素是 130，B[1] 访问的元素是 160；
- C[0] 访问的元素是 200，C[1] 访问的元素是 230；
- D[0] 访问的元素是 270，D[1] 访问的元素是 300。

那么这 4 个元组中的元素在本程序中能够起到怎样的作用呢？

在机读卡上填涂选项后，对机读卡执行检测所有轮廓的操作，就能通过比较轮廓的面积，找到填涂选项后产生的轮廓，进而获取到这个轮廓的矩和这个轮廓重心的横、纵坐标。这样，把填涂选项后产生的轮廓的重心的横坐标与 A、B、C、D 4 个元组中的元素

图 15.10　缩放后的、机读卡的边缘信息图像

进行比较后，就能够得出"被填涂的选项是什么"的结论。

下面用一个标签 x 表示填涂选项后产生的轮廓的重心的横坐标，对填涂选项后产生的轮廓的重心的横坐标与 A、B、C、D 4 个元组中的元素进行比较的过程进行解析，内容如下所示：

- 如果 A[0] <= x <= A[1]，那么被填涂的选项是 A；
- 如果 B[0] <= x <= B[1]，那么被填涂的选项是 B；
- 如果 C[0] <= x <= C[1]，那么被填涂的选项是 C；
- 如果 D[0] <= x <= D[1]，那么被填涂的选项是 D。

本程序将上述比较过程置于一个有参数的，并且有返回值的方法中，即"get_result(x)"。在方法中，有 4 个分支，每一个分支都只有一个测试和一个操作的 if 语句。

其中，与这 4 个分支对应的 4 个测试分别如下所示：

- A[0] <= x <= A[1]；
- B[0] <= x <= B[1]；
- C[0] <= x <= C[1]；
- D[0] <= x <= D[1]。

与这 4 个分支对应的 4 个操作分别是使用 return 关键字返回 A、B、C、D 4 个选项，具体内容如下所示：

- return "A"：表示被填涂的选项是 A；
- return "B"：表示被填涂的选项是 B；
- return "C"：表示被填涂的选项是 C；
- return "D"：表示被填涂的选项是 D。

综上，get_result(x) 方法的代码如下所示：

```
01    # 根据横坐标判断选项
02    def get_result(x):
```

```
03          if A[0] <= x <= A[1]:
04              return "A"
05          if B[0] <= x <= B[1]:
06              return "B"
07          if C[0] <= x <= C[1]:
08              return "C"
09          if D[0] <= x <= D[1]:
10              return "D"
```

15.3.4 判断是哪一道题目

在 15.3.3 节中，已经讲解了如何判断填涂的是哪一个选项。本节要讲解的是如何判断是哪一道题目，其实现原理与"判断填涂的是哪一个选项"的实现原理基本相同。不同之处在于比较对象的不同：

① 当判断填涂的是哪一个选项时，比较的是填涂选项后产生的轮廓的重心的横坐标与 A、B、C、D 4 个元组中的元素；

② 当判断是哪一道题目时，比较的是填涂选项后产生的轮廓的重心的纵坐标与每一道题的纵坐标取值范围。

在 15.3.1 节中，已经把这 10 道题的纵坐标的取值范围存储在二维列表 questions_ordinate 中，这样就能够很方便地使用索引访问列表中的元素。其中：

- questions_ordinate[0][0] 访问的元素是 15，questions_ordinate[0][1] 访问的元素是 30；
- questions_ordinate[1][0] 访问的元素是 60，questions_ordinate[1][1] 访问的元素是 75；
- questions_ordinate[2][0] 访问的元素是 105，questions_ordinate[2][1] 访问的元素是 120；
- questions_ordinate[3][0] 访问的元素是 145，questions_ordinate[3][1] 访问的元素是 160；
- questions_ordinate[4][0] 访问的元素是 195，questions_ordinate[4][1] 访问的元素是 210；
- questions_ordinate[5][0] 访问的元素是 280，questions_ordinate[5][1] 访问的元素是 295；
- questions_ordinate[6][0] 访问的元素是 324，questions_ordinate[6][1] 访问的元素是 335；
- questions_ordinate[7][0] 访问的元素是 365，questions_ordinate[7][1] 访问的元素是 380；
- questions_ordinate[8][0] 访问的元素是 410，questions_ordinate[8][1] 访问的元素是 425；
- questions_ordinate[9][0] 访问的元素是 455，questions_ordinate[9][1] 访问的元素是 465。

这样，把填涂选项后产生的轮廓的重心的纵坐标与每一道题的纵坐标取值范围进行比较后，就能够得出"与被填涂的选项对应的是哪一道题目"的结论。

下面用一个标签 y 表示填涂选项后产生的轮廓的重心的纵坐标，对填涂选项后产生的轮廓的重心的纵坐标与每一道题的纵坐标取值范围进行比较的过程进行解析，内容如下所示：

- 如果 questions_ordinate[0][0] <= y <= questions_ordinate[0][1]，那么与被填涂的选项对应的题号是 1；
- 如果 questions_ordinate[1][0] <= y <= questions_ordinate[1][1]，那么与被填涂的选项对应的题号是 2；
- 如果 questions_ordinate[2][0] <= y <= questions_ordinate[2][1]，那么与被填涂的选项对应的题号是 3；
- 如果 questions_ordinate[3][0] <= y <= questions_ordinate[3][1]，那么与被填涂的选项对应的题号是 4；
- 如果 questions_ordinate[4][0] <= y <= questions_ordinate[4][1]，那么与被填涂的选项对应的题号是 5；

● 如果 questions_ordinate[5][0] <= y <= questions_ordinate[5][1]，那么与被填涂的选项对应的题号是 6；

● 如果 questions_ordinate[6][0] <= y <= questions_ordinate[6][1]，那么与被填涂的选项对应的题号是 7；

● 如果 questions_ordinate[7][0] <= y <= questions_ordinate[7][1]，那么与被填涂的选项对应的题号是 8；

● 如果 questions_ordinate[8][0] <= y <= questions_ordinate[8][1]，那么与被填涂的选项对应的题号是 9；

● 如果 questions_ordinate[9][0] <= y <= questions_ordinate[9][1]，那么与被填涂的选项对应的题号是 10。

本程序将上述比较过程置于一个有参数的，并且有返回值的方法中，即"get_question(y)"。在方法中，有 10 个分支，每一个分支都只有一个测试和一个操作（即返回与被填涂的选项对应的题号）的 if 语句。代码如下所示：

```
01    # 根据纵坐标判断题号
02    def get_question(y):
03        if questions_ordinate[0][0] <= y <= questions_ordinate[0][1]:
04            return 1
05        if questions_ordinate[1][0] <= y <= questions_ordinate[1][1]:
06            return 2
07        if questions_ordinate[2][0] <= y <= questions_ordinate[2][1]:
08            return 3
09        if questions_ordinate[3][0] <= y <= questions_ordinate[3][1]:
10            return 4
11        if questions_ordinate[4][0] <= y <= questions_ordinate[4][1]:
12            return 5
13        if questions_ordinate[5][0] <= y <= questions_ordinate[5][1]:
14            return 6
15        if questions_ordinate[6][0] <= y <= questions_ordinate[6][1]:
16            return 7
17        if questions_ordinate[7][0] <= y <= questions_ordinate[7][1]:
18            return 8
19        if questions_ordinate[8][0] <= y <= questions_ordinate[8][1]:
20            return 9
21        if questions_ordinate[9][0] <= y <= questions_ordinate[9][1]:
22            return 10
```

观察上述代码的第 3 ~ 22 行，会发现除了操作符两端的二维列表的第一个索引和返回值不同外，其他部分完全相同，这样就产生了冗余代码。

那么如何理解"冗余代码"呢？一般来说，能够执行既定任务的一段代码经过优化后，在不改变运行结果的情况下，减少了代码数量或者提高了代码的执行效率，说明被优化之前的代码中包含冗余代码。

既然上述代码包含冗余代码，就要对其及时优化。优化的方法如下所示：

① 只把一个只有一个测试和一个操作的 if 语句置于 for 循环中（用一个 if 语句替代上述代码中的 10 个 if 语句）；

② for 循环的循环次数由二维列表中的元素个数决定；

③ 二维数组中的每一个元素表示的是每一个题目的纵坐标范围，每一个题目的纵坐标范围被存储在只有两个元素的一维列表中，定义两个标签就能够直接获取每一个题目的纵坐标范围；

④ 对填涂选项后产生的轮廓的重心的纵坐标与每一道题的纵坐标取值范围进行比较；

⑤ 因为 for 循环的循环变量 i 的值从 0 开始，所以使用 return 关键字返回与被填涂的选项对应的题号时要加 1。

被优化后的 get_question(y) 方法，代码如下所示：

```
01    # 根据纵坐标判断题号
02    def get_question(y):
03        for i in range(0, len(questions_ordinate)):    # 遍历 10 道题的纵坐标的取值范围
04            y_bottom, y_up = questions_ordinate[i]      # 获取每一个题目的纵坐标范围
05            if y_bottom <= y_center <= y_up:            # 如果在该题目坐标范围内
06                return i + 1                            # 返回题号
```

15.3.5 显示机读卡的平面透视图

在 15.3.2 节中，已经编写了用于获取矩形图案的平面透视图的 perspective() 方法。perspective() 方法有一个参数和一个返回值，该方法的参数是如图 15.1 所示的机读卡图像（即图 15.4 中的 answer.jpg），该方法返回的是如图 15.5 所示的机读卡的平面透视图。

为了能够显示 perspective() 方法返回的机读卡的平面透视图，需要执行以下步骤：

① 使用 imread() 方法读取图 15.4 中的 answer.jpg，把它作为 perspective() 方法的参数；

② 调用 perspective() 方法，并且把 perspective() 方法返回的机读卡的平面透视图赋值给一个标签 tmp；

③ 使用 imshow() 方法命名一个窗口，并且在这个窗口中显示如图 15.5 所示的机读卡的平面透视图。

用于实现上述步骤的代码如下所示：

```
01    img = cv2.imread("answer.jpg")     # 机读答题卡的照片
02    tmp = perspective(img)             # 获取答题卡正面透视图
03    cv2.imshow("2", tmp)               # 窗口显示机读卡的平面透视图
```

这样，就能够实现在窗口中显示机读卡的平面透视图，其效果如图 15.11 所示。

15.3.6 显示对平面透视图进行二值化阈值处理的结果

在 15.3.5 节中，通过调用参数为图 15.4 中的 answer.jpg 的 perspective() 方法不仅获取到机读卡的平面透视图，还将其显示在了一个窗口中。观察图 15.11 会发现，其是不是一幅灰度图像暂且不论，但肯定不是一幅二值图像，这会为之后的"找到填涂选项后产生的轮廓"设置障碍。

本书的第 11 章在讲解用于检索图像轮廓的 findContours() 方法的语法格式的时候，不仅对其中的参数进行了说明，而且重点指出"如果被检测的图像是彩色图像，那么必须将其转为灰度图像，并经过二值化阈值处理"这一要求。

因此，为了在图 15.11 中找到填涂选项后产生的轮廓，就要先使用 cvtColor() 方法把图 15.11 的色彩空间由 BGR 色彩空间转为 GRAY 色彩空间。得到图 15.11 的灰度图像后，再使用 threshold() 方法对灰度

图 15.11 显示机读卡的平面透视图

图像执行二值化阈值处理（其中，阈值的值为 150，阈值的最大值为 255），从而得到对机读卡的平面透视图进行二值化阈值处理的结果，而后使用 imshow() 方法命名一个窗口，在窗口中显示这个结果图像。代码如下所示：

```
01    tmp = cv2.cvtColor(tmp, cv2.COLOR_BGR2GRAY)              # 转为灰度图
02    _, tmp = cv2.threshold(tmp, 150, 255, cv2.THRESH_BINARY)     # 二值化阈值处理
03    cv2.imshow("3", tmp)  # 窗口显示对平面透视图进行二值化阈值处理的结果
```

这样，就能够实现在窗口中显示对平面透视图进行二值化阈值处理的结果，其效果如图 15.12 所示。

15.3.7 显示对二值化阈值处理后的图像进行闭运算后的结果

在 15.3.6 节中，通过对图 15.11 执行转换色彩空间和二值化阈值处理的操作，得到了对平面透视图进行二值化阈值处理的结果，并且使用 imshow() 方法把这个结果显示在窗口中。

观察图 15.12 会发现，虽然图 15.12 是一幅二值图像，符合了 findContours() 方法的使用要求，但是在查找填涂选项后产生的轮廓的过程中，需要先比较图 15.12 中所有轮廓的面积，当一个轮廓的面积大于 200、小于 500 时，这个轮廓会被认为是填涂选项后产生的轮廓。

这时就产生了一个不确定因素：在图 15.12 中，除了填涂选项后产生的轮廓满足轮廓的面积大于 200、小于 500 这个条件外，有没有其他轮廓也满足这一判断条件。如果有，这些轮廓也会被认为是填涂选项后产生的轮廓，这样就会产生误差。

图 15.12　显示对平面透视图进行二值化阈值处理的结果

为了避免误差，需要对图 15.12 执行闭运算操作。闭运算可以抹除图 15.12 内部的细节，只保留填涂选项的痕迹。本书第 7 章讲解了一个形态学方法，即 morphologyEx() 方法。在该方法中，有一个参数能够为其指定操作类型。当这个参数的值为 cv2.MORPH_CLOSE 时，说明该方法用于对目标图像执行闭运算操作。

下面使用 morphologyEx() 方法对图 15.12 执行闭运算操作，代码如下所示：

```
01    k = np.ones((3, 3), np.uint8)  # 形态学操作所用的核
02    # 对图像做闭运算，迭代 2 次
03    tmp = cv2.morphologyEx(tmp, cv2.MORPH_CLOSE, k, iterations=2)
04    cv2.imshow("4", tmp)  # 窗口显示对二值化阈值处理后的图像进行闭运算后的结果
05    cv2.waitKey()
06    cv2.destroyAllWindows()
```

👑 注意：

　　为了能够显示图像并且销毁窗口，cv2.imshow() 方法、cv2.waitKey() 方法和 cv2.destroyAllWindows() 方法要一起使用。当程序需要显示多个窗口时，把 cv2.waitKey() 方法和 cv2.destroyAllWindows() 方法置于最后一个 cv2.imshow() 方法后即可。

这样，就能够实现在窗口中显示对二值化阈值处理后的图像进行闭运算后的结果，其效果如图 15.13 所示。

15.3.8 保存机读卡上填涂的选项

在 15.3.7 节中，通过对图 15.12 执行闭运算操作，抹除了图 15.12 内部的细节，只保留了填涂选项的痕迹，得到了如图 15.13 所示的结果。这样，就可以放心地使用 findContours() 方法检测图 15.13 中所有的轮廓。当一个轮廓的面积大于 200、小于 500 时，这个轮廓就会被认为是填涂选项后产生的轮廓。

获取填涂选项后产生的轮廓后，就能够获取这个轮廓的矩。根据这个轮廓的矩，能够得到这个轮廓重心的横坐标和纵坐标。根据这个轮廓重心的横坐标，能够获取被填涂的是哪一个选项。根据这个轮廓重心的纵坐标，能够获取与被填涂的选项对应的是哪一个题号。把获取的选项及其对应的题号以"键值对"的形式保存在已经创建的字典 result 中。

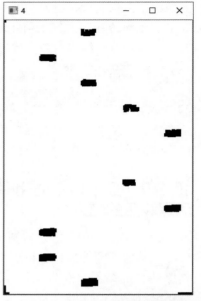

图 15.13　显示对二值化阈值处理后的图像进行闭运算后的结果

实现上述过程的步骤如下所示：

① 使用 findContours() 方法检测图 15.13 中所有的轮廓；
② 使用 for 循环遍历检测到的所有轮廓；
③ 只处理面积大于 200、小于 500 的轮廓；
④ 使用 moments() 方法计算轮廓矩（参照本书第 11 章的实例 11.2）；
⑤ 通过零阶矩和一阶矩计算轮廓重心的横、纵坐标（参照本书第 11 章的实例 11.2）；
⑥ 把轮廓重心的纵坐标作为参数，调用 get_question() 方法，获取与被填涂的选项对应的题号；
⑦ 把轮廓重心的横坐标作为参数，调用 get_result() 方法，获取被填涂的是哪一个选项；
⑧ 把获取的选项及其对应的题号以"键值对"的形式保存在已经创建的字典 result 中。

对上述步骤编码后，代码如下所示：

```
01    # 检测所有轮廓
02    counr, _ = cv2.findContours(tmp, cv2.RETR_LIST, cv2.CHAIN_APPROX_NONE)
03    for c in counr:                               # 遍历所有轮廓
04        if 200 < cv2.contourArea(c) < 500:        # 对符合涂卡面积的轮廓进行操作
05            M = cv2.moments(c)                    # 获取轮廓的矩
06            x_center = int(M['m10'] / M['m00'])   # 轮廓重心的横坐标
07            y_center = int(M['m01'] / M['m00'])   # 轮廓重心的纵坐标
08            questio_num = get_question(y_center)  # 判断涂卡的位置属于哪个题目
09            res = get_result(x_center)            # 判断涂卡位置属于哪个选项
10            result[questio_num] = res             # 记录答题者在该题目下的选项
```

15.3.9 打印在机读卡上填涂的答案

在 15.3.8 节中，通过对填涂选项后产生的轮廓进行计算，得到了轮廓重心的横、纵坐标。根据轮廓重心的横、纵坐标，得到了被填涂的选项及其对应的题号。把获取的选项及其对应的题号以"键值对"的形式保存在已经创建的字典 result 中。也就是说，此时的字典 result 不再是一个空字典，而是一个包含了 10 个键值对的字典。其中，每一个键值对表示的是与每一个题号对应的选项。

当使用 for 循环遍历字典时，既可以遍历字典的所有键值对，也可以只遍历键或值。本程序使用 for 循环遍历字典的方式是使用 keys() 方法，只遍历字典中的所有键，这样就能通过每一个键获取与其对应的值。而后使用 print() 方法打印字典中所有的键和值。

打印在机读卡上填涂的答案，代码如下所示：

```
01   for key in result.keys():   # 遍历答题者的答案
02       print(" 第 ", str(key), " 题: ", result[key])
```

打印的结果如下所示：

```
第 10 题: B
第 9 题: A
第 8 题: A
第 7 题: D
第 6 题: C
第 5 题: D
第 4 题: C
第 3 题: B
第 2 题: A
第 1 题: B
```

👑 注意：

由于本程序只有一个线程，致使运行程序后，先在 4 个窗口中显示图像。待 4 个窗口被销毁后，才会打印在机读卡上填涂的答案。

 # 本章知识思维导图

第 16 章

MR 智能视频打卡系统

 本章学习目标

- 明确用户是怎样与计算机实现交互的。
- 掌握 MR 智能视频打卡系统中的数据建模。
- 明确从哪些方面进行员工管理。
- 掌握如何添加新员工和如何删除老员工。
- 掌握如何保存所有员工的信息和打卡记录。
- 熟练掌握如何对员工的人脸进行识别。
- 掌握如何对所有员工的打卡记录进行统计。
- 掌握如何展示所有员工的打卡记录。

16.1 需求分析

打卡系统有三个核心功能：录入打卡人的资料、员工打卡和查看打卡记录。在满足核心功能的基础上需要完善一些附加功能和功能细节。在开发 MR 智能视频打卡系统之前，应先对本系统的一些需求进行拆解和分析。

（1）对数据模型的分析

本系统不使用第三方数据库，所有数据都以文本的形式保存在文件中，因此要规范数据内容和格式，建立统一模型。

若把软件的使用者设定为"公司"，那么打卡者身份可设定为"员工"，程序中数据模型就应该是员工类。

每一位员工都有姓名，"姓名"就作为员工类中必备的数据之一。

因为员工可能会重名，所以必须使用另一种标记作为员工身份的认证。为每一位员工添加不会重复的员工编号。员工编号的格式为从 1 开始递增数字，每添加一位新员工，员工编号就加 1。员工类中添加"员工编号"。

系统中必须保存所有员工的照片用于人脸识别。为了区分每位员工的照片文件，程序使用"员工特征码 + 随机值 .png"的规则为照片文件命名。如果使用员工编号作为特征码，1 号员工和 11 号员工的文件名容易发生混淆，所以特征码不能使用员工编号，而是一种"长度一致""复杂性高""不重复"的字符串。员工类中添加"特征码"。

员工与编号、姓名、特征码是一对一的关系，但员工与打卡记录是一对多的关系，所以打卡记录可以放在员工类中保存，而不是单独保存在打卡记录模型中。打卡记录需要记录每一位员工的具体打卡时间，并能以报表的形式体现。可以使用字段保存打卡记录模型，员工姓名作为 key，该员工的打卡记录列表作为 value。

（2）对打卡功能的分析

人脸打卡依赖于人脸识别功能。本程序可以使用 OpenCV 提供的人脸识别器实现此功能，建议使用正确率较高的 LBPH 识别器，其他识别器也可以考虑，但需要做好测试验证。

系统可以通过拍照方法保存员工的照片样本。当员工面对摄像头时，敲击 <Enter>（回车）键就可以生成一张正面特写照片文件。为了增加识别准确率，每位员工应拍三张照片，也就是敲三次 <Enter> 键才能完成录入操作。

OpenCV 提供的人脸识别器有一个缺陷：必须比对两种不同样本才能进行判断。如果公司第一次使用打卡系统，系统中没有录入任何员工，缺少比对样本，OpenCV 提供的人脸识别器就会报错。因此本系统应该给出几个无人脸的默认样本，保证即使只录入一位员工，该员工也能顺利打卡。

每次员工打卡成功后，都应该记录该员工的打卡时间，然后保存到文件中。

（3）对数据维护的分析

数据维护总结起来就是增、删、改、查四种操作。简化版的打卡系统可以忽略"改"的操作，由"先删除，再新增"的方式代替。

本系统除了提供录入新员工的功能之外，也应提供删除已有员工的功能。删除员工之前应输入验证码进行验证，以防用户操作失误，误删重要数据。确认执行删除操作后，不仅要删除员工的信息，也要同时删除员工的打卡记录和照片文件。完成删除操作之后，所有数据文件中不再存有被删员工的任何数据。

（4）对考勤报表的分析

不同公司的考勤制度不同，很多公司都主动设置"上班时间"和"下班时间"来做考勤的标准。员工要在"上班时间"之前打卡才算正常到岗，在"下班时间"之后打卡才算正常离岗。未在规定时间内打卡的情况属于"打卡异常"。"打卡异常"通常分为三种情况：迟到、早退和缺席（或者叫缺勤）。

本系统会分析每一位员工在某一天的打卡记录，如果该员工在"上班时间"前和"下班时间"后都有打卡记录，则认为该员工当天全勤，该员工当天的其他打卡记录会被忽略。但如果该员工在"上班时间"前未能打卡，而是在"上班时间"后到中午 12 点前打卡，这种情况被视为迟到。如果该员工在"下班时间"后未能打卡，而是在中午 12 点之后到"下班时间"前打卡，这种情况被视为早退。当天没有打卡记录被视为缺席。

16.2　系统设计

16.2.1　开发环境

本系统所使用的开发环境如下所示：
- Python 版本：3.9。
- OpenCV 版本：4.2.0。
- NumPy 版本：1.18.1。
- IED：PyCharm 社区版。
- 操作系统：Windows 10。

16.2.2　功能结构

MR 智能视频打卡系统提供的功能如图 16.1 所示。

图 16.1　功能结构图

16.2.3 业务流程

MR 智能视频打卡系统的总体业务流程如图 16.2 所示。

图 16.2 总体业务流程图

打卡功能业务流程如图 16.3 所示。

查看记录功能业务流程如图 16.4 所示。

图 16.3 打卡功能业务流程图　　　　图 16.4 查看记录业务流程图

员工管理功能业务流程如图 16.5 所示。

图 16.5　员工管理功能业务流程图

考勤报表功能业务流程如图 16.6 所示。

员工管理、查看记录和考勤报表这三个功能中都涉及了权限管理业务。如果用户想要使用这三个功能，需要登录管理员账号，只有登录成功之后才有权使用。权限管理业务流程如图 16.7 所示。

图 16.6 考勤报表功能业务流程图

图 16.7 权限管理业务流程图

第4篇 项目开发篇

16.2.4 项目结构

MR 智能视频打卡系统的项目结构如下所示:

```
clock
├── cascades                              级联分类器文件夹
│   └── haarcascade_frontalface_default.xml  人正脸识别级联分类器文件
├── data                                  数据文件夹
│   ├── faces                             照片文件夹
│   │   ├── 1000000000.png                默认照片 1
│   │   ├── 2000000000.png                默认照片 2
│   │   └── ...                           其他员工照片
│   ├── employee_data.txt                 员工信息文件
│   ├── lock_record.txt                   打卡记录文件
│   ├── user_password.txt                 管理员账号密码文件
│   └── work_time.txt                     上下班时间配置文件
├── entity                                实体模块文件夹
│   └── organizations.py                  组织结构实体模块
├── service                               服务模块文件夹
│   ├── hr_service.py                     人事服务模块
│   └── recognize_service.py              人脸识别服务模块
├── util                                  工具模块文件夹
│   ├── camera.py                         摄像头工具模块
│   ├── public_tools.py                   公共工具模块
│   └── io_tools.py                       IO 流工具模块
└── main.py                               程序入口模块
```

16.3 文件系统设计

本程序没有使用任何数据库保存数据,而是采用直接读写文件的方式来保存数据。项目中的所有数据文件都保存在 data 文件夹中。

程序使用的数据文件及文件夹如表 16.1 所示。

表 16.1 程序使用的数据文件及文件夹

所在路径	文件名	说明
/data/	employee_data.txt	保存所有员工信息的文件
/data/	lock_record.txt	保存所有员工打卡记录的文件
/data/	work_time.txt	保存上下班时间
/data/	user_password.txt	保存管理员的账号和密码
/data/face/	所有PNG格式图片文件	员工的照片(包括默认图像)

下面详细介绍每种数据文件的内容格式。

① employee_data.txt 文件以字符串的形式保存所有员工的数据，数据之间用英文逗号隔开，一行保存一位员工。其格式如下所示：

```
编号 1, 姓名 1, 特征码 1
编号 2, 姓名 2, 特征码 2
...
```

例如，employee_data.txt 文件保存的实际内容可能如下所示：

```
1, 张三 ,526380
2, 李四 ,571096
3, 王五 ,381609
```

② lock_record.txt 文件以字符串的形式保存数据，数据格式为打卡记录字典的字符串内容，其格式如下所示：

```
{ 姓名 a: [ 日期 list], 姓名 b: [ 日期 list], ... , 姓名 n : [ 日期 list]}
```

例如，lock_record.txt 文件保存的实际内容可能如下所示：

```
{' 张三 ': ['2020-04-15 14:59:54'], ' 李四 ': ['2020-04-15 15:02:08'], ' 王五 ': ['2020-04-15
15:11:02', '2020-04-15 15:35:49']}
```

③ work_time.txt 文件以字符串的形式保存数据，其格式如下所示：

```
08:00:00/16:00:00
```

前一个时间为上班时间，后一个时间为下班时间，格式均为 "%H:%M:%S"。系统会以这两个时间为标准判断员工是否出现迟到、早退。

④ user_password.txt 文件以字符串的形式保存数据，数据格式为管理员账号密码字典的字符串内容，其格式如下所示：

```
{ 管理员账号 : 管理员密码 }
```

例如，user_password.txt 文件保存的实际内容可能如下所示：

```
{'mr': 'mrsoft', '123456': '123456'}
```

用户可以在这个文件中手动修改管理员账号和密码。

⑤ /data/face/ 文件夹下保存的是所有员工的照片文件，格式为 PNG。每张照片的大小都是 640×480。每位员工需保存三张照片。

该文件夹下还有两个默认的图像文件，文件名分别为 1000000000.png 和 2000000000.png。这是两幅纯色图像，用于辅助训练人脸识别器。

人脸识别器使用样本进行训练时，至少要有两个以上的标签分类。如果程序中仅保存了一位员工的照片，人脸识别器无法拿此员工照片与其他样本作对比，人脸识别器就会报错，此时两幅默认图像文件就充当了对比样本，以防止人脸识别器无法完成训练。当程序录入了足够多的员工信息后，这两幅默认图像虽然丧失了功能，但也不会影响识别器的识别能力。

16.4 数据实体模块设计

entity 文件夹下的 organizations.py 文件用于封装数据模型。该文件中设计了员工类，并提供了一些维护数据的方法。接下来将详细介绍 organizations.py 中的代码。

（1）构建员工类

创建 Employee 类作为员工类，并创建包含三个参数的构造方法。三个参数分别是员工编号、员工姓名和员工的特征码。员工类将作为系统的最重要的数据模型，以对象的方式保存每一位员工的信息。

员工类的代码如下所示：

（代码位置：资源包 \Code\16\clock\entity\organizations.py）

```
01    # 员工类
02    class Employee:
03        def __init__(self, id, name, code):
04            self.name = name                    # 员工编号
05            self.id = id                        # 员工姓名
06            self.code = code                    # 员工的特征码
```

（2）全局变量

organizations.py 中的全局变量比较多，主要用来当作系统缓存保存所有数据。这些全局变量包括：

● LOCK_RECORD 是实时保存员工的打卡记录。
● EMPLOYEES 是实时保存所有员工信息。
● MAX_ID 是记录当前最大 ID，可在录入新员工时，为新员工分配新 ID。
● 开发者可以通过修改 CODE_LEN 的值来控制员工特征码的长度，默认长度为 6 位。
● WORK_TIME 是上班时间，用来判断员工打卡情况。程序启动时由 IO 流模块为其赋值。
● CLOSING_TIME 是下班时间，功能同 WORK_TIME。
● USERS 是系统所有管理员的账号和密码字典，用于校验用户输入的管理员账号和密码。

这些全局变量如下所示：

（代码位置：资源包 \Code\16\clock\entity\organizations.py）

```
01    LOCK_RECORD = dict()              # 打卡记录字典，格式为 { 姓名: [ 时间 1, 时间 2]}
02    EMPLOYEES = list()                # 全体员工列表
03    MAX_ID = 0                        # 目前可用的最大 ID
04    CODE_LEN = 6                      # 特征码的默认长度
05    WORK_TIME = ""                    # 上班时间
06    CLOSING_TIME = ""                 # 下班时间
07    USERS = dict()                    # 管理员账号密码
```

（3）增删员工

organizations.py 提供了添加新员工和删除新员工的方法，其他模块需要调用这些方法来进行增删操作，不应直接修改 EMPLOYEES 列表中的数据。

add() 方法用于向组织中增加新员工，因为不需要对数据做校验，所以方法中的代码非常少。该方法代码如下所示：

（代码位置：资源包 \Code\16\clock\entity\organizations.py ）

```
01    # 添加新员工
02    def add(e: Employee):
03        EMPLOYEES.append(e)
```

remove() 方法用于删除组织中的老员工，参数为员工编号。方法会遍历员工列表，找到该员工之后，将该员工删除，如果该员工有过打卡记录，会同时将其打卡记录清除。该方法代码如下所示：

```
01    # 删除指定 ID 的员工记录
02    def remove(id):
03        for emp in EMPLOYEES:
04            if str(id) == str(emp.id):
05                EMPLOYEES.remove(emp)              # 员工列表中删除员工
06                if emp.name in LOCK_RECORD.keys():  # 如果存在该员工的打卡记录
07                    del LOCK_RECORD[emp.name]       # 删除该员工的打卡记录
08                break
```

（4）分配 ID

员工编号是员工的唯一标识，有新员工加入时，应为其分配最新编号。

get_new_id() 方法用于生成新员工编号，其生成规则为"当前最大的员工编号 + 1"，这样可以有效保证所有编号都不重复。该方法代码如下所示：

（代码位置：资源包 \Code\16\clock\entity\organizations.py ）

```
01    # 获取新员工的 ID
02    def get_new_id():
03        global MAX_ID                    # 调用全局变量
04        MAX_ID += 1                      # 当前最大的 ID + 1
05        return MAX_ID
```

16.5 工具模块设计

本系统的工具模块包含三个文件：public_tools.py、io_tools.py 和 camera.py。本节将详细介绍这三个文件中的代码。

16.5.1 公共工具模块

util 文件夹下的 public_tools.py 就是本程序的公共工具模块，该模块提供了以下功能：
- 生成随机数和随机特征码。
- 校验时间字符串格式。

接下来将详细介绍 public_tools.py 中的代码。

（1）导入模块

公共工具涉及随机数和日期格式，所以导入 random 和 datetime 两个服务模块。生成随机特征码需要通过 organizations.py 获取特征码长度，所以也要导入数据实体模块。代码如下所示：

（代码位置：资源包 \Code\16\clock\util\public_tools.py）

```
01    import random
02    import datetime
03    from entity import organizations as o
```

（2）生成随机数字

特征码、照片文件名和验证码都用到了随机数，公共工具模块就提供了一个生成指定位数数字的 randomNumber() 方法，参数就是数字的位数。例如，参数为 4，生成的参数就是 4 位数，且不会以 0 开头。该方法最后返回的是字符串类。

randomNumber() 方法的代码如下所示：

（代码位置：资源包 \Code\16\clock\util\public_tools.py）

```
01    # 随机生成长度为 len 的数字
02    def randomNumber(len):
03        first = str(random.randint(1, 9))                          # 第一位取非 0 数
04        last = "".join(random.sample("1234567890", len - 1))      # 后几位随机拼接任意数字
05        return first + last
```

特征码实际上就是长度固定的随机码，特征码的长度保存在数据实体模块的 CODE_LEN 变量中，可以以直接调用 randomNumber(CODE_LEN) 的方式创建特征码。特征码最好保持 6 位以上，这样才能降低特征码重复的概率。

randomCode() 是生成特征码的方法，该方法代码如下所示：

（代码位置：资源包 \Code\16\clock\util\public_tools.py）

```
01    # 随机生成与特征码长度相等的数字
02    def randomCode():
03        return randomNumber(o.CODE_LEN)                            # 特征码的长度
```

（3）校验日期格式

valid_time() 是校验时、分、秒格式的方法，该方法代码如下所示：

```
01    # 校验时间格式
02    def valid_time(str):
03        try:
04            datetime.datetime.strptime(str, "%H:%M:%S")
05            return True
06        except:
07            return False
```

valid_year_month() 是校验年份和月份格式的方法，该方法代码如下所示：

```
01    # 校验年月格式
02    def valid_year_month(str):
03        try:
04            datetime.datetime.strptime(str, "%Y-%m")
05            return True
06        except:
07            return False
```

valid_date() 是校验日期格式的方法，该方法代码如下所示：

```
01  # 校验日期格式
02  def valid_date(date):
03      try:
04          datetime.datetime.strptime(date, "%Y-%m-%d")
05          return True
06      except:
07          return False
```

16.5.2　IO 流工具模块

util 文件夹下的 io_tools.py 是本程序的 IO 流工具模块，该模块提供了以下功能：

● 封装所有对文件的读写操作，包括加载员工信息、加载打卡记录、加载照片文件、删除员工信息、删除打卡记录等。

● 文件自检功能。

● 创建 CSV 文件。

接下来将详细介绍 io_tools.py 中的代码。

（1）导入模块

IO 流工具涉及将文件中的数据保存到数据实体模块中，所以导入 os 模块和 organizations.py 文件。因为删除图片需要员工特征码，所以需要人事服务模块提供相关功能。代码如下所示：

（代码位置：资源包 \Code\16\clock\util\io_tools.py）

```
01  from service import hr_service as hr
02  from entity import organizations as o
03  from service import recognize_service as rs
04  import os
05  import cv2
06  import numpy as np
```

（2）全局变量

全局变量中保存了各数据文件的配置，包含文件路径、文件名和照片的宽高。这里使用了 os 模块提供的 os.getcwd() 方法来获取项目根目录。全局变量的代码如下所示：

（代码位置：资源包 \Code\16\clock\util\io_tools.py）

```
01  PATH = os.getcwd() + "\\data\\"              # 数据文件夹根目录
02  PIC_PATH = PATH + "faces\\"                  # 照片文件夹
03  DATA_FILE = PATH + "employee_data.txt"       # 员工信息文件
04  WORK_TIME = PATH + "work_time.txt"           # 上下班时间配置文件
05  USER_PASSWORD = PATH + "user_password.txt"   # 管理员账号密码文件
06  RECORD_FILE = PATH + "lock_record.txt"       # 打卡记录文件
07  IMG_WIDTH = 640                              # 图像的统一宽度
08  IMG_HEIGHT = 480                             # 图像的统一高度
```

（3）文件自检方法

为了防止用户误删数据文件而导致程序无法正常运行，公共工具模块提供了 checking_

data_files() 文件自检方法。该方法会在程序启动时执行，然后自动检查所有数据文件的状态，如果发现丢失文件（或文件夹），就会自动创建新的空数据文件（或文件夹）。该方法代码如下所示：

（代码位置：资源包 \Code\16\clock\util\io_tools.py）

```python
# 自检，检查默认文件缺失
def checking_data_files():
    if not os.path.exists(PATH):
        os.mkdir(PATH)
        print(" 数据文件夹丢失，已重新创建: " + PATH)
    if not os.path.exists(PIC_PATH):
        os.mkdir(PIC_PATH)
        print(" 照片文件夹丢失，已重新创建: " + PIC_PATH)
    sample1 = PIC_PATH + "1000000000.png"       # 样本 1 文件路径
    if not os.path.exists(sample1):
        # 创建一个空内容图像
        sample_img_1 = np.zeros((IMG_HEIGHT, IMG_WIDTH, 3), np.uint8)
        sample_img_1[:, :, 0] = 255              # 改为纯蓝图像
        cv2.imwrite(sample1, sample_img_1)       # 保存此图像
        print(" 默认样本 1 已补充 ")
    sample2 = PIC_PATH + "2000000000.png"       # 样本 2 文件路径
    if not os.path.exists(sample2):
        # 创建一个空内容图像
        sample_img_2 = np.zeros((IMG_HEIGHT, IMG_WIDTH, 3), np.uint8)
        sample_img_2[:, :, 1] = 255              # 改为纯蓝图像
        cv2.imwrite(sample2, sample_img_2)       # 保存此图像
        print(" 默认样本 2 已补充 ")
    if not os.path.exists(DATA_FILE):
        open(DATA_FILE, "a+")                    # 附加读写方式打开文件，达到创建空文件目的
        print(" 员工信息文件丢失，已重新创建: " + DATA_FILE)
    if not os.path.exists(RECORD_FILE):
        open(RECORD_FILE, "a+")                  # 附加读写方式打开文件，达到创建空文件目的
        print(" 打卡记录文件丢失，已重新创建: " + RECORD_FILE)
    if not os.path.exists(USER_PASSWORD):
        # 附加读写方式打开文件，达到创建空文件目的
        file = open(USER_PASSWORD, "a+", encoding="utf-8")
        user = dict()
        user["mr"] = "mrsoft"
        file.write(str(user))                    # 将默认管理员账号密码写入到文件中
        file.close()                             # 关闭文件
        print(" 管理员账号密码文件丢失，已重新创建: " + RECORD_FILE)
    if not os.path.exists(WORK_TIME):
        # 附加读写方式打开文件，达到创建空文件目的
        file = open(WORK_TIME, "a+", encoding="utf-8")
        file.write("09:00:00/17:00:00")         # 将默认时间写入到文件中
        file.close()                             # 关闭文件
        print(" 上下班时间配置文件丢失，已重新创建: " + RECORD_FILE)
```

（4）从文件中加载数据

本系统中的所有数据都保存在文本文件中，当程序启动时，需要加载所有数据。需要加载的数据包括三类：员工信息、员工打卡记录和员工照片。这三类数据都有各自的加载方法。

load_employee_info() 是加载员工信息的方法，该方法会读取全局变量指定的员工信息文件，将文件中的内容逐行读取，然后通过英文逗号分隔，根据分隔出的数据创建员工对象，

最后把员工对象保存在员工列表中。这样就完成了员工信息的加载。

在读取员工数据的同时，方法也会记录出现过的最大员工编号，并将最大员工编号赋值给数据实体模块。

load_employee_info() 方法的代码如下所示：

（代码位置：资源包 \Code\16\clock\util\io_tools.py）

```
01  # 加载全部员工信息
02  def load_employee_info():
03      max_id = 1;                                  # 最大员工 ID
04      file = open(DATA_FILE, "r", encoding="utf-8")  # 打开文件，只读
05      for line in file.readlines():                # 遍历文件中的行内容
06          id, name, code = line.rstrip().split(",")  # 去除换行符，并分割字符串信息
07          o.add(o.Employee(id, name, code))        # 组织结构中添加员工信息
08          if int(id) > max_id:                     # 如果发现某员工的 ID 更大
09              max_id = int(id)                     # 修改最大 ID
10      o.MAX_ID = max_id                            # 记录最大 ID
11      file.close()                                 # 关闭文件
```

load_lock_record() 是加载员工打卡记录的方法。该方法读取全局变量指定的打卡记录文件，因为文件保存的是打卡记录字典的字符串内容，所以直接将文件中所有文本读出来，然后转换成字典类型即可。将转换之后的字典对象直接赋值给数据实体模块即可。

load_lock_record() 方法的代码如下所示：

（代码位置：资源包 \Code\16\clock\util\io_tools.py）

```
01  # 载入所有打卡记录
02  def load_lock_record():
03      file = open(RECORD_FILE, "r", encoding="utf-8")  # 打开打卡记录文件，只读
04      text = file.read()                           # 读取所有文本
05      if len(text) > 0:                            # 如果存在文本
06          o.LOCK_RECORD = eval(text)               # 将文本转换成打卡记录字典
07      file.close()                                 # 关闭文件
```

load_employee_pic() 是加载员工照片的方法。该方法首先会遍历全局变量指定的照片文件夹，读取每一个照片文件并封装成 OpenCV 中的图像对象，然后从文件名中截取出特征码，将特征码作为人脸识别的标签，最后将图像、标签统一交给人脸识别服务进行训练。

load_employee_pic() 方法的代码如下所示：

（代码位置：资源包 \Code\16\clock\util\io_tools.py）

```
01  # 加载员工图像
02  def load_employee_pic():
03      photos = list()                              # 样本图像列表
04      lables = list()                              # 标签列表
05      pics = os.listdir(PIC_PATH)                  # 读取所有照片
06      if len(pics) != 0:                           # 如果照片文件不是空的
07          for file_name in pics:                   # 遍历所有图像文件
08              code = file_name[0:o.CODE_LEN]       # 截取文件名开头的特征码
09              # 以灰度图像的方式读取样本
10              photos.append(cv2.imread(PIC_PATH + file_name, 0))
11              lables.append(int(code))             # 样本的特征码作为训练标签
```

```
12              rs.train(photos, lables)              # 识别器训练样本
13         else:                                      # 不存在任何照片
14             print("Error >> 员工照片文件丢失，请重新启动程序并录入员工信息！")
```

load_work_time_config() 是上下班时间配置文件的方法。因为配置文件中保存的数据格式非常简单，所以该方法直接将文件中所有内容读取出来，按照"/"字符截取，并将截取出的数据赋值给数据实体的全局变量。

load_work_time_config() 方法的代码如下所示：

代码位置：资源包 \Code\16\clock\util\io_tools.py

```
01    # 加载上下班时间数据
02    def load_work_time_config():
03        file = open(WORK_TIME, "r", encoding="utf-8")    # 打开上下班时间记录文件，只读
04        text = file.read().rstrip()                      # 读取所有文本
05        times = text.split("/")                          # 分割字符串
06        o.WORK_TIME = times[0]                            # 第一个值是上班时间
07        o.CLOSING_TIME = times[1]                         # 第二个值是下班时间
08        file.close()                                      # 关闭文件
```

load_users() 是加载管理员账号密码文件的方法。因为文件保存的是管理员账号和密码字典的字符串内容，所以直接将文件中所有文本读出来，然后转换成字典类型即可。将转换之后的字典对象直接赋值给数据实体模块即可。

load_users() 方法的代码如下所示：

（代码位置：资源包 \Code\16\clock\util\io_tools.py）

```
01    # 加载管理员账号和密码
02    def load_users():
03        file = open(USER_PASSWORD, "r", encoding="utf-8")    # 打开管理员账号文件，只读
04        text = file.read()                                   # 读取所有文本
05        if len(text) > 0:                                    # 如果存在文本
06            o.USERS = eval(text)                             # 将文本转换成打卡记录字典
07        file.close()                                          # 关闭文件
```

（5）将数据保存到文件中

既然有加载数据的方法，也就应该有保存数据的方法。当数据发生变化时，程序应立即让变化后的数据保存到本地硬盘上。公共工具模块提供了两种将数据保存到文件中的方法（保存新员工照片的方法由摄像头工具模块提供）。

save_employee_all() 方法可以将员工列表中的数据保存到员工数据文件中。该方法首先打开文件的写权限，以覆盖的方式替换掉文件中的内容，然后遍历所有员工，将员工信息通过英文逗号和换行符拼接到一起，最后将拼接的文本写入文件中。

save_employee_all() 方法的代码如下所示：

（代码位置：资源包 \Code\16\clock\util\io_tools.py）

```
01    # 将员工信息持久化
02    def save_employee_all():
```

```
03        file = open(DATA_FILE, "w", encoding="utf-8")    # 打开员工信息文件, 只写, 覆盖
04        info = "";                                        # 待写入的字符串
05        for emp in o.EMPLOYEES:                           # 遍历所有员工信息
06            # 拼接员工信息
07            info += str(emp.id) + "," + str(emp.name) + "," + str(emp.code) + "\n"
08        file.write(info)                                  # 将这些员工信息写入到文件中
09        file.close()                                      # 关闭文件
```

save_lock_record() 方法可以将打卡记录字典中的数据保存到打卡记录文件中, 其逻辑与保存员工数据的方法类似, 只不过不需要拆分或拼接数据, 而是直接把字典对象转换成字符串, 将转换得到的字符串覆盖到打卡记录文件中。

save_lock_record() 方法的代码如下所示:

（代码位置: 资源包 \Code\16\clock\util\io_tools.py）

```
01    # 将打卡记录持久化
02    def save_lock_record():
03        file = open(RECORD_FILE, "w", encoding="utf-8")   # 打开打卡记录文件, 只写, 覆盖
04        info = str(o.LOCK_RECORD)                          # 将打卡记录字典转换成字符串
05        file.write(info)                                   # 将字符串内容写入到文件中
06        file.close()                                       # 关闭文件
```

save_work_time_config() 方法可以将数据实体中的上班时间和下班时间保存到文件当中。先按照 "上班时间 / 下班时间" 的格式拼接两个时间的字符串, 然后将拼接好的内容写入上下班配置文件中。

save_work_time_config () 方法的代码如下所示:

（代码位置: 资源包 \Code\16\clock\util\io_tools.py）

```
01    # 将上下班时间写到文件中
02    def save_work_time_config():
03        file = open(WORK_TIME, "w", encoding="utf-8")     # 打开上下班时间配置文件, 只写, 覆盖
04        times = str(o.WORK_TIME) + "/" + str(o.CLOSING_TIME)
05        file.write(times)                                  # 将字符串内容写入到文件中
06        file.close()                                       # 关闭文件
```

（6）删除照片

当一位员工被删除后, 该员工的照片就成了系统的垃圾文件, 若不及时清除, 不仅会占用空间, 还会加重人脸识别器的训练成本。

remove_pics() 方法是公共工具模块提供的删除指定员工照片的方法, 参数为被删除的员工编号。该方法首先会通过员工编号获取到该员工的特征码, 然后到照片文件夹中遍历所有文件, 只要文件名以此员工的特征码开头, 就将文件删除。删除之后还要在控制台打印删除日志来提醒用户。

remove_pics() 方法的代码如下所示:

（代码位置: 资源包 \Code\16\clock\util\io_tools.py）

```
01    # 删除指定员工的所有照片
02    def remove_pics(id):
```

```
03        pics = os.listdir(PIC_PATH)              # 读取所有照片文件
04        code = str(hr.get_code_with_id(id))      # 获取该员工的特征码
05        for file_name in pics:                   # 遍历文件
06            if file_name.startswith(code):       # 如果文件名以特征码开头
07                os.remove(PIC_PATH + file_name)  # 删除此文件
08                print("删除照片: " + file_name)
```

（7）生成 CSV 文件

考勤月报是一个内容非常多的报表，不适合在控制台中展示，但很适合生成 Excel 报表来展示。因为使用 Python 技术创建 Excel 文件需要下载并导入第三方模块，会加重读者的学习压力，所以这里使用更简单的 CSV 格式文件来展示报表。Excel 可以直接打开 CSV 文件。

CSV 文件实际上是一个文本文件，每一行文字都对应 Excel 中的一行内容。CSV 文件将每一行文字内容用英文逗号分隔，Excel 会根据这些英文逗号自动将文字内容分配到每一列中。

create_CSV() 方法专门用来创建 CSV 文件。第一个参数是 CSV 文件的文件名，这个名称不包含后缀；第二个参数是 CSV 文件写入的文本内容。方法会将 CSV 文件生成在 /data/ 文件夹下，因为大部分电脑都用 Windows 系统，所以按照 GBK 字符编码写入内容，这样可以保证 Windows 系统下使用 Excel 打开 CSV 文件不会产生乱码。

create_CSV() 方法的代码如下所示：

```
01    # 生成 CSV 文件，采用 Windows 默认的 GBK 编码
02    def create_CSV(file_name, text):
03        file = open(PATH + file_name + ".csv", "w", encoding="gbk")  # 打开文件，只写，覆盖
04        file.write(text)                         # 将文本写入文件中
05        file.close()                             # 关闭文件
06        print("已生成文件，请注意查看: " + PATH + file_name + ".csv")
```

16.5.3 摄像头工具模块

util 文件夹下的 camera.py 是本程序的摄像头工具模块，该模块提供了以下功能：
- 开启摄像头打卡。
- 为员工拍照。

接下来将详细介绍 camera.py 中的代码。

（1）导入模块

摄像头模块需要调用 OpenCV 和人脸识别服务模块的方法来实现拍照和视频打卡功能。因为打卡成功之后要显示员工姓名，所以还需要调用人事服务模块提供的方法。代码如下所示：

（代码位置：资源包 \Code\16\clock\util\camera.py）

```
01    import cv2
02    from util import public_tools as tool
03    from util import io_tools as io
04    from service import recognize_service as rs
05    from service import hr_service as hr
```

（2）全局变量

录入新用户时需要为新用户拍照，用户通过敲键盘完成拍照。全局变量保存了键盘上

<Esc> 键和 <Enter> 键的 ASCII 码，OpenCV 会对比这两个变量来判断用户敲击了哪个按键。
代码如下所示：

（代码位置：资源包 \Code\16\clock\util\camera.py）

```
01   ESC_KEY = 27                              # Esc 键的 ASCII 码
02   ENTER_KEY = 13                            # Enter 键的 ASCII 码
```

（3）为新员工拍照

执行 register() 方法会开启本地默认摄像头，方法参数是被拍照员工的特征码，当用户
敲击 <Enter> 键时，方法把摄像头的当前帧画面保存成图像文件，文件名以该员工特征码开
头。每位新员工需要拍三张图片，也就是需要敲击三次 <Enter> 键，该方法才会结束。最后
员工拍摄的照片都会保存在 /data/face/ 文件夹中，如图 16.8 所示。

图 16.8　/data/face/ 文件夹中多了员工拍完的照片文件

register() 方法的代码如下所示：

（代码位置：资源包 \Code\16\clock\util\camera.py）

```
01   # 打开摄像头进行登记
02   def register(code):
03       cameraCapture = cv2.VideoCapture(0, cv2.CAP_DSHOW)    # 获得默认摄像头
04       success, frame = cameraCapture.read()                # 读取 1 帧
05       shooting_time = 0                                    # 拍摄次数
06       while success:                                       # 如果读到有效帧数
07           cv2.imshow("register", frame)                    # 展示当前画面
08           success, frame = cameraCapture.read()            # 再读 1 帧
09           key = cv2.waitKey(1)                             # 记录当前用户敲下的按键
10           if key == ESC_KEY:                               # 如果直接按 Esc 键
11               break                                        # 停止循环
12           if key == ENTER_KEY:                             # 如果按 Enter 键
13               # 将当前帧缩放成统一大小
14               photo = cv2.resize(frame, (io.IMG_WIDTH, io.IMG_HEIGHT))
15               # 拼接照片名：照片文件夹 + 特征码 + 随机数字 + 图片后缀
```

```
16                  img_name = io.PIC_PATH + str(code) + str(tool.randomNumber(8)) + ".png"
17                  cv2.imwrite(img_name, photo)          # 保存将图像
18                  shooting_time += 1                    # 拍摄次数递增
19                  if shooting_time == 3:                # 如果拍完三张照片
20                      break                             # 停止循环
21          cv2.destroyAllWindows()                       # 释放所有窗体
22          cameraCapture.release()                       # 释放摄像头
23          io.load_employee_pic()                        # 让人脸识别服务重新载入员工照片
```

（4）开启摄像头打卡

执行 clock_in() 方法会开启本地默认摄像头，程序会扫描摄像头每一帧画面里是否有人脸，如果有人脸，就会将这一帧画面与所有员工照片样本做比对，判断当前画面里的人脸属于哪位员工。人脸识别服务会给出识别成功的特征码，人事服务模块可以通过特征码获得员工姓名，方法在最后会将识别成功的员工姓名返回。如果屏幕中没有出现人脸或者识别不成功，摄像头会一直处于开启状态。

clock_in() 方法的代码如下所示：

 （代码位置：资源包 \Code\16\clock\util\camera.py）

```
01                                                        # 打开摄像头打卡
02  def clock_in():
03      cameraCapture = cv2.VideoCapture(0, cv2.CAP_DSHOW)   # 获得默认摄像头
04      success, frame = cameraCapture.read()             # 读取一帧
05      while success and cv2.waitKey(1) == -1:           # 如果读到有效帧数
06          cv2.imshow("check in", frame)                 # 展示当前画面
07          gary = cv2.cvtColor(frame, cv2.COLOR_BGR2GRAY)  # 将彩色图片转为灰度图片
08          if rs.found_face(gary):                       # 如果屏幕中出现正面人脸
09              # 将当前帧缩放成统一大小
10              gary = cv2.resize(gary, (io.IMG_WIDTH, io.IMG_HEIGHT))
11              code = rs.recognise_face(gary)            # 识别图像
12              if code != -1:                            # 如果识别成功
13                  name = hr.get_name_with_code(code)    # 获取此特征码对应的员工
14                  if name != None:                      # 如果返回的结果不是空的
15                      cv2.destroyAllWindows()           # 释放所有窗体
16                      cameraCapture.release()           # 释放摄像头
17                      return name                       # 返回打卡成功者的姓名
18          success, frame = cameraCapture.read()         # 再读 1 帧
19      cv2.destroyAllWindows()                           # 释放所有窗体
20      cameraCapture.release()                           # 释放摄像头
```

16.6 服务模块设计

本系统的服务模块包含两个文件：hr_service.py 和 recognize_service.py。前者提供所有人事管理的相关功能，例如增减员工、查询员工数据；后者提供人脸识别服务。本节将详细介绍这两个文件中的代码。

16.6.1 人事服务模块

service 文件夹下的 hr_service.py 就是本程序的人事服务模块，该模块专门处理所有人事管理方面的业务，包含以下功能：

- 添加新员工。
- 删除某员工。
- 为指定员工添加打卡记录。
- 多种获取员工信息的方法。
- 生成考勤日报。
- 生成考勤月报（CSV 文件）。

接下来将详细介绍 hr_service.py 中的代码。

（1）导入模块

人事服务需要管理员工类列表、记录打卡时间，还要计算、对比负责的日期和时间数值，所以要导入数据实体模块、公共工具模块、时间模块和日历模块。代码如下所示：

（代码位置：资源包 \Code\16\clock\service\hr_service.py）

```
01    from entity import organizations as o
02    from util import public_tools as tool
03    from util import io_tools as io
04    import datetime
05    import calendar
```

（2）加载所有数据

程序启动的首要任务就是加载数据。人事服务模块将所有加载数据的方法封装成 load_emp_data() 方法，程序启动时运行此方法就可以一次性载入所有保存在文件中的数据。该方法会依次进行文件自检、载入管理员账号密码、载入打卡记录、载入员工信息和载入员工照片。

load_emp_data() 方法的代码如下所示：

（代码位置：资源包 \Code\16\clock\service\hr_service.py）

```
01    # 加载数据
02    def load_emp_data():
03        io.checking_data_files()          # 文件自检
04        io.load_users()                   # 载入管理员账号
05        io.load_lock_record()             # 载入打卡记录
06        io.load_employee_info()           # 载入员工信息
07        io.load_employee_pic()            # 载入员工照片
```

（3）添加新员工

add_new_employee() 方法用于添加新员工，参数为新员工的姓名。该方法会通过公共工具模块创建随机特征码，通过数据实体模块创建新员工编号，然后结合姓名参数创建新员工对象，在员工列表中添加新员工对象，并将最新的员工列表写入到员工数据文件中，最后方法会将该员工的特征码返回，摄像头服务会根据此特征码为员工创建照片文件。

add_new_employee() 方法的代码如下所示：

（代码位置：资源包 \Code\16\clock\service\hr_service.py）

```
01    # 添加新员工
02    def add_new_employee(name):
03        code = tool.randomCode()                        # 生成随机特征码
04        newEmp = o.Employee(o.get_new_id(), name, code)  # 创建员工对象
05        o.add(newEmp)                                    # 组织结构中添加新员工
06        io.save_employee_all()                           # 保存最新的员工信息
07        return code                                      # 新员工的特征码
```

（4）删除员工

remove_employee() 方法用来删除已有的员工资料，参数为被删除员工的编号。该方法首先会删除该员工的所有照片文件，然后在员工列表中清除该员工的所有信息，包括打卡记录，最后将当前员工列表和打卡记录覆盖到数据文件当中，这样数据文件里不会再有该员工的任何信息了。

remove_employee() 方法的代码如下所示：

（代码位置：资源包 \Code\16\clock\service\hr_service.py）

```
01    # 删除某个员工
02    def remove_employee(id):
03        tool.remove_pics(id)          # 删除该员工所有图片
04        o.remove(id)                  # 从组织结构中删除
05        io.save_employee_all()        # 保存最新的员工信息
06        io.save_lock_record()         # 保存最新的打卡记录
```

（5）添加打卡记录

add_lock_record() 方法用来为指定员工添加打卡记录，参数为员工的姓名。如果某个员工打卡成功，该方法首先会检查该员工是否有已经存在的打卡记录，如果没有记录就为其创建新记录，如果有记录就在原有记录上追加新时间字符串。方法最后会把当前打卡记录保存到数据文件中。

add_lock_record() 方法的代码如下所示：

（代码位置：资源包 \Code\16\clock\service\hr_service.py）

```
01    # 为指定员工添加打卡记录
02    def add_lock_record(name):
03        record = o.LOCK_RECORD                                          # 所有打卡记录
04        now_time = datetime.datetime.now().strftime("%Y-%m-%d %H:%M:%S")  # 当前时间
05        if name in record.keys():                                       # 如果这个人有打卡记录
06            r_list = record[name]                                       # 去除他的记录
07            if len(r_list) == 0:                                        # 如果记录为空
08                r_list = list()                                         # 创建新列表
09            r_list.append(now_time)                                     # 记录当前时间
10        else:                                                           # 如果这个人从未打过卡
11            r_list = list()                                             # 创建新列表
12            r_list.append(now_time)                                     # 记录当前时间
13            record[name] = r_list                                       # 将记录保存在字典中
14        io.save_lock_record()                                           # 保存所有打卡记录
```

（6）获取员工数据

人事服务模块提供了多种获取员工数据的方法，可以满足多种业务场景，接下来将分别介绍。

get_employee_report() 方法可以返回一个包含所有员工简要信息的报表，可用于在前端展示员工列表。该方法的代码如下所示：

（代码位置：资源包 \Code\16\clock\service\hr_service.py）

```
01  # 所有员工信息报表
02  def get_employee_report():
03      # report = list()                             # 员工信息列表
04      report = "#########################################\n"
05      report += " 员工名单如下所示: \n"
06      i = 0                                          # 换行计数器
07      for emp in o.EMPLOYEES:                        # 遍历所有员工
08          report += "(" + str(emp.id) + ")" + emp.name + "\t"
09          i += 1                                     # 计数器自增
10          if i == 4:                                 # 每四位员工换一行
11              report += "\n"
12              i = 0                                  # 计数器归零
13      report = report.strip()                        # 清除报表结尾可能出现的换行符
14      report += "\n#########################################"
15      return report
```

删除员工操作需要让用户输入被删除员工的编号，程序应该对用户输入的值进行校验，如果用户输入的员工编号不在员工列表之中（即无效编号），就认为用户操作有误，程序中断此业务。

check_id() 方法用来判断输入的编号是否有效，编号如果有效就返回 True，无效就返回 False。该方法的代码如下所示：

（代码位置：资源包 \Code\16\clock\service\hr_service.py）

```
01  # 检查 id 是否存在
02  def check_id(id):
03      for emp in o.EMPLOYEES:
04          if str(id) == str(emp.id):
05              return True
06      return False
```

通过员工特征码获取该员工姓名代码如下所示：

（代码位置：资源包 \Code\16\clock\service\hr_service.py）

```
01  # 通过特征码获取员工姓名
02  def get_name_with_code(code):
03      for emp in o.EMPLOYEES:
04          if str(code) == str(emp.code):
05              return emp.name
```

通过员工编号获取该员工特征码的代码如下所示：

（代码位置：资源包 \Code\16\clock\service\hr_service.py）

```
01  # 通过 id 获取员工特征码
02  def get_code_with_id(id):
```

```
03          for emp in o.EMPLOYEES:
04              if str(id) == str(emp.id):
05                  return emp.code
```

（7）验证管理员账号和密码

valid_user() 方法用来验证管理员用账号和密码，第一个参数为管理员账号，第二个参数为管理员密码。该方法首先会判断输入的管理员账号是否存在，如果存在再比对输入的密码，只有管理员账号存在且密码正确的情况下方法返回 True，其他情况返回 False。

valid_user() 方法的代码如下所示：

（代码位置：资源包 \Code\16\clock\service\hr_service.py）

```
01    # 验证管理员账号和密码
02    def valid_user(username, password):
03        if username in o.USERS.keys():              # 如果有这个账号
04            if o.USERS.get(username) == password:   # 如果账号和密码匹配
05                return True                         # 验证成功
06        return False                                # 验证失败
```

（8）保存上下班时间

save_work_time() 方法用来保存用户设置的上下班时间，第一个参数为上班时间，第二个参数为下班时间，两个参数均为字符串，且必须符合 "%H:%M:%S" 时间格式，例如 08:00:00。该方法会直接修改数据实体中的全局变量，所以用户可以修改实时的上下班时间，即设置时间之后，日报和月报会立即使用新的时间分析考勤数据。

save_work_time() 方法的代码如下所示：

（代码位置：资源包 \Code\16\clock\service\hr_service.py）

```
01    # 保存上下班时间
02    def save_work_time(work_time, close_time):
03        o.WORK_TIME = work_time
04        o.CLOSING_TIME = close_time
05        io.save_work_time_config()                  # 上下班时间保存到文件中
```

（9）打印考勤日报

打印考勤日报的方法有两个：get_day_report() 方法打印指定日期的日报，get_today_report() 方法打印今天的日报。下面分别介绍。

get_day_report() 方法打印哪一天的日报是由参数 date 决定的，参数 date 是一个字符串，且必须符合 "%Y-%m-%d" 的时间格式，例如 "2008-08-08"。该方法会创建出 date 指定的时间对象，并分别计算出这一天 0 点、12 点和 23 点 59 分 59 秒的时间对象，并且会根据用户设置的上下班时间计算出这一天上班时间对象和下班时间对象，这些时间对象将用来分析员工的考勤情况。员工的打卡规则如表 16.2 所示。

表 16.2　打卡规则

打卡时间范围	打卡记录状态	分析结果
0:00:00 < 打卡时间 < 23:59:59	正常	不缺席
not (0:00:00 < 打卡时间 < 23:59:59)	不正常	缺席
打卡时间 <= 上班时间	正常	正常上班打卡
上班时间 < 打卡时间 <= 12:00:00	不正常	迟到
12:00:00 < 打卡时间 < 下班时间	不正常	早退

　　方法中分别创建了迟到名单、早退名单和缺席名单这三个列表，只要某员工出现不正常打卡记录，就会将员工姓名放到对应不正常打卡状态的名单里，最后打印报表，给出各名单人数和明细。

　　get_day_report() 方法的代码如下所示：

（代码位置：资源包 \Code\16\clock\service\hr_service.py）

```
01    # 打印指定日期的打卡日报
02    def get_day_report(date):
03        io.load_work_time_config()                              # 读取上下班时间
04        # 今天 0 点
05        earliest_time = datetime.datetime.strptime(date +
06                    " 00:00:00", "%Y-%m-%d %H:%M:%S")
07        # 今天中午 12 点
08        noon_time = datetime.datetime.strptime(date + " 12:00:00", "%Y-%m-%d %H:%M:%S")
09        # 今晚 0 点之前
10        latest_time = datetime.datetime.strptime(date +
11                    " 23:59:59", "%Y-%m-%d %H:%M:%S")
12        # 上班时间
13        work_time = datetime.datetime.strptime(date + " "
14                    + o.WORK_TIME, "%Y-%m-%d %H:%M:%S")
15        closing_time = datetime.datetime.strptime(date + " "
16                    + o.CLOSING_TIME, "%Y-%m-%d %H:%M:%S")# 下班时间
17
18        late_list = []                                          # 迟到名单
19        left_early = []                                         # 早退名单
20        absent_list = []                                        # 缺席名单
21
22        for emp in o.EMPLOYEES:                                 # 遍历所有员工
23            if emp.name in o.LOCK_RECORD.keys():                # 如果该员工有打卡记录
24                emp_lock_list = o.LOCK_RECORD.get(emp.name)     # 获取该员工所有的打卡记录
25                is_absent = True                                # 缺席状态
26                for lock_time_str in emp_lock_list:             # 遍历所有打卡记录
27                    lock_time = datetime.datetime.strptime(lock_time_str,
28                        "%Y-%m-%d %H:%M:%S")                    # 打卡记录转为日期格式
29                    if earliest_time < lock_time < latest_time:# 如果当天有打卡记录
30                        is_absent = False                       # 不缺席
31                        if work_time < lock_time <= noon_time:  # 上班时间后、中午之前打卡
32                            late_list.append(emp.name)          # 加入迟到名单
33                        if noon_time < lock_time < closing_time:# 中午之后、下班之前打卡
34                            left_early.append(emp.name)         # 加入早退名单
35                if is_absent:                                   # 如果仍然是缺席状态
36                    absent_list.append(emp.name)                # 加入缺席名单
37            else:                                               # 该员工没有打卡记录
38                absent_list.append(emp.name)                    # 加入缺席名单
39
40        emp_count = len(o.EMPLOYEES)                            # 员工总人数
```

第4篇　项目开发篇

```
41        print("--------" + date + "--------")
42        print(" 应到人数: " + str(emp_count))
43        print(" 缺席人数: " + str(len(absent_list)))
44        absent_name = ""                              # 缺席名单
45        if len(absent_list) == 0:                     # 如果没有缺席的
46            absent_name = "( 空 )"
47        else:                                         # 有缺席的
48            for name in absent_list:                  # 遍历缺席列表
49                absent_name += name + " "             # 拼接名字
50        print(" 缺席名单: " + absent_name)
51        print(" 迟到人数: " + str(len(late_list)))
52        late_name = ""                                # 迟到名单
53        if len(late_list) == 0:                       # 如果没有迟到的
54            late_name = "( 空 )"
55        else:                                         # 有迟到的
56            for name in late_list:                    # 遍历迟到列表
57                late_name += name + " "               # 拼接名字
58        print(" 迟到名单: " + str(late_name))
59        print(" 早退人数: " + str(len(left_early)))
60        early_name = ""                               # 早退名单
61        if len(left_early) == 0:                      # 如果没有早退的
62            early_name = "( 空 )"
63        else:                                         # 有早退的
64            for name in left_early:                   # 遍历早退列表
65                early_name += name + " "              # 拼接名字
66        print(" 早退名单: " + early_name)
```

因为负责考勤的用户最常查看的就是今天的打卡情况，所以将今天打卡日报单独封装成了 get_today_report() 方法。该方法会自动生成今天的 date 字符串，并将其作为参数调用 get_day_report() 方法。

get_today_report() 方法的代码如下所示：

（代码位置：资源包 \Code\16\clock\service\hr_service.py）

```
01    # 打印今天的打卡日报
02    def get_today_report():
03        date = datetime.datetime.now().strftime("%Y-%m-%d")   # 今天的日期
04        get_day_report(str(date))                             # 打印今天的日报
```

（10）生成考勤月报

与考勤日报不同，考勤月报是一种汇总形式的报表，可以展示员工整个月的考勤状况。因为月报内容较多，所以不会在控制台中展示，而是生成独立的报表文件。

生成考勤月报的方法有两个：get_month_report () 方法生成指定月份的月报，get_pre_month_report () 方法打印上个月的月报。下面分别介绍。

考勤月报的校验逻辑与考勤日报基本相同，相当于一次性统计了一整个月的日报数据。唯一不同的就是统计月报的时候不是创建异常打卡名单，而是统计每一位员工每一天的打卡情况。每个员工的打卡情况用一个字符串表示，如有正常打卡，就追加正常打卡的标记，如果迟到就追加迟到标记，以此类推。统计完所有员工一整个月打卡情况之后再对每个字符串进行分析：

● 如果员工在 X 日有正常上下班打卡标记，则月报 X 日下不显示任何内容。迟到或早退标记都会被忽略，因为可能是员工误打卡。

● 如果员工在 X 日没有上班打卡标记，且有迟到标记，则在月报 X 日下显示【迟到】。

● 如果员工在 X 日没有下班打卡标记，且有早退标记，则在月报 X 日下显示【早退】。

● 如果员工在 X 日没有上班打卡标记，也没有迟到标记，则在月报 X 日下显示【上班未打卡】。

● 如果员工在 X 日没有下班打卡标记，也没有早退标记，则在月报 X 日下显示【下班未打卡】。

● 如果员工在 X 日没有任何打卡标记，则在月报 X 日下显示【缺席】。

月报采用 CSV 格式文件展示，CSV 文件会自动生成在项目的 /data/ 文件夹下。CSV 是文本文件，用换行符区分表格的行，用英文逗号区分表格的列。方法最后生成 CSV 格式月报，如果用记事本打开，其效果如图 16.9 所示，如果用 Office Excel 打开，则可以看到正常的表格内容，效果如图 16.10 所示。

图 16.9　用记事本打开 CSV 格式的月报

图 16.10　用 Office Excel 打开 CSV 格式的月报

get_month_report() 方法的代码如下所示：

（代码位置：资源包 \Code\16\clock\service\hr_service.py）

```
01    # 创建指定月份的打卡记录月报
02    def get_month_report(month):
```

```
03        io.load_work_time_config()                                # 读取上下班时间
04        date = datetime.datetime.strptime(month, "%Y-%m")         # 月份转为时间对象
05        monthRange = calendar.monthrange(date.year, date.month)[1] # 该月最后一天的天数
06        month_first_day = datetime.date(date.year, date.month, 1)  # 该月的第一天
07        month_last_day = datetime.date(date.year, date.month, monthRange)# 该月的最后一天
08
09        clock_in = "I"                              # 正常上班打卡标志
10        clock_out = "O"                             # 正常下班打卡标志
11        late = "L"                                  # 迟到标志
12        left_early = "E"                            # 早退标志
13        absent = "A"                                # 缺席标志
14
15        lock_report = dict()                        # 键为员工名, 值为员工打卡情况列表
16
17        for emp in o.EMPLOYEES:
18            emp_lock_data = []                      # 员工打卡情况列表
19            if emp.name in o.LOCK_RECORD.keys(): # 如果员工有打卡记录
20                emp_lock_list = o.LOCK_RECORD.get(emp.name) # 从打卡记录中获取该员工的记录
21                index_day = month_first_day         # 遍历日期，从该月第一天开始
22                while index_day <= month_last_day:
23                    is_absent = True                # 缺席状态
24                    earliest_time = datetime.datetime.strptime(str(index_day)
25                                + " 00:00:00", "%Y-%m-%d %H:%M:%S") # 当天 0 点
26                    noon_time = datetime.datetime.strptime(str(index_day)
27                                + " 12:00:00", "%Y-%m-%d %H:%M:%S") # 当天中午 12 点
28                    latest_time = datetime.datetime.strptime(str(index_day)
29                                + " 23:59:59", "%Y-%m-%d %H:%M:%S") # 当天 0 点之前
30                    work_time = datetime.datetime.strptime(str(index_day) + " "
31                                + o.WORK_TIME, "%Y-%m-%d %H:%M:%S") # 当天上班时间
32                    closing_time = datetime.datetime.strptime(str(index_day) + " "
33                                + o.CLOSING_TIME, "%Y-%m-%d %H:%M:%S") # 当天下班时间
34                    emp_today_data = ""             # 员工打卡标记汇总
35
36                    for lock_time_str in emp_lock_list:            # 遍历所有打卡记录
37                        lock_time = datetime.datetime.strptime(lock_time_str,
38                                    "%Y-%m-%d %H:%M:%S")# 打卡记录转为日期格式
39                    # 如果当前日期有打卡记录
40                        if earliest_time < lock_time < latest_time:
41                            is_absent = False                      # 不缺席
42                            if lock_time <= work_time:             # 上班时间前打卡
43                                emp_today_data += clock_in         # 追加正常上班打卡标志
44                            elif lock_time >= closing_time:        # 下班时间后打卡
45                                emp_today_data += clock_out        # 追加正常下班打卡标志
46                        # 上班时间后、中午之前打卡
47                            elif work_time < lock_time <= noon_time:
48                                emp_today_data += late             # 追加迟到标志
49                        # 中午之后、下班之前打卡
50                            elif noon_time < lock_time < closing_time:
51                                emp_today_data += left_early       # 追加早退标志
52                    if is_absent:                                  # 如果缺席
53                        emp_today_data = absent                    # 直接赋予缺席标志
54                    emp_lock_data.append(emp_today_data)           # 员工打卡标记添加到打卡情况列表中
55                    index_day = index_day + datetime.timedelta(days=1) # 遍历天数递增
56            else: # 没有打卡记录的员工
57                index_day = month_first_day                        # 从该月第一天开始
58                while index_day <= month_last_day:                 # 遍历整月
59                    emp_lock_data.append(absent)                   # 每天都缺席
60                    index_day = index_day + datetime.timedelta(days=1) # 日期递增
61            lock_report[emp.name] = emp_lock_data                  # 将打卡情况列表保存到该员工之下
62
63        report = "\" 姓名 / 日期 \""                               # CVS 文件的文本内容，第一行第一列
64        index_day = month_first_day                                # 从该月第一天开始
```

```
65              while index_day <= month_last_day:              # 遍历整月
66                  report += ",\"" + str(index_day) + "\""       # 添加每一天的日期
67                  index_day = index_day + datetime.timedelta(days=1)  # 日期递增
68          report += "\n"
69
70          for emp in lock_report.keys():                       # 遍历报表中的所有员工
71              report += "\"" + emp + "\""                       # 第一列为员工名
72              data_list = lock_report.get(emp)                  # 取出员工的打卡情况列表
73              for data in data_list:                            # 取出每一天的打卡情况
74                  text = ""                                     # CSV 中显示的内容
75                  if absent == data:                            # 如果是缺席
76                      text = "【缺席】"
77                  elif clock_in in data and clock_out in data:  # 如果是全勤, 不考虑迟到和早退
78                      text = ""  # 显示空白
79                  else:                                         # 如果不是全勤
80                      if late in data and clock_in not in data:  # 有迟到记录且无上班打卡
81                          text += "【迟到】"
82                      # 有早退记录且无下班打卡
83                      if left_early in data and clock_out not in data:
84                          text += "【早退】"
85                      # 无下班打卡和早退记录
86                      if clock_out not in data and left_early not in data:
87                          text += "【下班未打卡】"
88                      # 有无上班打卡和迟到记录
89                      if clock_in not in data and late not in data:
90                          text += "【上班未打卡】"
91                  report += ",\"" + text + "\""
92              report += "\n"
93          # CSV 文件标题日期
94          title_date = month_first_day.strftime("%Y{y}%m{m}").format(y="年 ", m="月 ")
95          file_name = title_date + "考勤月报"          # CSV 的文件名
96          io.create_CSV(file_name, report)              # 生成 CSV 文件
```

因为负责考勤的用户最常查看月报就是上个月的月报，所以将生成上个月月报单独封装成了 get_pre_month_report() 方法。该方法会自动生成上个月的 pre_month 字符串，并将其作为参数调用 get_month_report() 方法。

get_pre_month_report() 代码如下所示:

（代码位置: 资源包 \Code\16\clock\service\hr_service.py）

```
01  # 创建上个月打卡记录月报
02  def get_pre_month_report():
03      today = datetime.date.today()                           # 得到今天的日期
04      # 获得上个月的第一天的日期
05      pre_month_first_day = datetime.date(today.year, today.month - 1, 1)
06      pre_month = pre_month_first_day.strftime("%Y-%m")       # 转成年月格式字符串
07      get_month_report(pre_month)                             # 生成上个月的月报
```

16.6.2 人脸识别服务模块

service 文件夹下的 recognize_service.py 就是本程序的人脸识别服务模块。该模块提供人脸识别算法，包含以下功能:

● 检测图像中是否有正面人脸。

● 判断图像中的人脸属于哪个人。

接下来将详细介绍 recognize_service.py 中的代码。

（1）导入包

人脸识别服务需要导入 OpenCV 相关模块和 os 模块。代码如下所示：

（代码位置：资源包 \Code\16\clock\service\recognize_service.py）

```
01    import cv2
02    import numpy as np
03    import os
```

（2）全局变量

全局变量中创建了人脸识别器引擎和人脸识别级联分类器对象，PASS_CONF 为人脸识别的信用评分，只有低于这个值的人脸识别评分才认为相似度高。全局变量的代码如下所示：

```
01    RECOGNIZER = cv2.face.LBPHFaceRecognizer_create()          # LBPH 识别器
02    PASS_CONF = 45   # 最高评分，LBPH 最高建议用 45
03    FACE_CASCADE = cv2.CascadeClassifier(os.getcwd()
04          + "\\cascades\\haarcascade_frontalface_default.xml")# 加载人脸识别级联分类器
```

（3）训练识别器

train() 方法专门用来训练人脸识别器。该方法仅封装了识别器对象的训练方法，方法参数为样本图像列表和标签列表，其代码如下所示：

（代码位置：资源包 \Code\16\clock\service\recognize_service.py）

```
01    # 训练识别器
02    def train(photos, lables):
03        RECOGNIZER.train(photos, np.array(lables))             # 识别器开始训练
```

（4）发现人脸

found_face() 方法用来判断图像中是否有正面人脸，参数为灰度图像。通过正面人脸级联分类器对象检测出图像中出现的人脸数量，最后返回人脸数量大于 0 的判断结果，有人脸就返回 True，没有就返回 False。

found_face() 方法的代码如下所示：

（代码位置：资源包 \Code\16\clock\service\recognize_service.py）

```
01    # 判断图像中是否有正面人脸
02    def found_face(gary_img):
03        faces = FACE_CASCADE.detectMultiScale(gary_img, 1.15, 4)   # 找出图像中所有的人脸
04        return len(faces) > 0   # 返回人脸数量大于 0 的结果
```

（5）识别人脸

recognise_face() 方法用来识别图像中的人脸属于哪位员工，方法参数为被识别的图像。该方法必须在识别器接受完训练之后被调用。识别器会给出分析得出的评分，如果评分大

于可信范围，则认为图像中不存在任何已有员工，返回－1，否则返回已有员工的特征码。

recognise_face() 方法的代码如下所示：

（代码位置：资源包 \Code\16\clock\service\recognize_service.py）

```
01  # 识别器识别图像中的人脸
02  def recognise_face(photo):
03      label, confidence = RECOGNIZER.predict(photo)    # 识别器开始分析人脸图像
04      if confidence > PASS_CONF:                        # 忽略评分大于最高评分的结果
05          return -1;
06      return label
```

16.7　程序入口设计

main.py 是整个程序的入口文件，也负责在控制台中打印菜单界面，用户通过指令可以使用系统中的全部功能，包括打卡、员工管理等，所以会有大量指令判断逻辑。

main.py 同时也需要导入摄像头工具模块、公共工具模块和人事服务模块。代码如下所示：

（代码位置：资源包 \Code\16\clock\main.py）

```
01  from util import camera
02  from util import public_tools as tool
03  from service import hr_service as hr
```

接下来详细介绍 main.py 中的代码。

16.7.1　用户权限管理

系统中除了打卡和退出这两项功能可以随意使用，其他菜单都需要管理员权限才能使用。用户选中了查看记录、员工管理和考勤报表菜单，系统会验证用户身份，如果不是管理员就会弹出管理员登录提示，用户输入正确的账号和密码才可以继续使用这些功能。

main.py 文件中定义了一个全局变量 ADMIN_LOGIN，该变量表示管理员的登录状态，默认为 False，即管理员未登录。其代码如下所示：

（代码位置：资源包 \Code\16\clock\main.py）

```
ADMIN_LOGIN = False  # 管理员登录状态
```

login() 为管理员登录方法，该方法会弹出输入管理员账号和密码的提示，如果用户输入账号为字符串 "0"，则认为用户取消了登录操作。如果用户输入了正确的账号和密码，就会将全局变量 ADMIN_LOGIN 的值改为 True，即管理员已登录状态，这样系统就会放开所有已设权限的功能，用户可以随意使用。

login() 方法的代码如下所示：

（代码位置：资源包 \Code\16\clock\main.py）

```
01    # 管理员登录
02    def login():
03        while True:
04            username = input("请输入管理员账号（输入0取消操作）: ")
05            if username == "0":                                    # 如果只输入0
06                return                                             # 结束方法
07            passowrd = input("请输入管理员密码: ")
08            if hr.valid_user(username.strip(), passowrd.strip()):  # 校验账号和密码
09                global ADMIN_LOGIN                                 # 读取全局变量
10                ADMIN_LOGIN = True                                 # 设置为管理员已登录状态
11                print(username + " 登录成功! 请选择重新选择功能菜单 ")
12                break
13            else:
14                print("账号或密码错误, 请重新输入!  ")
15                print("--------------------------")
```

16.7.2　主菜单设计

start() 方法是程序的启动方法，在初始化方法执行完毕之后执行。该方法会在控制台中打印程序的主功能菜单，效果如图 16.11 所示。

图 16.11　主菜单

此时用户需要先输入菜单对应的数字，再敲击回车键进入具体的功能菜单。如果用户输入的数字不在功能菜单中，则会提示指令有误，请用户重新输入。

如果当前用户没有管理员权限，在选中查看记录、员工管理和考勤报表菜单时会要求用户先登录管理员的账号。效果如图 16.12 所示。

start() 方法的代码如下所示：

（代码位置：资源包 \Code\16\clock\main.py）

```
01    # 启动方法
02    def start():
03        finish = False  # 程序结束标志
04        menu = """
05    +------------------------------------------------+
06    |                    主功能菜单                   |
```

```
07      +-----------------------------------------------+
08          ①打卡  ②查看记录  ③员工管理  ④考勤报表  ⑤退出
09      -----------------------------------------------"""
10      while not finish:
11          print(menu)                          # 打印菜单
12          option = input(" 请输入菜单序号: ")
13          if option == "1":                    # 如果选择 " 打卡 "
14              face_clock()                     # 启动人脸打卡
15          elif option == "2":                  # 如果选择 " 查看记录 "
16              if ADMIN_LOGIN:                  # 如果管理员已登录
17                  check_record()               # 进入查看记录方法
18              else:
19                  login()                      # 先让管理员登录
20          elif option == "3":                  # 如果选择 " 员工管理 "
21              if ADMIN_LOGIN:
22                  employee_management()        # 进入员工管理方法
23              else:
24                  login()
25          elif option == "4":                  # 如果选择 " 考勤报表 "
26              if ADMIN_LOGIN:
27                  check_report()               # 进入考勤报表方法
28              else:
29                  login()
30          elif option == "5":                  # 如果选择 " 退出 "
31              finish = True                    # 确认结束，循环停止
32          else:
33              print(" 输入的指令有误，请重新输入! ")
34      print("Bye Bye !")
```

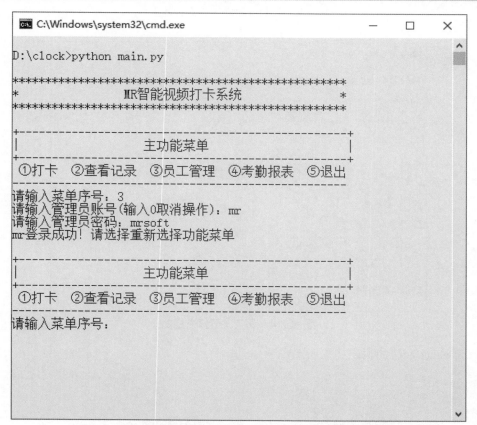

图 16.12　用户需要登录管理员账号才能使用员工管理功能

16.7.3　人脸打卡功能

　　face_clock() 是人脸打卡功能的执行方法，该方法会调用摄像头工具模块提供的打卡方法，此时只要用户面向摄像头，摄像头即可自动扫描人脸并识别特征，例如图 16.13 所示的效果。如果镜头中的人脸符合某位员工的特征，则会返回该员工姓名，然后调用人事服务模块为此员工添加打卡记录，最后提示该员工打卡成功，过程如图 16.14 所示。

图 16.13　打卡者需正向面对镜头

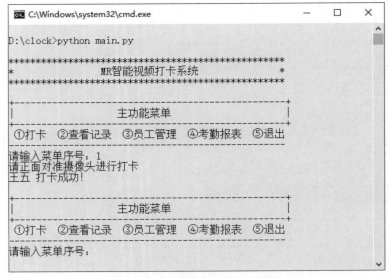

图 16.14　员工王五打卡成功

　　face_clock() 方法的代码如下所示：

```
01    # 人脸打卡
02    def face_clock():
03        print(" 请正面对准摄像头进行打卡 ")
04        name = camera.clock_in()            # 开启摄像头，返回打卡员工名称
05        if name is not None:                 # 如果员工名称有效
```

```
06        hr.add_lock_record(name)              # 保存打卡记录
07        print(name + " 打卡成功！ ")
```

16.7.4　为新员工登记人脸照片样本

employee_management() 方法是员工管理功能的执行方法。该方法会在控制台打印员工管理功能菜单，效果如图 16.15 所示。此时用户需要先输入菜单对应的数字，再敲击回车键进入具体的功能菜单。

图 16.15　进入员工管理功能菜单

如果用户在员工管理功能菜单中输入数字 1 并敲击 <Enter> 键，则开始执行新员工录入操作。首先用户要输入新员工名称，输入完毕后程序会打开默认摄像头，此时让新员工面对摄像头，程序会将摄像头拍摄的画面展示在如图 16.17 所示的 register 窗体中。在 register 窗体上敲击三次 <Enter> 键，会自动保存三张摄像头拍摄的照片文件，最后提示录入成功。操作过程如图 16.16 所示。

图 16.16　录入新员工的过程

图 16.17 打开摄像头给新员工拍照

16.7.5 删除旧员工全部数据

如果用户在员工管理功能菜单中输入数字 2 并敲击 <Enter> 键，则开始执行删除员工操作。首先程序会将所有员工的名单打印到控制台中，用户输入想要删除的员工编号并敲击 <Enter> 键，程序会给出一个验证码让用户输入，如果用户输入的验证码正确，该员工的员工信息、打卡记录和照片文件都会被清除；如果用户输入的验证码错误，则会取消删除员工操作，员工数据不会丢失。删除员工操作的过程如图 16.18 所示。

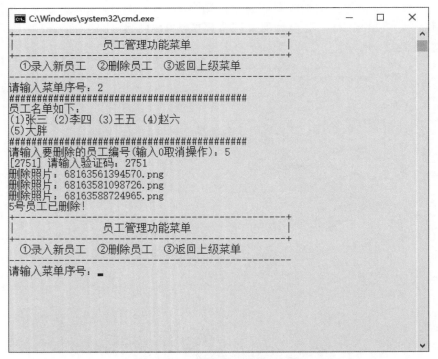

图 16.18 删除员工操作的过程

employee_management() 方法的代码如下所示：

（代码位置：资源包 \Code\16\clock\main.py）

```
01   # 员工管理
02   def employee_management():
03       menu = """"+-------------------------------------------------+
04       |                  员工管理功能菜单                      |
05       +-------------------------------------------------+
06        ①录入新员工   ②删除员工   ③返回上级菜单
07       -------------------------------------------------"""
08       while True:
09           print(menu)                              # 打印菜单
10           option = input("请输入菜单序号: ")
11           if option == "1":                        # 如果选择"录入新员工"
12               name = str(input("请输入新员工姓名（输入0取消操作）: ")).strip()
13               if name != "0":                      # 只要输入的不是0
14                   # 人事服务添加新员工，并获得该员工的特征码
15                   code = hr.add_new_employee(name)
16                   print("请面对摄像头，敲击三次回车键完成拍照! ")
17                   camera.register(code)            # 打开摄像头为员工照相
18                   print("录入成功! ")
19                   # return                         # 退出员工管理功能菜单
20           elif option == "2":                      # 如果选择"删除员工"
21               # show_employee_all()                # 展示员工列表
22               print(hr.get_employee_report())      # 打印员工信息报表
23               id = int(input("请输入要删除的员工编号（输入0取消操作）: "))
24               if id > 0:                           # 只要输入的不是0
25                   if hr.check_id(id):              # 若此编号有对应员工
26                       verification = tool.randomNumber(4)  # 生成随机4位验证码
27                       # 让用户输入验证码
28                       inputVer = input("[" + str(verification) + "] 请输入验证码: ")
29                       if str(verification) == str(inputVer).strip():  # 如果验证码正确
30                           hr.remove_employee(id)       # 人事服务删除该员工
31                           print(str(id) + "号员工已删除! ")
32                       else:                        # 无效编号
33                           print("验证码有误，操作取消")
34                   else:
35                       print("无此员工，操作取消")
36           elif option == "3":                      # 如果选择"返回上级菜单"
37               return                               # 退出员工管理功能菜单
38           else:
39               print("输入的指令有误，请重新输入! ")
```

16.7.6 查询员工打卡记录

check_record() 方法是查看记录功能的执行方法，该方法会在控制台打印查看记录功能菜单，效果如图 16.19 所示。此时用户需要先输入菜单对应的数字，再敲击回车键进入具体的功能菜单。

图 16.19 查看记录功能菜单

如果用户在查询记录功能菜单中输入数字 1 并敲击 <Enter> 键，程序会将所有员工的名单打印到控制台中，效果如图 16.20 所示。

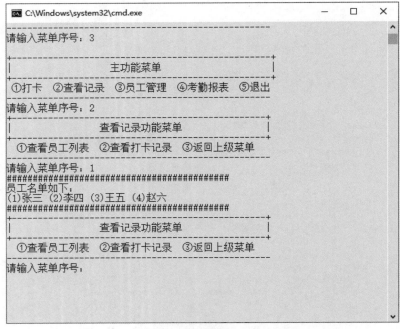

图 16.20 查看员工列表

如果用户在查询记录功能菜单中输入数字 2 并敲击 <Enter> 键，程序会将所有员工的打卡记录打印到控制台中，效果如图 16.21 所示。

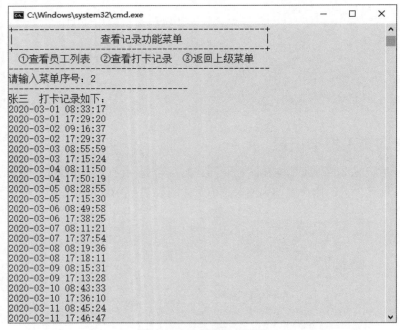

图 16.21 查看打卡记录

check_record() 方法的具体的代码如下所示：

（代码位置：资源包 \Code\16\clock\main.py ）

```
01  # 查看记录
02  def check_record():
03      menu = """+--------------------------------------------------+
04      |                  查看记录功能菜单                    |
05      +--------------------------------------------------+
06        ①查看员工列表   ②查看打卡记录   ③返回上级菜单
07      --------------------------------------------------"""
08      while True:
09          print(menu)                              # 打印菜单
10          option = input("请输入菜单序号: ")
11          if option == "1":                        # 如果选择"查看员工列表"
12              print(hr.get_employee_report())      # 打印员工信息报表
13          elif option == "2":                      # 如果选择"查看打卡记录"
14              report = hr.get_record_all()
15              print(report)
16          elif option == "3":                      # 如果选择"返回上级菜单"
17              return                               # 退出查看记录功能菜单
18          else:
19              print("输入的指令有误，请重新输入！")
```

16.7.7 生成考勤报表

check_report() 方法是考勤报表功能的执行方法。该方法会在控制台打印考勤报表功能菜单，效果如图 16.22 所示。此时用户需要先输入菜单对应的数字，再敲击 <Enter> 键进入具体的功能菜单。

图 16.22 考勤报表功能菜单

如果用户在考勤报表功能菜单中输入数字 1 并敲击 <Enter> 键，则会提示用户输入日期。用户按照指定格式输入日期后即可看到该日期的考勤日报。如果用户直接输入数字"0"，可以直接打印今天的考勤日报。例如，打印 2020 年 3 月 2 日考勤日报的效果如图 16.23 所示。

如果用户在考勤报表功能菜单中输入数字 2 并敲击 <Enter> 键，则会提示用户输入月份。用户按照指定格式输入月份后，即可生成该月考勤月报，并显示生成的月报文件地址。如果用户直接输入数字"0"，可以直接生成上个月的考勤月报。例如，生成 2020 年 3 月考勤月报的效果如图 16.24 所示。

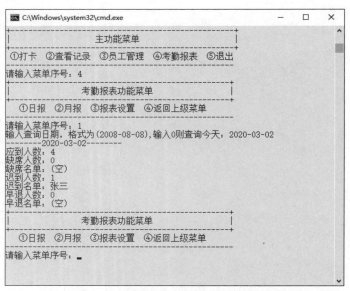

图 16.23　打印 2020 年 3 月 2 日的考勤日报

图 16.24　生成 2020 年 3 月考勤月报

图 16.24 中提示"2020 年 03 月考勤月报 .csv"文件保存在了 D:\clock\data\ 文件夹中，打开这个文件夹即可看到月报文件，如图 16.25 所示，用 Office Excel 打开月报即可看到如图 16.26 所示的表格内容。

图 16.25　CSV 文件的位置

图 16.26　使用 Office Excel 打开月报的效果

check_report() 方法的代码如下所示：

（代码位置：资源包 \Code\16\clock\main.py）

```
01    # 考勤报表
02    def check_report():
03        menu = """+------------------------------------------------+
04        |                考勤报表功能菜单                 |
05        +------------------------------------------------+
06        ①日报　②月报　③报表设置　④返回上级菜单
07        ------------------------------------------------"""
08        while True:
09            print(menu)                              # 打印菜单
10            option = input("请输入菜单序号：")
11            if option == "1":                        # 如果选择 " 日报 "
12                while True:
13                    date = input("输入查询日期，格式为 (2008-08-08)，输入 0 则查询今天: ")
14                    if date == "0":                  # 如果只输入 0
15                        hr.get_today_report()        # 打印今天的日报
16                        break                        # 打印完之后结束循环
17                    elif tool.valid_date(date):      # 如果输入的日期格式有效
18                        hr.get_day_report(date)      # 打印指定日期的日报
19                        break                        # 打印完之后结束循环
20                    else:                            # 如果输入的日期格式无效
21                        print(" 日期格式有误，请重新输入！ ")
22            elif option == "2":                      # 如果选择 " 月报 "
23                while True:
24                    date = input("输入查询月份，格式为 (2008-08)，输入 0 则查询上个月: ")
25                    if date == "0":                  # 如果只输入 0
26                        hr.get_pre_month_report()    # 生成上个月的月报
27                        break                        # 生成完毕之后结束循环
28                    elif tool.valid_year_month(date): # 如果输入的月份格式有效
29                        hr.get_month_report(date)    # 生成指定月份的月报
30                        break                        # 生成完毕之后结束循环
31                    else:
32                        print(" 日期格式有误，请重新输入！ ")
33            elif option == "3":                      # 如果选择 " 报表设置 "
34                report_config()                      # 进入 " 报表设置 " 菜单
35            elif option == "4":                      # 如果选择 " 返回上级菜单 "
36                return                               # 退出查看记录功能菜单
37            else:
38                print(" 输入的指令有误，请重新输入！ ")
```

16.7.8　自定义上下班时间

report_config() 方法是报表设置功能的执行方法。如果用户在考勤报表功能菜单中输入数字 3 并敲击 <Enter> 键，则会进入报表设置功能菜单，效果如图 16.27 所示。在这个菜单中可以设置用于分析考勤记录的上下班时间。

图 16.27　报表设置功能菜单

　　如果用户在报表设置功能菜单中输入数字 1 并敲击 <Enter> 键，则会分别提示用户输入上班时间和下班时间，效果如图 16.28 所示。如果用户输入的时间格式错误，程序会要求用户重新输入。当用户设置完后，上下班时间会立即生效，此时再打印考勤报表就会按照最新的上下班时间进行分析。

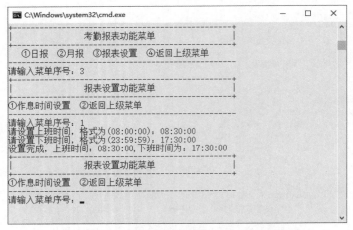

图 16.28　用户设置上班时间和下班时间

report_config() 方法的代码如下所示：

（代码位置：资源包 \Code\16\clock\main.py）

```
01    # 报表设置
02    def report_config():
03        menu = """+------------------------------------------------+
04    |                   报表设置功能菜单                |
05    +------------------------------------------------+
06    ①作息时间设置   ②返回上级菜单
07    ------------------------------------------------"""
08        while True:
09            print(menu)                              # 打印菜单
10            option = input(" 请输入菜单序号:")
11            if option == "1":                        # 如果选择 " 作息时间设置 "
12                while True:
13                    work_time = input(" 请设置上班时间, 格式为 (08:00:00)：")
14                    if tool.valid_time(work_time):   # 如果时间格式正确
15                        break                        # 结束循环
16                    else:                            # 如果时间格式不对
17                        print(" 上班时间格式错误, 请重新输入 ")
```

```
18              while True:
19                  close_time = input(" 请设置下班时间，格式为 (23:59:59)：")
20                  if tool.valid_time(close_time):        # 如果时间格式正确
21                      break
22                  else:                                  # 如果时间格式不对
23                      print(" 下班时间格式错误，请重新输入 ")
24              hr.save_work_time(work_time, close_time)   # 保存用户设置的上班时间和下班时间
25              print(" 设置完成，上班时间：" + work_time + "，下班时间为：" + close_time)
26          elif option == "2":                            # 如果选择 " 返回上级菜单 "
27              return                                     # 退出查看记录功能菜单
28          else:
29              print(" 输入的指令有误，请重新输入！")
```

16.7.9 启动程序

main.py 定义完所有全局变量和方法之后，代码的最下方就是整个系统的启动脚本：首先执行系统初始化操作，然后启动系统。代码如下所示：

（代码位置：资源包 \Code\16\clock\main.py ）

```
01  hr.load_emp_data()                             # 数据初始化
02  tital = """
03  *************************************************
04  *                MR 智能视频打卡系统              *
05  *************************************************"""
06  print(tital)                                   # 打印标题
07  start()                                        # 启动程序
```

本章知识思维导图